PIERRE LANGLOIS

Sur la route de l'électricité

2 Les piles électriques et l'électricité dynamique

ÉDITIONS MULTIMONDES

Illustrations : Pierre Langlois

Révision : Marie-Hélène Tremblay

Photos de la couverture : dessin de l'expérience maison sur la pile électrique (Pierre Langlois); dessin d'un moteur-roue (Pierre Langlois); sonde spatiale Cassini-Huygens (NASA/JPL-Caltech); gravure de l'automobile électrique à sa station d'échange des batteries, en 1898 (Musée de la civilisation de Québec); portraits de Galvani, Volta, Oersted, Ampère, Planté et Siemens (collection Pierre Langlois); portrait d'Edison (The Henry Ford); portrait de Kamerlingh Onnes (Université de Leyde); portrait de Pierre Couture (Pierre Couture).

Impression : LithoChic

ISBN-13 : 978-2-89544-086-4
ISBN-10 : 2-89544-086-7
Dépôt légal – Bibliothèque et Archives nationales du Québec, 2006
Dépôt légal – Bibliothèque nationale du Canada, 2006

ÉDITIONS MULTIMONDES
930, rue Pouliot
Québec (Québec) G1V 3N9
CANADA

Téléphone : (418) 651-3885 ; téléphone sans frais : 1 800 840-3029
Télécopie : (418) 651-6822 ; télécopie sans frais : 1 888 303-5931
multimondes@multim.com
http://www.multim.com

DISTRIBUTION EN LIBRAIRIE AU CANADA

PROLOGUE INC.
1650, boul. Lionel-Bertrand
Boisbriand (Québec) J7H 1N7
CANADA

Téléphone : (450) 434-0306
Tél. sans frais : 1 800 363-2864
Télécopie : (450) 434-2627
Téléc. sans frais : 1 800 361-8088
prologue@prologue.ca
http://www.prologue.ca

DISTRIBUTION EN BELGIQUE

LIBRAIRIE FRANÇAISE
ET QUÉBÉCOISE
Avenue de Tervuren 139
B-1150 Bruxelles
BELGIQUE

Téléphone : +32 2 732.35.32
Télécopie : +32 2 732.42.74
info@vanderdiff.com
http://www.vanderdiff.com/

DISTRIBUTION EN FRANCE

LIBRAIRIE DU QUÉBEC
30, rue Gay-Lussac
75005 Paris
FRANCE

Téléphone : 01 43 54 49 02
Télécopie : 01 43 54 39 15
direction@librairieduquebec.fr
http://www.librairieduquebec.fr

DISTRIBUTION EN SUISSE

SERVIDIS SA
Rue de l'Etraz, 2
CH-1027 LONAY
SUISSE

Téléphone : (021) 803 26 26
Télécopie : (021) 803 26 29
pgavillet@servidis.ch
http://www.servidis.ch

Les Éditions MultiMondes reconnaissent l'aide financière du gouvernement du Canada par l'entremise du Programme d'aide au développement de l'industrie de l'édition (PADIÉ) pour leurs activités d'édition. Elles remercient la Société de développement des entreprises culturelles du Québec (SODEC) pour son aide à l'édition et à la promotion.

Gouvernement du Québec – Programme de crédit d'impôt pour l'édition de livres – gestion SODEC.

Nous remercions le Conseil des Arts du Canada de l'aide accordée à notre programme de publication.

Imprimé avec de l'encre végétale sur du papier recyclé à 30 %

IMPRIMÉ AU CANADA/PRINTED IN CANADA

Aux visionnaires et pionniers
qui ouvrent la voie, souvent dans l'indifférence,
voire l'adversité, afin que leurs semblables
puissent jouir d'un monde meilleur.

Catalogage avant publication de Bibliothèque et Archives Canada

Langlois, Pierre, 1951-

Sur la route de l'électricité

L'ouvrage complet comprendra 3 v.
Comprend des réf. bibliogr. et des index.
Sommaire : 1. Le magnétisme des aimants et l'électricité statique – 2. Les piles électriques et l'électricité dynamique.

ISBN 2-89544-075-1 (v. 1)
ISBN 2-89544-086-7 (v. 2)

1. Électricité – Histoire. 2. Magnétisme –Histoire. 3. Électromagnétisme –Histoire. 4. Piles électriques –Histoire. 5. Électrodynamique –Histoire. 6. Électricité –Expériences. I. Titre. II. Titre: Le magnétisme des aimants et l'électricité statique. III. Titre: Les piles électriques et l'électricité dynamique.

QC507.L36 2005 537'.09 C2005-941155-4

Préface

Pour la très grande majorité d'entre nous, l'électricité représente soit de grandes entreprises de production ou de transport d'énergie, une facture à payer à la fin du mois ou un choc électrique, c'est-à-dire un certain danger, une force mystérieuse. Pourtant, l'électricité soutient de manière fondamentale notre confort et notre bien-être, de même que l'organisation de nos sociétés. Nous sommes certainement conscients de notre extrême dépendance vis-à-vis de l'électricité, et nous nous en rendons bien compte surtout lors des grandes pannes de courant.

Contrairement aux autres forces fondamentales de la nature (la gravitation, la force nucléaire et la force électro-faible) que nous avons aussi appris à comprendre, à utiliser et à contrôler jusqu'à un certain point, la force électrique est entrée dans nos vies et nos sociétés d'une façon qui a complètement transformé les moyens de nous transporter, de nous nourrir, de nous instruire et de nous soigner.

Pourtant, nous comprenons mal ce qu'est exactement l'électricité. L'objectif du magnifique ouvrage *Sur la route de l'électricité* signé par Pierre Langlois est de démontrer par l'histoire et l'expérimentation que l'électricité, cette force invisible, peut être sentie, dirigée et comprise; l'électricité est notre grande alliée pour faire face aux défis que pose la démographie croissante à l'environnement et aux ressources naturelles dont nous dépendons. Plus important, Pierre Langlois décrit la fascinante aventure de la découverte de l'électricité et du magnétisme, unifiés au 19e siècle par le physicien James Clerk Maxwell. La démarche intellectuelle de cette belle histoire représente un des plus beaux tableaux de l'histoire des sciences et des techniques. Pierre Langlois peint ce tableau avec une adresse extraordinaire.

Dans cet ouvrage unique, Pierre Langlois déchire élégamment le voile qui cache la nature de l'électricité et ses milliers de manifestations, certaines sont en effet fort étranges. L'auteur le fait d'une façon qui fascinera à la fois les jeunes et les moins jeunes. Il étonnera même les experts, les ingénieurs, les physiciens et tous les professionnels qui œuvrent dans les domaines directement reliés à l'utilisation de l'électricité.

Sur la route de l'électricité est un guide extraordinaire pour un voyage fascinant à travers des expériences extraordinaires que vous pourrez accomplir avec des moyens simples. Émotion, créativité et plaisir en sont les mots clés.

L'auteur, Pierre Langlois, est non seulement un scientifique rigoureux et érudit, mais aussi un pédagogue sans égal. Il démontre dans cet ouvrage une grande habileté technique et une superbe sensibilité à l'efficacité de l'apprentissage. La conception et la réalisation des expériences décrites dans cet ouvrage représentent un chef-d'œuvre pédagogique.

Partez en voyage *Sur la route de l'électricité* et laissez-vous guider par Pierre Langlois. Préparez-vous à plusieurs excursions vers vos quincailleries et pharmacies préférées...

Jean-René Roy
Astrophysicien
Directeur scientifique
Observatoire Gemini, Hawaï

Remerciements

La première personne que j'aimerais remercier du fond du cœur est mon épouse, Léopoldina, qui m'a toujours appuyé dans cette aventure. Elle a dû composer avec un mari souvent absent, qui a passé des milliers d'heures sur ce projet, en plus de son travail régulier. Ses critiques positives ont souvent contribué à rendre plus claires mes explications, puisque comme elle me le dit souvent: «Si je peux comprendre, moi qui ne suis pas une scientifique (c'est une artiste), les autres devraient comprendre également». La vie m'a gâté en me permettant de cheminer, depuis 1972, avec une femme aussi complice et compréhensive.

Un heureux hasard a voulu que je rencontre Marie-Dominic Labelle en 1984, alors qu'elle travaillait au *Musée du Séminaire de Québec* (aujourd'hui le Musée de l'Amérique française). Elle cherchait un scientifique qui pourrait collaborer avec le Musée pour mettre en place une activité pour les jeunes, en utilisant sa merveilleuse collection d'instruments scientifiques anciens. Elle m'a ainsi offert l'occasion de mettre au point l'approche pédagogique du présent ouvrage, basée sur l'histoire et les expériences maison. Elle n'a jamais cessé de m'encourager depuis et de m'ouvrir des portes. Je lui serai toujours grandement reconnaissant pour tout ce qu'elle a fait et j'en profite pour saluer son enthousiasme et son dynamisme contagieux.

Marie-Dominic Labelle m'a fait rencontrer Gilles Angers, du quotidien *Le Soleil* de Québec, en septembre 1984. C'est ainsi qu'est née une belle collaboration qui m'a forcé à mettre sur papier les premières ébauches du présent livre dans une chronique hebdomadaire pour les jeunes, dans le journal. Je suis très reconnaissant à Gilles Angers de m'avoir montré un style d'écriture permettant un contact intime avec le lecteur. Ses conseils m'ont été très précieux et son caractère chaleureux et jovial a transformé nos rencontres en parties de plaisir.

Des rencontres sporadiques avec deux physiciens, que j'admire pour leur engagement au niveau de la pédagogie, m'ont énormément stimulé. Il s'agit de Jean-René Roy, de l'Observatoire Gemini à Hawaï, et Louis Taillefer, de l'Université de Sherbrooke. J'aimerais leur exprimer ici ma profonde gratitude pour leurs encouragements sincères si motivants. Ils sont des exemples vivants comme quoi on peut faire un travail très sérieux et accaparant tout en conservant intact son sens de l'émerveillement et son humanisme.

Je tiens à souligner, pour ce volume, la collaboration généreuse de Pierre Couture, l'inventeur du moteur-roue moderne pour les véhicules électriques. Ce grand physicien visionnaire a bien voulu partager avec moi ses connaissances (non confidentielles) et sa vision du futur pour les automobiles. Il est un des principaux instigateurs de la fantastique révolution qui se pointe à l'horizon dans le domaine des transports routiers, et qui a le potentiel de réduire les émissions polluantes de façon dramatique. C'est un cadeau extraordinaire qu'il lègue à notre planète et ses habitants.

Je voudrais aussi remercier chaleureusement Jean-Marc Gagnon et Lise Morin, mes éditeurs, qui ont cru en moi dès notre première rencontre, plusieurs années avant la parution de ce livre. Je salue leur engagement et leur persévérance en matière de diffusion de la culture scientifique.

Pour effectuer les recherches historiques, j'ai heureusement pu compter sur deux centres de références particulièrement riches en écrits scientifiques anciens. Il s'agit de la *Bibliothèque du Séminaire de Québec du Musée de la civilisation*, de même que la section des *Livres rares et collections spéciales de la Direction des bibliothèques de l'Université de Montréal*. Je remercie particulièrement deux bibliothécaires, Mmes Tran à Québec et Simoneau à Montréal.

Je me dois également de souligner la collaboration de mes enfants, Julie, Hélène et Michel, ainsi que leurs amis(es). Ils ont bien voulu me faire part de leurs commentaires et m'aider à valider plusieurs aspects de *Sur la route de l'électricité*. Leurs encouragements ainsi que ceux de ma famille et de mes amis(es) ont également été d'un grand réconfort. Je leur en suis tous très reconnaissant.

La vie a mis sur mon chemin un homme bien au fait du système d'éducation, Jacques Samson, ancien enseignant, directeur d'école, puis directeur de Commission scolaire. Je lui exprime ici ma profonde gratitude pour les merveilleux échanges «philosophiques» que nous avons eus sur l'éducation des jeunes d'aujourd'hui, lors de nos multiples randonnées à vélo dans la nature.

Enfin, je remercie, d'une façon toute spéciale, les jeunes qui ont assisté à mes ateliers et qui, avec leurs grands yeux brillants, leur soif de connaissances et leur attitude reconnaissante m'ont incité à poursuivre cette «quête pédagogique» afin de trouver des façons d'allumer en eux des flammes et non seulement emmagasiner des connaissances.

Avant-propos

Un besoin à combler

La physique est ce qu'on appelle une *science dure*, et elle apparaît rébarbative à beaucoup de jeunes. Pourtant, elle peut nous dévoiler tant de merveilles sur l'univers qui nous entoure, que ce soit sur les atomes, les galaxies, l'électricité ou la lumière.

Afin de stimuler le goût des sciences auprès des jeunes, on a vu apparaître, depuis quelques décennies, des organismes de promotion du loisir scientifique. Dans ce contexte, plusieurs livres d'éveil scientifique de qualité ont vu le jour. Toutefois, ces livres, qui s'adressent aux jeunes de moins de 12 ans, ne proposent pas une démarche pédagogique structurée pour l'apprentissage d'une science.

La démarche pédagogique est à l'heure actuelle l'apanage des manuels scolaires, dans lesquels on retrouve une approche plutôt formelle de la physique, avec un accent important mis sur les mathématiques. Cet aspect des sciences est évidemment nécessaire, mais il manque d'autres aspects importants et captivants, que l'on retrouve dans *Sur la route de l'électricité*.

Cet ouvrage se situe à mi-chemin entre les livres d'éveil scientifique et les manuels scolaires. Les enseignants y trouveront un matériel complémentaire stimulant pour leurs cours de physique, et les adolescents, un divertissement scientifique à leur niveau.

Histoire et expériences maison

Sur la route de l'électricité est divisé en trois volumes qui présentent un récit vivant et structuré, intégrant étroitement l'histoire des sciences et l'expérimentation maison.

L'accent est mis sur la compréhension de la démarche des savants et la reproduction de leurs expériences historiques avec du matériel qu'on trouve chez soi ou à la quincaillerie du quartier. Le niveau mathématique est maintenu à son strict minimum et les pages sont abondamment illustrées de gravures anciennes, pour l'aspect historique, et d'images de synthèse, pour illustrer les expériences maison.

Infographie

Au début, l'auteur avait pensé photographier les expériences qu'il avait mises au point, pour les illustrer. Mais, il est vite apparu que l'infographie offre plus de possibilités, en rendant les détails plus explicites et faciles à comprendre. L'auteur a donc opté pour des images de synthèse qu'il a dessinées lui-même.

Émotion, créativité et plaisir

Dans cette nouvelle approche, l'émotion, la créativité et le plaisir sont à l'honneur. Dans la vie, l'émotion suscitée par une expérience vécue nous marque plus profondément que si on en avait simplement entendu parler.

Il en est de même en science. En réalisant soi-même une expérience scientifique, l'émotion d'émerveillement qui s'ensuit favorise l'intégration des connaissances. Sans compter qu'en expérimentant soi-même, on peut varier les conditions de l'expérience pour vérifier certaines hypothèses qui nous viennent à l'esprit. Cette démarche expérimentale renforce la compréhension des phénomènes et valorise l'apprenti savant qui dort en chacun de nous.

D'autre part, un(e) bon(ne) scientifique ne peut pas s'appuyer uniquement sur des connaissances intellectuelles. Il (elle) doit également avoir une bonne dose de créativité. Il est donc important de favoriser le développement de cette qualité. Or, ce que nous propose l'histoire des sciences, c'est justement l'histoire de la créativité. De plus, le fait de reproduire les expériences de grands savants, avec du matériel domestique, enseigne au lecteur l'art de créer à partir de peu de chose.

Enfin, les yeux brillants et écarquillés des jeunes qui font les expériences, comme l'auteur en a souvent vus, sont un gage du plaisir qu'ils y trouvent. Et le plaisir constitue une grande source de motivation pour faciliter l'apprentissage.

Jeunes et moins jeunes

En fait, l'auteur a conçu cet ouvrage en ayant à l'esprit ce qu'il aurait lui-même aimé avoir comme premier cours d'électricité et de magnétisme, avant d'aborder l'aspect plus formel et mathématique.

Sur la route de l'électricité s'adresse principalement aux jeunes de 13 ans et plus, mais aussi à toute personne qui veut en savoir davantage sur la grande aventure de l'électricité, qu'elle soit une maman, un grand-papa ou même un(e) scientifique chevronné(e).

Petits trésors historiques

Même les physiciens ou les ingénieurs d'expérience vont y trouver des petits trésors de connaissance qu'ils n'ont jamais appris pendant leur formation générale. En effet, l'histoire des sciences est si peu présente au sein des établissements d'enseignement que plusieurs expériences et raisonnements des savants du passé ne sont plus connus. Ces petits trésors de l'histoire facilitent pourtant beaucoup notre compréhension des phénomènes.

Pour les retrouver, l'auteur a dû lire abondamment les écrits originaux des savants qui ont marqué l'histoire de l'électricité. Il a également feuilleté plus de 80 000 pages de revues scientifiques du 19e siècle afin d'y trouver des illustrations et des articles d'intérêt.

Le présent et le futur

Mais *Sur la route de l'électricité* ne porte pas uniquement sur l'histoire ancienne. Les développements technologiques récents y sont également à l'honneur. On y traite, entre autres, des micromiroirs électrostatiques au cœur des projecteurs numériques de nos cinémas maison, des piles à combustible et des voitures électriques, de la future propulsion magnétohydrodynamique des navires, des thermopiles alimentant en électricité nos sondes spatiales, des supraconducteurs, etc.

Enjeu planétaire

Dans le présent volume de la série, une dimension nouvelle s'ajoute, celle d'un enjeu planétaire majeur, la réduction des gaz à effet de serre. En effet, l'évolution spectaculaire des batteries et des moteurs électriques, depuis environ 15 ans, laisse entrevoir beaucoup moins de pollution dans un avenir rapproché.

Des expériences plus accessibles

Lors de ses premières conférences sur l'histoire de l'électricité, l'auteur utilisait certains appareils scolaires pour démontrer les phénomènes. Ces appareils, quoique très utiles en classe, sont souvent encombrants et coûtent cher. Sans compter qu'avec le nombre d'appareils de démonstration qu'on retrouve normalement dans les écoles, la quantité d'expériences qu'on peut réaliser est plutôt limitée, souvent pour des raisons budgétaires.

Pour que l'apprentissage des phénomènes électriques et magnétiques de base soit plus accessible, il fallait trouver autre chose. C'est ainsi que l'auteur a été amené à développer une cinquantaine d'expériences maison sur l'électricité et le magnétisme, que l'on retrouve dans *Sur la route de l'électricité.*

Trois volumes

La réalisation d'un ouvrage comme *Sur la route de l'électricité* requiert un travail de plusieurs années à temps plein, chose que l'auteur doit faire à temps partiel. Aussi, afin de rendre disponible plus rapidement le matériel déjà finalisé, l'ouvrage a été divisé en trois volumes.

Le premier volume est dédié au magnétisme des aimants et à l'électricité statique, de l'Antiquité à nos jours.

Le présent livre constitue le deuxième volume. Il porte sur les piles électriques et l'électricité dynamique. On y parle, entre autres, des moteurs électriques et de l'éclairage électrique, en partant de la fin du 18e siècle jusqu'à nos jours.

Le troisième volume dévoile les secrets de l'induction électromagnétique (qui fait fonctionner nos centrales électriques), des ondes électromagnétiques et des électrons. La période couverte s'échelonne du début du 19e siècle jusqu'à nos jours.

Des épisodes

Dans cette grande aventure, chaque découverte importante fait l'objet d'un épisode d'une à sept pages. Les épisodes sont souvent divisés en deux sections. Dans la section *Un peu d'histoire*, on retrouve la description de la découverte, replacée dans son contexte historique. La section *Au laboratoire*, lorsqu'elle est présente, rassemble les informations nécessaires à la réalisation d'une expérience maison semblable à l'expérience historique à l'origine de la découverte.

L'approche modulaire, sous forme d'épisodes, rend la démarche du lecteur-expérimentateur plus progressive et permet de repérer facilement les diverses découvertes dans l'ensemble de l'ouvrage. De plus, les jeunes y trouvent une valorisation immédiate puisqu'ils peuvent rapidement réussir une expérience et comprendre une découverte.

Cinq niveaux

Chaque épisode est caractérisé par un niveau qui s'échelonne de 1 à 5, selon les critères suivants.

Niveau 1 : Ce niveau s'adresse à toutes les personnes de 13 ans et plus. Les expériences qu'on y retrouve sont simples et fondamentales. Elles sont idéales pour **éveiller la curiosité des enfants de 6 à 12 ans**, sous la supervision d'une personne responsable.

Niveau 2 : Ce niveau s'adresse à toutes les personnes de 13 ans et plus qui veulent acquérir une **connaissance générale** des principales découvertes concernant l'électricité et le magnétisme. Les personnes qui ne s'orientent pas vers une carrière scientifique, mais qui veulent simplement améliorer leur culture en science ou satisfaire leur curiosité, vont généralement s'arrêter à ce niveau.

Niveau 3 : Ce niveau s'adresse à toutes les personnes de 13 ans et plus dont la curiosité scientifique est plus marquée. Ces personnes ne se dirigent pas nécessairement vers une carrière scientifique, mais elles veulent en savoir un peu plus.

Niveau 4 : Les épisodes de ce niveau exigent des connaissances de base en algèbre ou peuvent contenir des raisonnements plus élaborés. Ce niveau s'adresse aux personnes de 15 ans et plus, qui se dirigent probablement ou sont déjà dans une carrière scientifique ou technique.

Niveau 5 : Les épisodes de ce niveau s'adressent principalement à des étudiants en physique à l'université et à des physiciens.

Une progression en dents de scie

Pour éviter que *Sur la route de l'électricité* présente une histoire décousue et difficile à suivre, l'approche n'est pas purement chronologique. La progression des découvertes est plutôt présentée en « dents de scie ».

Chaque chapitre couvre les thèmes abordés en partant de leur découverte jusqu'à nos jours. Ainsi, on retrouve les derniers développements technologiques dans chacun des trois volumes du présent ouvrage.

Les références

Des références sont présentées à la fin de chaque épisode, couvrant le sujet traité dans l'épisode en question. La plupart de ces références concernent l'histoire des découvertes et décrivent des ouvrages anciens, car il y a très peu de livres d'histoire des sciences de nos jours. Plusieurs de ces références s'adressent donc à ceux ou à celles qui voudraient, un jour, pousser plus loin leur quête historique et futuriste.

Se regrouper

L'auteur suggère que les jeunes se regroupent pour faire les expériences, car les échanges d'idées sont très bénéfiques à la démarche scientifique. Ce faisant, ils pourront également partager le plaisir et les dépenses pour le matériel.

Table des matières

CHAPITRE 1

Les piles électriques et les courants continus

L'invention de la pile électrique par **Volta**, en 1800, a constitué une plaque tournante scientifique et technologique dans l'histoire de l'humanité. Ce nouvel instrument, capable de générer un courant électrique en continu, pour la première fois, va permettre aux scientifiques du 19e siècle de multiplier les découvertes sur l'électricité, à un rythme accéléré. Dans ce chapitre, nous explorerons le monde des piles électriques et les applications des courants qu'elles génèrent, à l'exception des forces mécaniques qui feront l'objet du deuxième chapitre du présent volume.

À peine quelques semaines après l'annonce de la découverte de **Volta**, **Nicholson** et **Carlisle** démontrent que la pile électrique permet de décomposer l'eau en hydrogène et en oxygène. Ce nouveau procédé, qu'on appellera *électrolyse*, va permettre à **Davy** de décomposer la potasse, en 1807, et de découvrir ainsi le potassium. De nos jours, *l'électrolyse* est utilisée, entre autres, pour extraire l'aluminium. Elle est également au cœur du procédé d'*électroformage* servant à la fabrication des matrices utilisées pour la reproduction en série des CD et des DVD.

Quelques mois après sa découverte, **Volta** démontre qu'en connectant les deux bornes d'une pile à l'aide d'un mince fil de fer, celui-ci devient incandescent, sous l'influence du courant électrique. L'idée de l'éclairage électrique a dès lors fait son chemin et le dur travail d'hommes comme **Swan** et **Edison**, allié à leur esprit d'entrepreneur, va matérialiser, en 1879, l'avènement de l'*ampoule incandescente.*

C'est en essayant de construire une pile électrique sans liquide que **Seebeck** découvre, par hasard, en 1821, les phénomènes *thermoélectriques.* On les utilise principalement pour capter la température, mais aussi pour générer l'électricité, sans pièces mobiles, dans les sondes spatiales qui vont aux confins de notre système solaire.

La pile électrique rechargeable, qu'on appelle également un *accumulateur*, voit le jour en 1860, entre les mains de **Gaston Planté**. Son accumulateur au plomb se retrouve toujours dans nos voitures d'aujourd'hui. Après une léthargie de plus de cent ans, le monde des accumulateurs a beaucoup évolué depuis 1985, en raison de la forte demande pour les dispositifs portables (téléphones, ordinateurs, lecteurs de musique...). L'énergie électrique par unité de volume qu'on peut emmagasiner dans une pile rechargeable a quadruplé depuis vingt ans ! Ajoutons à cela l'annonce récente (2005) concernant les batteries à rechargement rapide (de 5 à 10 minutes), devant être commercialisées en 2006, et on voit qu'un très bel avenir se dessine pour les voitures électriques à batteries.

Par ailleurs, les *piles à combustible* (PAC) et l'*économie hydrogène* font beaucoup parler de nos jours. Ces piles fonctionnent aussi longtemps qu'on les alimente en combustible, généralement de l'hydrogène, dont on peut faire le plein rapidement. La découverte à l'origine de cette technologie a été faite en 1839 par **Grove**. Mais ce n'est que dans les années 1990 que les PAC deviennent réellement performantes. La plupart des fabricants d'automobiles ont développé des prototypes de voitures électriques à PAC. Mais ce qui est moins connu, c'est que certains types de PAC peuvent générer de l'électricité en silence à partir du gaz naturel, avec une très haute efficacité et beaucoup moins de pollution que les centrales thermiques ! On devrait voir des centrales à PAC vers 2010.

Voilà donc autant de sujets passionnants que tu pourras explorer dans ce chapitre.

Épisode 1-1 NIVEAU 1

LES GRENOUILLES CONDUISENT À LA DÉCOUVERTE DE LA PILE ÉLECTRIQUE

De 1780 à 1800

Un peu d'histoire

L'étape suivante de notre grande aventure se passe dans le laboratoire de **Luigi Galvani**, un professeur d'anatomie à l'université de Bologne en Italie.

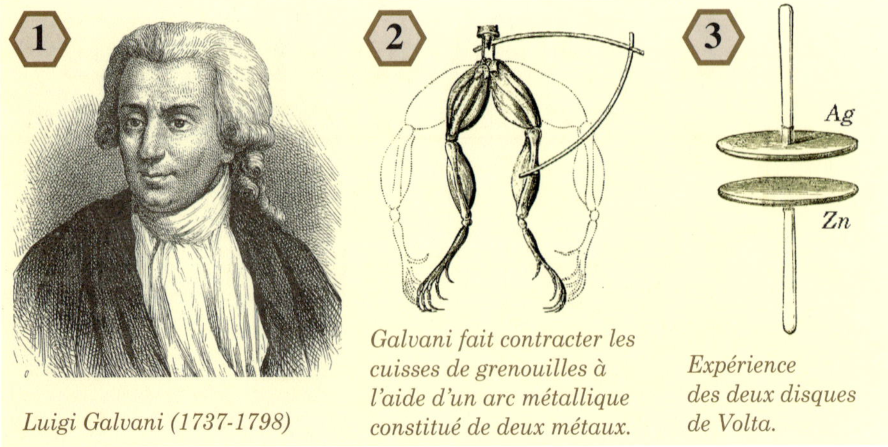

Luigi Galvani (1737-1798)

Galvani fait contracter les cuisses de grenouilles à l'aide d'un arc métallique constitué de deux métaux.

Expérience des deux disques de Volta.

Les cuisses de grenouilles

En 1780, un de ses assistants disséquait une grenouille morte à proximité d'une machine électrostatique, pendant qu'un autre faisait fonctionner la machine. Soudain, en touchant la moelle épinière de la grenouille avec son scalpel, l'assistant fut stupéfait d'observer une vive contraction des cuisses de la grenouille! **Galvani (figure 1)**, ayant constaté que le phénomène ne se produisait qu'au moment précis où l'étincelle jaillissait de la machine, comprend qu'il s'agit d'un phénomène électrique.

Ce n'est que six ans plus tard, en 1786, qu'un autre heureux hasard se produisit. **Galvani** voulait vérifier si l'électricité atmosphérique pouvait faire contracter les cuisses de grenouilles. Après avoir passé un crochet en cuivre à travers la moelle épinière d'une grenouille morte, il la suspendit à la balustrade en fer (reliée à un paratonnerre) d'une terrasse. Rien ne se passa jusqu'à ce que le muscle de la cuisse touche à la balustrade de fer. À ce moment précis, la contraction se produisit. **Galvani** put reproduire cette contraction à volonté chaque fois qu'il établissait un contact entre le muscle de la cuisse et le fer de la balustrade.

Il retourna donc dans son laboratoire pour poursuivre ses investigations et il comprit rapidement qu'il suffisait, pour produire la contraction, de joindre le nerf et le muscle avec un arc constitué de deux métaux différents **(figure 2)** tels le cuivre (comme le crochet qu'il avait utilisé) et le fer (dont était constituée la balustrade).

Galvani pensait que c'étaient les muscles qui généraient l'électricité. L'arc métallique, selon lui, ne servait qu'à la conduire. Il parlait donc d'électricité animale, et reliait ce phénomène à celui de l'*anguille électrique*, dont on savait, depuis peu, qu'elle générait de l'électricité. Il publia ses résultats et ses vues sur le sujet en 1791.

Volta goûte et empile

En 1793, **Alessandro Volta** exprime son désaccord sur l'interprétation de **Galvani**. Selon **Volta**, le phénomène électrique provient plutôt du contact entre les deux métaux différents. Car si l'arc métallique n'a qu'un rôle de conducteur, pourquoi faut-il utiliser deux métaux?

Il fait le lien avec l'expérience de1754 du Suisse **Sultzer,** qui consistait à placer la langue entre deux rondelles de métaux différents, reliées par un fil conducteur. On ressent alors un goût acide ou alcalin, selon le métal qui est sur le dessus de la langue. Pour vérifier s'il s'agit bien d'un phénomène électrique, Volta met sur sa langue un conducteur en contact avec une machine électrostatique. Il ressent les mêmes sensations acides ou alcalines, selon que le conducteur touche au pôle négatif ou positif de la machine.

Par ailleurs, dans une autre expérience, **Volta** met en contact un disque d'argent avec un disque de zinc, en les tenant par des poignées isolantes **(figure 3)**. En séparant les disques, il constate, à l'aide d'un *électromètre à condensateur* **(prochain épisode)**, une légère charge positive sur le disque de zinc et une légère charge négative sur le disque d'argent.

Représentation de la première pile électrique de Volta.

Il tente ensuite d'amplifier l'effet en empilant plusieurs couples de disques d'argent et de zinc, mais ça ne fonctionne pas. **Volta** se dit alors que, dans un tel empilement, un disque d'argent, par exemple, est en contact avec un disque de zinc au-dessus et un en dessous de lui. Or, ces deux disques de zinc exercent leur action électrique en sens contraire sur le disque d'argent. Il lui faut donc éliminer un des deux contacts métalliques.

Il utilise pour cela des disques de carton imbibés d'eau salée ou acide, et il réalise un empilement **(figure 4)** constitué d'une répétition, dans le même ordre, de trois disques: un de cuivre, un de carton imbibé et un de zinc. Cette fois, ça y est, **Volta** vient d'inventer la *pile électrique*, qu'il annonce en mars 1800.

Le mot «pile» vient du fait qu'il s'agissait d'un empilement. Avec une trentaine de couples argent-zinc, en touchant aux deux extrémités de la pile, on ressent un choc semblable à celui d'une petite *bouteille de Leyde* (**volume 1, épisode 2-8**), mais qui se rechargerait d'elle-même!

Nous verrons à l'**épisode 1-5** que la théorie de **Volta** s'est avérée erronée. Ce sont les réactions chimiques qui font fonctionner sa pile.

Au Laboratoire

Procure-toi 6 à 10 manchons en cuivre (**figure 6**) de 2 cm de diamètre environ. Tu les trouveras au rayon de la plomberie d'une quincaillerie. Il te faudra la même quantité de rondelles plates en fer galvanisé (revêtues de zinc), de 35 mm de diamètre plus ou moins. Aplatis les manchons avec un marteau sur une surface dure et lisse (bloc de ciment, étau en fer). Prends soin à ce qu'ils soient bien plats. Frotte les surfaces avec une laine d'acier ou du papier à sabler jusqu'à ce que le cuivre soit brillant.

Ensuite, il te suffira de les empiler avec les rondelles, comme sur la **figure 5**, en intercalant des carrés de coton taillés à même un vieux linge pour essuyer la vaisselle, lisse et épais. Il faudra préalablement mouiller les carrés de coton dans de l'eau salée (deux cuillers à soupe de sel dans 100 ml d'eau). Il est important d'enlever le surplus d'eau en passant les carrés de coton mouillés entre ton index et ton majeur, de manière à ce que l'eau ne dégoutte pas.

L'eau salée ne produit qu'une faible quantité d'électricité. Pour en produire davantage, il faudrait utiliser des matières plus corrosives, comme des acides. Mais leur manipulation est dangereuse et nous les éviterons.

La petite quantité d'électricité produite suffira toutefois à faire briller une diode émettrice de lumière de faible puissance. Tu trouveras ces diodes lumineuses dans un magasin d'électronique, de même que les fils de connexion dont tu auras besoin. Prends des fils avec des pinces alligator (**figure 5**).

Fabrique un support pour la diode lumineuse à l'aide d'un rectangle de bois, de deux vis de mécanique de 3,5 cm et de six écrous. Utilise un clou de 6 à 7 cm pour pratiquer deux trous dans le morceau de bois et fais pénétrer les vis dans les trous avec un marteau, avant de les visser.

Établis la connexion avec la pile, comme illustré sur la **figure 5**, en employant une bande de papier d'aluminium. La diode lumineuse doit être connectée dans le bon sens. Aussi, si elle ne s'allume pas, inverse la connexion des fils jaune et vert.

Matériel requis

- 6 à 10 manchons de cuivre de 2 cm de diamètre environ
- 6 à 10 rondelles plates en fer galvanisé de 35 mm
- un vieux linge à vaisselle
- une diode lumineuse de faible puissance
- 2 fils de connexion avec pinces alligator
- un rectangle de bois d'environ 8 cm × 6 cm × 2 cm
- 2 vis de mécanique de 3,5 cm et 6 écrous
- du papier d'aluminium
- de l'eau et du sel
- un marteau
- un clou de 6 à 7 cm environ
- laine d'acier ou papier à sabler

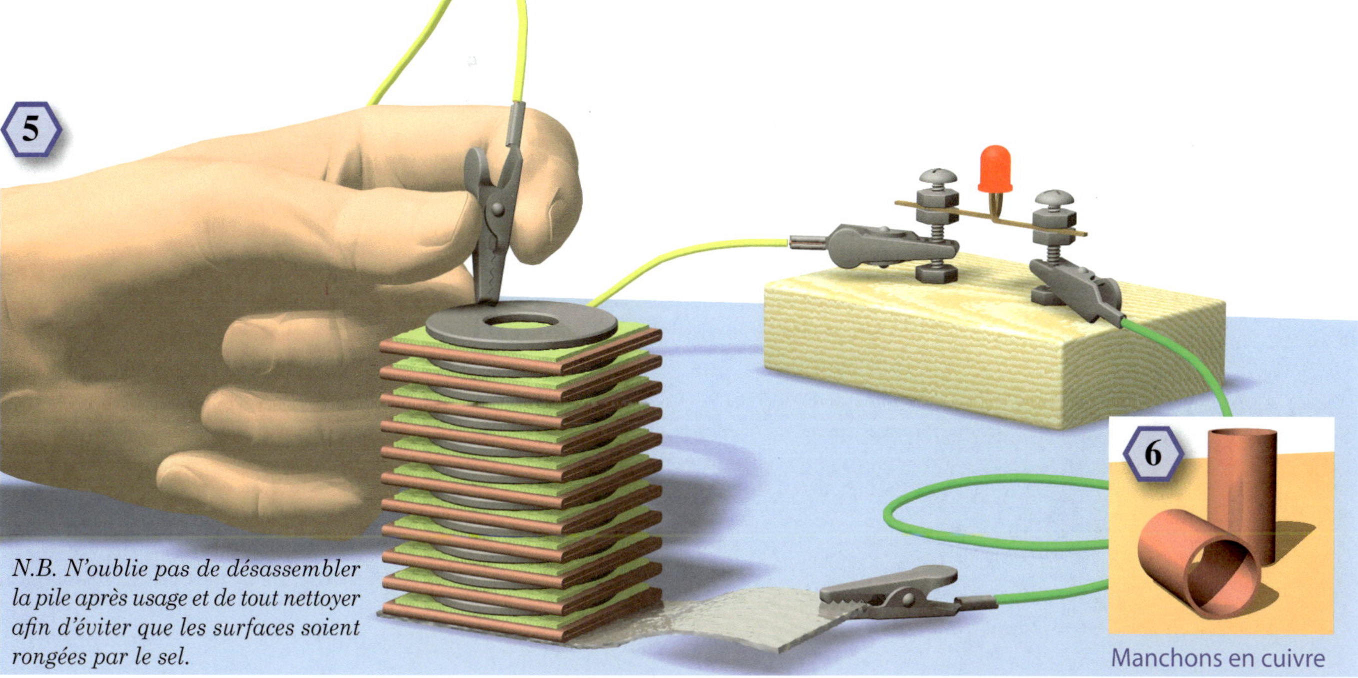

N.B. N'oublie pas de désassembler la pile après usage et de tout nettoyer afin d'éviter que les surfaces soient rongées par le sel.

Une pile électrique faite avec des manchons de cuivre aplatis, des rondelles de fer galvanisé et des rectangles de coton.

Pour en savoir plus

1. *On the electricity excited by the mere contact of conducting substances of different kinds*, Alessandro VOLTA, dans les *Philosophical Transactions* (Royal Society of London), vol. 90 (1800), part 2, p. 403 à 431 (titre en anglais, texte en français).
2. *La pile de Volta*, dans *Les merveilles de la science*, Louis FIGUIER, volume 1, Furne, Jouvet et Cie, Paris, 1868, p. 598 à 706.
3. *Alessandro Volta and the Electric Battery*, Bern DIBNER, Franklin Watts, New York, 1964 (inclut la réf. 1, ci-dessus, en anglais).
4. *Histoire générale des sciences, tome 3: La science contemporaine*, volume 1: Le XIXe siècle, Presses universitaires de France, Paris, 1961, deuxième édition en 1981.

Épisode 1-2 VOLTA VÉRIFIE QUE SA PILE EST BIEN ÉLECTRIQUE

NIVEAU 2

De 1782 à 1800

Un peu d'histoire

Le fait qu'une pile de **Volta** de trente couples pouvait donner des chocs, lorsqu'on touchait à ses extrémités, n'en garantissait pas la nature électrique. Si des charges électriques contraires s'accumulent à ses extrémités, elles devraient attirer ou repousser un objet électrisé par frottement.

Mais il ne semble pas s'accumuler suffisamment d'électricité aux bouts de la pile pour démontrer directement les forces d'attraction ou de répulsion électriques.

L'électromètre à condensateur

Or, en 1782, **Volta** **(figure 1)** avait justement mis au point un petit instrument d'une étonnante sensibilité, pour détecter et mesurer l'électricité atmosphérique, très faible au niveau du sol, surtout par beau temps. Il s'agit de l'*électromètre à condensateur* **(figure 2)**.

Volta savait qu'il était possible d'accumuler beaucoup plus de charges électriques dans un condensateur, comme la *bouteille de Leyde* **(volume 1, épisode 2-8)**, que sur un objet métallique de mêmes dimensions. On avait observé également que plus la paroi (isolant les deux armatures métalliques l'une de l'autre) de la bouteille était mince, plus on pouvait y emmagasiner de l'électricité.

Alessandro Volta (1745-1827)

Il construit donc son électromètre à condensateur de la façon suivante : un récipient en verre sert de support et d'isolant électrique à un plateau métallique inférieur. Celui-ci est relié, par des matériaux conducteurs, à deux pailles très fines, à l'intérieur de la bouteille. Ces pailles se repoussent et s'écartent lorsque le plateau inférieur est suffisamment chargé d'électricité. L'appareil est complété par un plateau métallique supérieur, sur lequel est fixé un manche isolant. La surface inférieure de ce plateau est recouverte d'une couche de vernis, pour l'isoler du plateau inférieur. Lorsque le plateau supérieur est déposé sur le plateau inférieur, il forme, avec ce dernier, un condensateur électrique.

On touche simultanément le plateau inférieur avec l'objet électrisé et le plateau supérieur avec un doigt **(figure 2)**. Le plateau inférieur peut alors emmagasiner beaucoup d'électricité, en raison de la faible répulsion rencontrée par les charges électriques qu'on veut y déposer. En effet, le plateau supérieur se chargeant d'électricité contraire, par induction **(volume 1, épisode 2-7)**, son électricité annule, en bonne partie, la répulsion exercée par les charges du plateau inférieur sur l'électricité de même signe qu'on veut y déposer.

On complète l'opération en éloignant l'objet électrisé du plateau inférieur et en soulevant le plateau supérieur à l'aide du manche isolant. Les charges du plateau inférieur, n'étant plus attirées par les charges contraires du plateau supérieur, s'éloignent l'une de l'autre et se répandent dans les pailles qui se repoussent et s'écartent.

La pile est bien électrique

Avec cet appareil, **Volta** démontre qu'il s'accumule des charges électriques contraires à chacun des bouts de sa pile, ce qui prouve bien qu'elle est électrique.

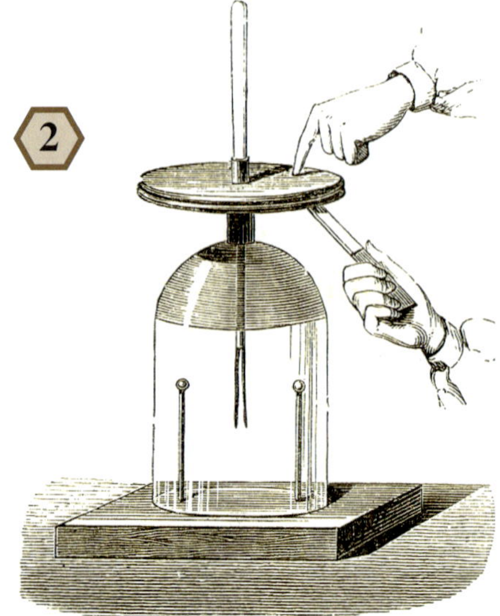

Électromètre à condensateur.

Il observe que l'écartement des pailles est le même, peu importe la grandeur des disques métalliques de sa pile.

Par contre, s'il double le nombre de disques de la pile, les pailles s'écartent deux fois plus, et **Volta** dira que la pile est capable de générer une *tension* deux fois plus grande.

La tension d'une pile

La notion de tension était plutôt vague à l'époque et on faisait souvent l'analogie avec la pression exercée par une pompe mécanique qui pousse de l'eau dans un tuyau. Une pile pouvant produire une tension élevée sur les charges électriques correspond, suivant cette analogie, à une pompe mécanique qui peut exercer une grande pression sur l'eau.

Aujourd'hui, on définit la *tension* d'une pile comme étant l'énergie qu'il faudrait fournir à une charge positive élémentaire pour l'amener de la borne négative à la borne positive. On parle également de *différence de potentiel* entre les deux bornes, ce qui constitue un synonyme de tension. L'unité de tension est le *volt*, en l'honneur de **Volta**, qui l'a bien mérité.

Les piles électriques ont généralement une tension de quelques volts, comparativement à plusieurs dizaines de milliers de volts pour une machine électrostatique.

Au laboratoire

L'astuce utilisée par **Volta** pour démontrer les forces d'attraction et de répulsion entre un corps électrisé et l'électricité d'une pile électrique consiste à utiliser un condensateur de grande capacité.

Pour en construire un, procure-toi une plaquette (sous-verre ou carré de carton épais) d'environ 10 cm de côté. La surface de ta plaquette doit être lisse et bien plane.

Entoure la plaquette d'une bande de papier d'aluminium, que tu fixeras sur ses bords avec du ruban adhésif. Laisse dépasser une languette pour la connexion **(figure 3)**. Cette bande constitue le plateau inférieur du condensateur. Il te faut maintenant isoler ce plateau avec une couche isolante très mince. Utilise une bande de pellicule plastique pour l'emballage des aliments, et entoures-en la plaquette. Fixe la pellicule avec du ruban adhésif et assure-toi qu'il n'y a aucun pli.

Pour le plateau supérieur du condensateur, nous utiliserons une grande rondelle métallique en fer galvanisé, comme celles de l'**épisode précédent** mais de plus grande dimension (de 4 à 5 cm de diamètre). En guise de manche isolant, procure-toi un contenant en plastique pour les films 35 mm. Pour le fixer à la rondelle, tu n'as qu'à y insérer trois petits aimants ronds et plats.

Nous allons maintenant charger le condensateur avec l'électricité d'une pile électrique de 9 volts. Relie une des bornes de la pile avec la languette d'aluminium du plateau inférieur, à l'aide d'un fil de connexion à pinces alligator **(figure 3)**. Connecte un deuxième fil à l'autre borne de la pile et touche la rondelle métallique avec l'autre extrémité de ce fil. Pendant que tu établis le contact, exerce une pression sur le contenant de plastique, avec un doigt. Après un instant, romps le contact du fil avec la rondelle et soulève-la à l'aide de son « manche » isolant.

Présente la rondelle à chacun des deux fils électrisés de ton détecteur à fils **(volume 1, épisode 2-4)**. Le fil qui est repoussé porte une charge électrique de même signe que la borne de la pile qui était en contact avec la rondelle. Vérifie que les signes correspondent.

Matériel requis

- une rondelle plate en fer galvanisé, de 4 à 5 cm
- un contenant en plastique pour les films 35 mm
- 3 petits aimants plats de 25 mm de diamètre
- du papier d'aluminium
- de la pellicule plastique pour les aliments
- 2 fils de connexion avec pinces alligator
- une plaquette lisse et bien plane de 10 cm × 10 cm environ
- une pile électrique de 9 V
- ton détecteur à fils (volume 1, épisode 2-4)
- du ruban adhésif

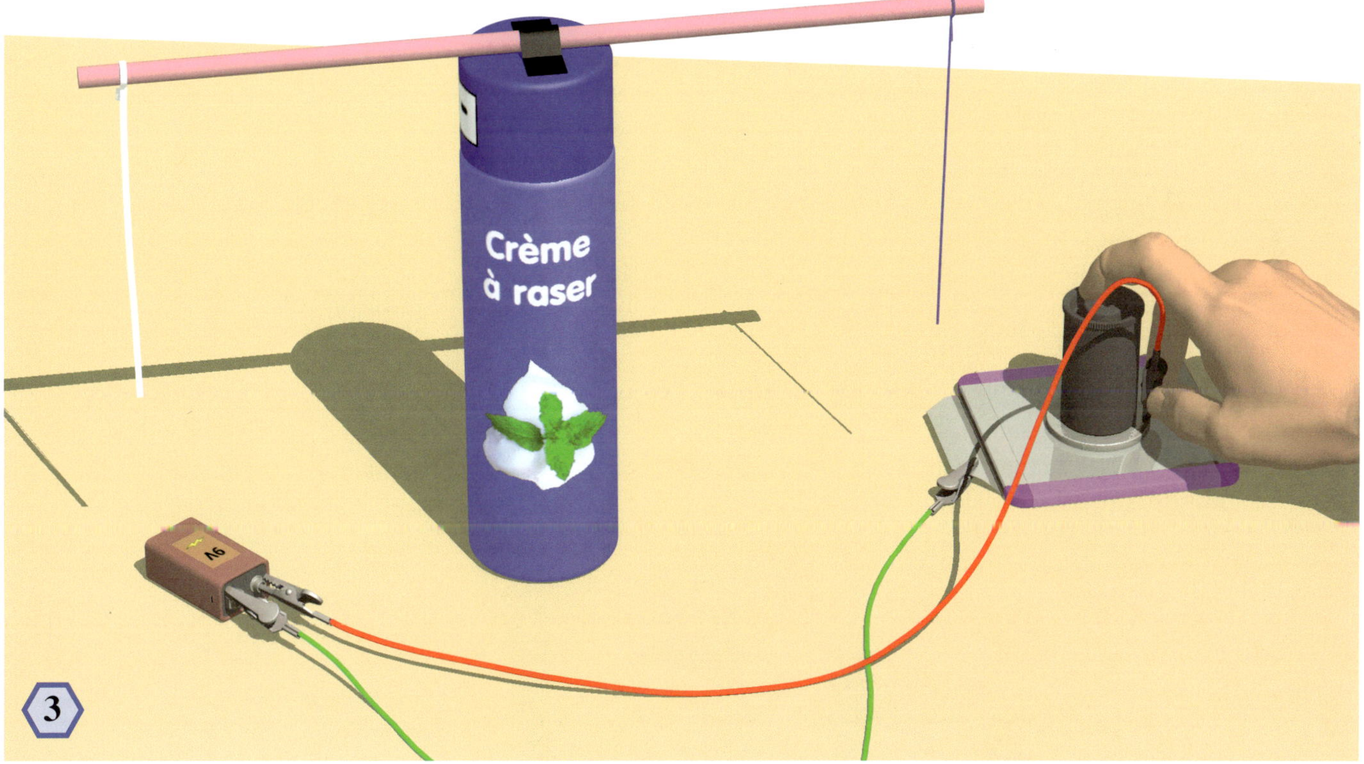

Expérience démontrant les forces d'attraction et de répulsion entre les fils électrisés de ton détecteur et l'électricité d'une pile.

Pour en savoir plus

1. *On the electricity excited by the mere contact of conducting substances of different kinds*, Alessandro VOLTA, dans les *Philosophical Transactions* (Royal Society of London), vol. 90 (1800), part 2, p. 403 à 431 (en français).
2. *La pile de Volta*, dans *Les merveilles de la science*, Louis FIGUIER, volume 1, Furne, Jouvet et Cie, Paris, 1868, p. 598 à 706.
3. *Alessandro Volta and the Electric Battery*, Bern DIBNER, Franklin Watts, New York, 1964 (inclut la réf. 1, ci-dessus, en anglais).

Épisode 1-3 NIVEAU 2

LA PILE ÉLECTRIQUE DÉCOMPOSE L'EAU ET BIEN D'AUTRES SUBSTANCES

De 1800 à 1854

Un peu d'histoire

Dès le mois de mai 1800, deux savants anglais, **Nicholson** et **Carlisle**, après avoir fabriqué eux-mêmes une pile électrique, firent une découverte de premier ordre.

Des bulles et une odeur

Ces deux savants voulurent vérifier quelle était la borne positive de la pile, à l'aide d'un électromètre. Pour améliorer la conduction d'électricité entre la pile et le fil conducteur, ils mirent quelques gouttes d'eau sur le disque de zinc du sommet de la pile. Ils virent aussitôt apparaître, à l'intérieur de ces gouttes d'eau, des petites bulles de gaz près du fil, et ils crurent sentir l'odeur de l'hydrogène. **Nicholson** et **Carlisle** devinèrent que possiblement l'eau avait été décomposée et voulurent s'en assurer.

L'eau est décomposée

Ils font une expérience avec des fils de laiton pénétrant dans un tube d'eau et reliés à la pile. Des bulles d'hydrogène se dégagent à l'extrémité du fil qui est connectée à la borne négative et il s'effectue un dépôt coloré sur le fil de laiton connecté à la borne positive. Soupçonnant que ce dépôt est causé par une réaction chimique avec le laiton, **Nicholson** refait l'expérience avec des fils de platine, sachant que ce métal réagit très peu chimiquement. Il réalise une expérience semblable à celle illustrée sur la **figure 1** et constate que, cette fois, aucun dépôt ne se fait et qu'il se dégage des bulles de gaz aux extrémités des deux fils. Deux petits récipients de verre initialement remplis d'eau et placés à l'envers, au-dessus de l'extrémité des fils, récoltent le gaz dégagé. Le gaz récolté à la borne négative est toujours de l'hydrogène et celui récolté à la borne positive, de l'oxygène. De plus, le volume d'hydrogène récolté est le double de celui de l'oxygène. L'eau était bien décomposée et on appelle ce procédé de décomposition l'*électrolyse*.

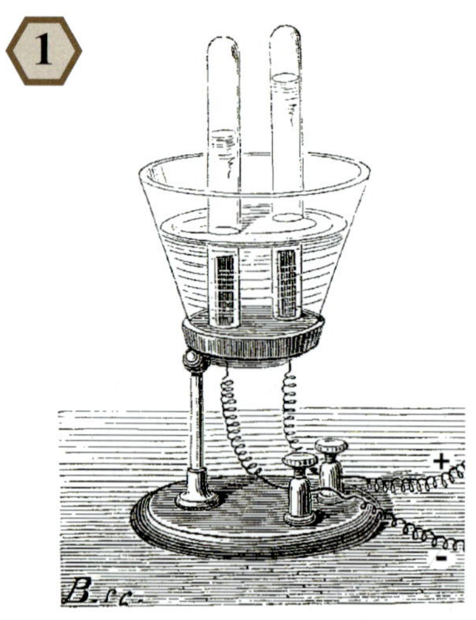

Appareil du début du 19e siècle, servant à démontrer la décomposition de l'eau en oxygène et en hydrogène par l'électrolyse.

Nos deux savants confirment ainsi la découverte de **Lavoisier** sur la composition de l'eau, faite en 1783.

L'électrolyse des matières fondues

L'électrolyse devait également permettre à **Humphry Davy** de décomposer, en 1807, la potasse fondue et de découvrir un nouveau métal, le *potassium*.

Plus tard, en 1854, **Henri Sainte-Claire-Deville** électrolyse l'alumine fondue dans la cryolite et ouvre la voie au procédé industriel d'*extraction de l'aluminium*, encore utilisé de nos jours **(figure 2)**.

Procédé de production de l'aluminium: on fait fondre, à 1000°C, un mélange de cryolite et d'alumine, dans lequel on fait passer un courant électrique. L'aluminium en fusion se concentre au fond de la cuve.

L'apport de Faraday

Le grand physicien anglais **Michael Faraday** effectue plusieurs expériences sur l'électrolyse, en 1833 et en 1834. Sa principale découverte est que *la quantité de matière décomposée par l'électrolyse est proportionnelle à la quantité d'électricité qui traverse le liquide, et ne dépend de rien d'autre.* Donc, si on double le courant (quantité de charges électriques qui passent par seconde), on double la quantité de matière décomposée dans la même période de temps.

Pour démontrer cette loi, **Faraday** mesure les volumes de gaz dégagés pendant une même période de temps, pour différentes valeurs du courant électrique, qu'il mesure à l'aide d'un galvanomètre **(épisode 2-11)**. Afin de s'assurer que l'électrolyse ne dépend que du courant et pas d'autres paramètres, il effectue une expérience très semblable à celle de la **figure 3**.

Cette découverte est fondamentale, car elle établit un lien étroit entre la quantité de matière et la quantité d'électricité. Au début du 20e siècle, les savants comprendront de cette loi que, dans l'électrolyse, chaque atome semblable transporte la même quantité d'électricité.

Au début du 20e siècle, on découvre que les atomes sont constitués de particules électriques positives, les *protons*, et de particules négatives, les *électrons*, en quantité égale. Il arrive qu'un atome perde des électrons ou attrape des électrons supplémentaires, ce qui lui confère une charge électrique non nulle. Ces atomes électrisés sont appelés des *ions*. Dans un liquide décomposable par électrolyse, les ions sont nombreux. Dans l'eau, par exemple, les atomes d'hydrogène ont un électron en moins, alors que les atomes d'oxygène se retrouvent avec un électron en plus. Ce sont les ions qui transportent l'électricité dans le liquide.

Au laboratoire

Nous allons reconstituer une expérience fondamentale sur l'électrolyse, très similaire à celle que **Faraday** a réalisée. C'est de lui que vient le mot *ion* et il donne le nom d'*électrode* à la pièce conductrice qui amène le courant pour l'électrolyse.

Tu auras besoin de deux grosses tasses à café, d'une pile électrique de 9 volts et de deux fils de connexion avec pinces alligator. Pour fabriquer les électrodes, prends du fil pour le câblage électrique des maisons. Demande, dans une quincaillerie, un bout de 40 cm de câble électrique (110 ou 220 volts) à deux fils. Enlève la gaine de plastique extérieure avec une paire de ciseaux, pour récupérer les deux fils de cuivre isolés. Demande à un fleuriste deux petits contenants en forme d'éprouvette, utilisés pour maintenir les tiges des fleurs dans l'eau, lors du transport. Ces éprouvettes te serviront à récolter l'hydrogène à l'électrode négative.

À l'aide d'une pince coupante, coupe deux bouts de fil électrique de 18 cm et un de 36 cm. Enlève le revêtement de plastique de l'un des bouts de 18 cm sur 15 mm à une extrémité et 8 mm à l'autre. Dénude l'autre bout de fil de 18 cm sur 15 mm à une extrémité et 25 mm à l'autre. Pour le grand bout de 36 cm, enlève le plastique sur 8 mm à une extrémité et 25 mm à l'autre. Plie les deux extrémités de cuivre de 25 mm deux fois sur elles-mêmes. Ensuite, plie les bouts de fils comme sur la **figure 3**. Les extrémités de 15 mm de cuivre vont à l'extérieur des tasses et servent à y fixer les pinces alligator des fils de connexion. Connecte l'autre pince de chacun de ces fils à chacune des bornes de la pile de 9 volts. Place les électrodes de manière à ce que les extrémités de cuivre de 8 mm se retrouvent dans la tasse de gauche, et les extrémités de cuivre de 25 mm, repliées, dans la tasse de droite. Les fils qui constituent les électrodes doivent avoir la forme d'un hameçon dans leur partie qui plonge dans les tasses, afin de pouvoir y faire tenir les éprouvettes renversées.

Remplis les tasses d'eau et mets quelques pincées de sel (le sel facilite l'électrolyse) dans la tasse de gauche et une bonne cuiller à thé dans celle de droite. Il faut que les électrodes soient à environ 1 cm sous l'eau. Remplis une éprouvette d'eau salée en la plongeant dans une des tasses. Soulève-la, ferme son ouverture avec le pouce pour empêcher que l'eau ne tombe et retourne-la. Replonge l'éprouvette, pleine d'eau, dans l'eau de la tasse, enlève ton pouce et place-la au-dessus de l'électrode, sans la sortir de l'eau. Fais de même avec l'autre éprouvette dans l'autre tasse. En disposant le tout comme sur la **figure 3**, tu auras deux systèmes d'électrolyse en série dans lesquels passe nécessairement le même courant électrique. Assure-toi que les électrodes sous les éprouvettes sont du côté de la borne négative de la pile.

Matériel requis

- 2 tasses à café
- 2 fils de connexion
- une pile de 9 volts
- 2 petites éprouvettes
- 40 cm de câble électrique à deux fils de 1,5 à 2 mm de diamètre (calibre 12 ou 14 AWG)
- de l'eau et du sel

En laissant s'accumuler l'hydrogène dans les deux éprouvettes, pendant 15 minutes, tu verras qu'il s'en accumule la même quantité dans les deux. Pourtant, la tasse de droite a plus de sel, ses électrodes ont plus de cuivre et elles sont plus près l'une de l'autre. **C'est donc dire que la quantité d'hydrogène dégagée ne dépend pas de ces paramètres, mais seulement du courant, qui est le même dans les deux tasses.**

3

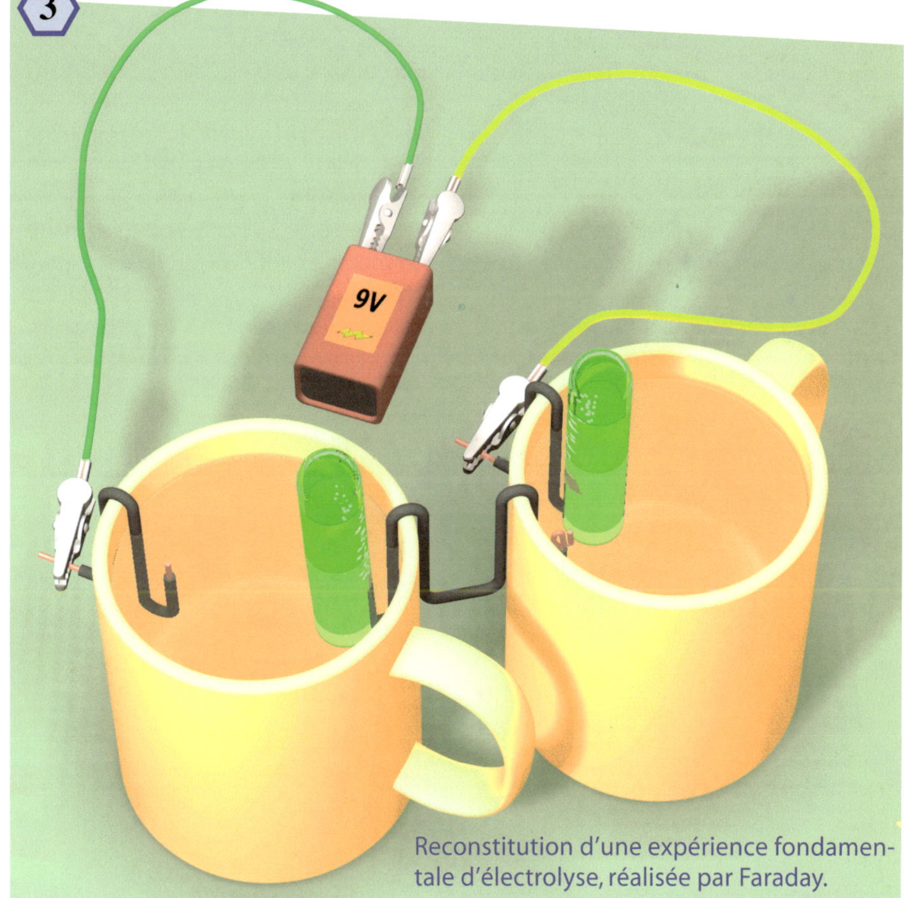

Reconstitution d'une expérience fondamentale d'électrolyse, réalisée par Faraday.

Pour en savoir plus

1. *La pile de Volta*, dans *Les merveilles de la science*, Louis FIGUIER, volume 1, Furne, Jouvet et Cie, Paris, 1868, p. 598 à 706.
2. *Experimental Researches in Electricity*, Michael FARADAY, Green Lion Press, Santa Fe, New Mexico, 2000, volume 1, p. 127 à 164 et p. 195 à 258 (édition originale à Londres, 3 volumes, 1839-1855).

Épisode 1-4 NIVEAU 2 | DES PILES ÉLECTRIQUES PLUS PUISSANTES ET PLUS PRATIQUES

De 1800 à 1813

Un peu d'histoire

En même temps qu'il a fait connaître sa pile à *colonne*, en 1800, **Volta** présente un autre modèle dit «à couronne» **(figure 1)**. Dans ce modèle, on retrouve des plaques de zinc **Z** et de cuivre **C**, séparées non pas par des cartons mouillés, mais par un liquide contenu dans des récipients, disposés en forme de couronne.

La pile à colonne est compacte, mais se prête mal à l'entretien. La pile à couronne est plus facile à entretenir, mais n'est pas très compacte.

La pile à auges

C'est **Cruikshank** qui résout le problème, en 1801, en utilisant une auge en bois divisée en plusieurs compartiments **(figure 2)** qu'il rend étanches. Les couples zinc-cuivre sont fixés sur une barre en bois verni, ce qui permet de les retirer facilement de la solution acide.

Les grandes piles

Cette nouvelle disposition de la pile électrique permet d'obtenir des effets beaucoup plus énergiques. Surtout qu'on peut regrouper plusieurs auges pour obtenir une pile encore plus puissante, comme celle que **Humphry Davy** a fait construire en 1802, à la *Royal Institution* de Londres, et qui comportait 400 paires de plaques carrées, zinc et cuivre, mesurant 10 cm de côté. En 1813, **Napoléon** premier offre à l'*École polytechnique* de Paris une pile à auges constituée de 600 couples zinc-cuivre. Cette grande pile française est immédiatement suivie, la même année, par une pile de 2000 couples installée à la *Royal Institution* de Londres **(figure 3)**.

Ces piles perdent toutefois assez rapidement leur efficacité à produire de l'électricité, en raison de la dégradation des plaques métalliques et de la solution acide, sous l'effet des réactions chimiques.

La pile de la Royal Institution *de Londres, installée en 1813, comportait 2000 couples.*

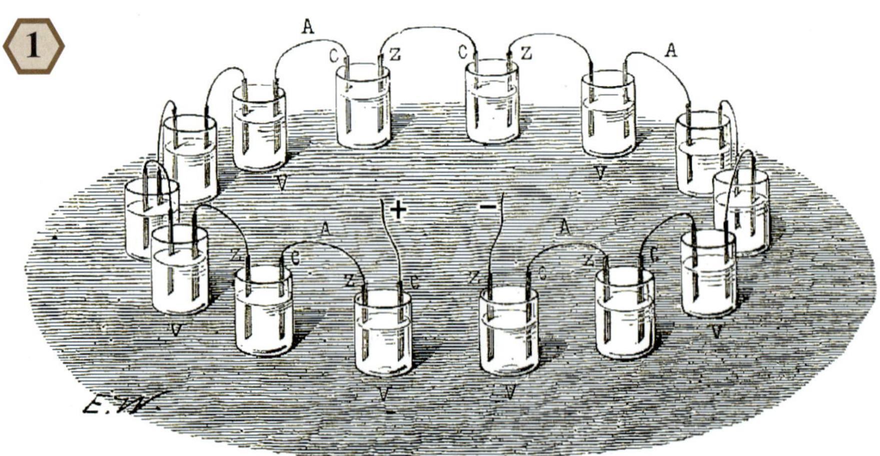

Pile à couronne de Volta : des plaques de zinc Z et de cuivre C sont reliées en couples par des fils conducteurs A. Les récipients sont remplis d'une solution acide.

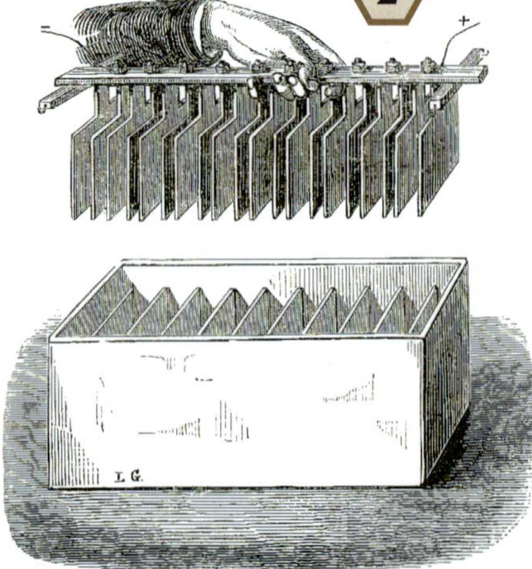

La pile à auges, inventée en 1801, est à la fois compacte et facile d'entretien.

Pour en savoir plus

1. *La pile de Volta*, dans *Les merveilles de la science*, Louis FIGUIER, volume 1, Furne, Jouvet et Cie, Paris, 1868, p. 598 à 706.
2. *Alessandro Volta and the Electric Battery*, Bern DIBNER, Franklin Watts, New York, 1964.

Épisode 1-5 NIVEAU 2 | LA PILE DE VOLTA TIRE SON ÉNERGIE DES RÉACTIONS CHIMIQUES

De 1800 à 1840

Un peu d'histoire

En 1799, **Volta** utilise un disque d'argent et un disque de zinc, munis d'un manche isolant **(épisode 1-1)**. En tenant ces disques par leurs manches, il les met en contact et démontre qu'après les avoir séparés, les deux disques sont faiblement chargés d'électricités contraires.

Le potentiel de contact

Il s'établit donc une *différence de potentiel* **(épisode 1-2)** entre deux métaux, par le simple fait de les mettre en contact. On a baptisé ce phénomène le *potentiel de contact*.

Selon **Volta**, ce phénomène, qu'il a découvert, suffit pour faire fonctionner la pile. Mais si c'était le cas, la pile aurait dû donner lieu à un mouvement perpétuel d'électricité, ce qui n'est pas le cas puisque la pile de **Volta** s'affaiblit graduellement et s'éteint après un certain temps.

Un lien avec la chimie

Comme nous l'avons vu à l'**épisode 1-3**, **Nicholson** et **Carlisle** constatent, en 1800, qu'il est possible de décomposer l'eau, ce qui constitue une réaction chimique.

Les chimistes vont donc s'intéresser de près à la pile électrique. Ils ont vite réalisé, en mettant différents produits dans l'eau d'une pile à auges **(épisode précédent)**, que la génération d'électricité s'accompagne toujours de réactions chimiques. Ces réactions produisent du gaz ou l'apparition de différents produits dans la solution ou sur les métaux utilisés.

Volta avait tort

Pour **Volta**, les liquides utilisés dans la pile agissent simplement comme conducteurs non métalliques d'électricité. Mais beaucoup de chimistes ne sont pas d'accord.

2

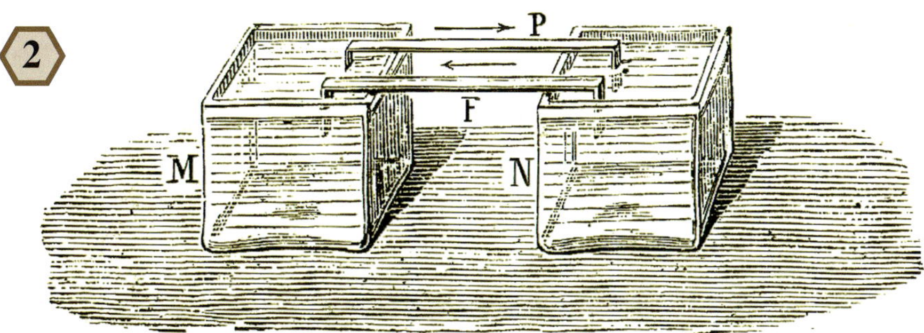

Pile conçue par Faraday ne présentant aucun contact entre deux métaux. Le bac en verre M est rempli avec de l'acide dilué et le bac en verre N, avec une solution de sulfure de potassium. Une lame de platine P et une lame de fer F plongent dans les bacs. Les flèches indiquent la circulation de l'électricité produite par ce couple platine-fer.

En novembre1800, **Humphry Davy**, alors âgé de 22 ans, entreprit une série d'expériences sur l'électrolyse. Ce grand savant anglais **(figure 1)**, qui devait devenir le chef de file de l'époque en électrochimie, concluait que le pouvoir qu'a la pile de décomposer l'eau et de donner des chocs est proportionnel à la quantité d'oxygène qui se combine au zinc de la pile, en un temps donné.

La combustion du bois est un autre exemple de réaction chimique qui dégage de l'énergie, lorsque l'oxygène de l'air se combine avec le carbone du bois. Dans ce cas, l'énergie se retrouve directement sous forme de lumière et de chaleur.

1

Humphry Davy (1778-1829)

Une expérience de Faraday

Pour bien montrer que ce sont les réactions chimiques, et non le contact entre deux métaux différents, qui produisent l'électricité dans une pile électrique, **Faraday**, le génial successeur de **Davy** à la *Royal Institution* de Londres, met au point des expériences très convaincantes.

Dans l'une d'elles, il utilise deux bacs en verre **M** et **N** **(figure 2)**. Le bac **M** est rempli d'une solution diluée d'un acide et le bac **N** est rempli d'une dissolution de sulfure de potassium. Il place une lame de platine recourbée **P** et une lame de fer recourbée **F** sur les bacs, comme sur la **figure 2**. La solution de sulfure de potassium ne produit aucune réaction chimique avec les deux métaux. Par ailleurs, la solution acide attaque le fer, mais pas le platine.

Les deux lames métalliques plongent dans les deux liquides, mais *ne se touchent pas*. L'électricité générée est pourtant assez puissante pour décomposer, par électrolyse, le sulfure de potassium dans le bac **N**.

L'énergie fournie par la pile électrique, et capable de faire fondre des fils métalliques (épisode 1-6), est donc bien d'origine chimique.

Pour en savoir plus

1. *La pile de Volta*, dans *Les merveilles de la science*, Louis FIGUIER, volume 1, Furne, Jouvet et Cie, Paris, 1868, p. 598 à 706.
2. *Alessandro Volta and the Electric Battery*, Bern DIBNER, Franklin Watts, New York, 1964.

Épisode 1-6 NIVEAU 1 | LES COURANTS ÉLECTRIQUES PRODUISENT DE LA CHALEUR ET DE LA LUMIÈRE

De 1760 à aujourd'hui

Un peu d'histoire

Après avoir démontré, en 1752, que la foudre est un phénomène électrique **(volume 1, épisode 2-9)**, **Benjamin Franklin** cherche à reproduire, à plus petite échelle, des effets similaires à la foudre en utilisant l'électricité statique.

Des fils chauffés à blanc, brûlés ou fondus

On savait que la foudre pouvait mettre le feu ou faire fondre une fine tige de fer, en raison de la chaleur intense dégagée lors de son passage. **Franklin** fit donc rougir et fondre des fils de fer très fins, en déchargeant des *bouteilles de Leyde* au travers de ces fils **(figure 1)**. Il remplit ses bouteilles (condensateurs) à l'aide d'une machine électrostatique **(volume 1, épisode 2-16)**.

En 1800, **Volta** construit des piles suffisamment puissantes pour brûler de minces fils de fer.

Mais le phénomène de l'échauffement et de l'incandescence des fils métalliques devint très spectaculaire, en 1802, avec les courants électriques intenses de la grosse pile de la *Royal Institution* **(épisode 1-4)**. Avec cette pile, **Davy** fait fondre des fils de platine et fait brûler des fils de fer de 0,75 mm de diamètre, le tout accompagné d'une émission intense de lumière.

Les premières ampoules à incandescence

Dès lors, l'éclairage électrique apparaît possible. Toutefois, le défi technique est de taille, car il faut un filament qui peut être chauffé à de hautes températures pendant des centaines d'heures, sans brûler, ni fondre, ni même être brisé.

La solution que les ingénieurs ont rapidement envisagée est de mettre le filament à l'intérieur d'une ampoule de verre vidée de son air, afin que l'oxygène de l'air ne puisse brûler le filament. Mais on a vite réalisé qu'il fallait un vide très poussé, que les pompes à vide de l'époque ne pouvaient produire. Ce n'est qu'avec une version améliorée de la pompe à mercure de **Sprengel**, au début des années 1870, que le niveau de vide requis a pu être atteint.

Par ailleurs, ce n'est pas avant les années 1870 que des génératrices d'électricité suffisamment performantes sont apparues. Or, il était impensable d'implanter l'éclairage électrique sans ces génératrices, car l'utilisation de piles électriques aurait rendu les coûts beaucoup trop élevés, en comparaison des coûts pour l'éclairage au gaz ou à l'huile de l'époque.

Ainsi, malgré la vingtaine d'inventeurs qui ont travaillé sur l'éclairage électrique à partir des années 1830, très peu ont réussi. Ce sont surtout **Swan** en Angleterre et **Edison** **(figure 2)** aux États-Unis qui vont prendre le marché. Ces deux inventeurs ont présenté leurs premières ampoules incandescentes en 1879.

Après avoir utilisé de fines tiges de carbone et de fines bandes de papier carbonisées, **Swan** emploie des fils de coton carbonisés comme filaments. De son côté, **Edison** obtient ses premières lampes fonctionnelles avec des fils de coton carbonisés et il utilisera plus tard des fibres de bambou carbonisées **(figure 3)**.

Thomas A. Edison (1847-1931) (portrait tiré des collections de The Henry Ford (P.188.13317))

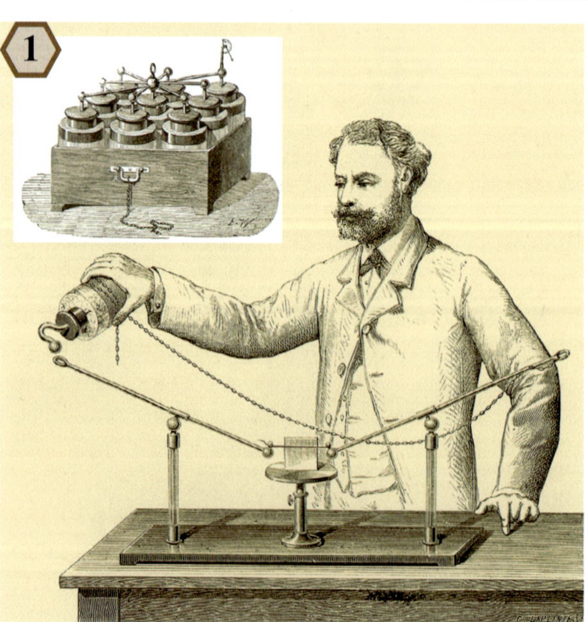

Vers 1760, on déchargeait des bouteilles de Leyde remplies d'électricité statique à travers de minces fils métalliques, ce qui rendait les fils incandescents et les faisait fondre.

Les premières installations d'éclairage utilisant des ampoules incandescentes ont été effectuées dans des résidences privées ou des édifices publics. L'électricité était produite sur place par des génératrices électriques actionnées par une machine à vapeur ou par un moteur à essence. L'éclairage électrique a rapidement gagné la confiance des propriétaires de navires, en raison de sa plus grande sécurité due à l'absence de flammes.

Mais on doit à **Edison** la première entreprise publique de distribution d'électricité pour l'éclairage, la **Edison Electric Lighting**. Le 4 septembre 1882, cette société inaugure sa première centrale fournissant l'électricité à 946 clients dans un quartier de 2,5 km² à New York. Des machines à vapeur chauffées au charbon font tourner les six grosses génératrices de la centrale. Ce sont les entreprises d'**Edison** qui s'occupent de tout, de la construction des génératrices à la fabrication des ampoules, en passant par les fusibles, les compteurs, et l'installation des câbles souterrains.

En Angleterre, **Swan** et **Edison** s'associent pour former la **Edison & Swan United Company**. En 1892, les entreprises d'**Edison** en Amérique vont fusionner avec la société **Thomson-Houston** pour devenir la compagnie **General Electric**. Les coûts reliés à l'éclairage électrique étant moins élevés que ceux de l'éclairage au gaz, les affaires vont bon train et la demande est forte. Surtout que ces nouvelles lampes ne dégagent pas d'odeur ni de suie.

Des filaments en tungstène

Mais de 1885 à 1893, l'Autrichien **Carl Auer von Welsbach** met au point des manchons pour les lampes à gaz qui les rendent beaucoup plus lumineuses, tout en réduisant la consommation de gaz. Ce type d'éclairage devient alors moins cher que l'éclairage électrique.

La motivation devient donc très grande pour trouver de nouveaux filaments afin de rendre les ampoules électriques plus performantes. Le *tungstène*, étant le métal qui fond à la plus haute température (3 406 °C), est rapidement apparu comme un matériau idéal. Mais sa très grande dureté empêchait qu'on l'étire en minces filaments, jusqu'à ce que **William Coolidge**, un chercheur chez **General Electric** (GE), découvre une nouvelle façon de faire en 1909.

Lampe à incandescence d'Edison (1882).

Toutefois, les lampes au tungstène présentent un problème de noircissement qui limite leur durée de vie. Le tungstène s'évapore lentement et va se déposer sur la paroi de l'ampoule. **Irving Langmuir**, un autre chercheur travaillant aux laboratoires de **GE**, s'attaque au problème et trouve la solution en 1913. Au lieu de faire un vide complet dans les ampoules, il y introduit un peu d'azote et, en 1918, de l'argon. Ces deux gaz ne réagissent pas avec le tungstène et empêchent son évaporation. Pour diminuer l'effet de refroidissement du filament occasionné par ces gaz, **Langmuir** donne une forme en hélice aux filaments.

Avec ces innovations, la lampe à filament de tungstène devient trois fois plus efficace que la lampe d'**Edison** à filament de bambou. Il s'ensuit une baisse des coûts pour l'éclairage électrique et la disparition graduelle de l'éclairage au gaz.

La technologie des ampoules à incandescence ordinaires a peu évolué depuis. Aujourd'hui, on trouve des ampoules avec du gaz krypton au lieu de l'argon, ce qui améliore le rendement d'environ 15 %.

Il est à remarquer toutefois que ce type d'éclairage est très inefficace puisque seul 6 % environ de l'énergie électrique est transformée en lumière visible, alors que 94 % se retrouve sous forme de chaleur.

Les lampes halogènes

Pour augmenter l'efficacité, il faut chauffer davantage le filament. Mais, ce faisant, la durée de vie du filament diminue, car les gaz d'argon ou de krypton, à l'intérieur de l'ampoule, n'arrivent plus à ralentir suffisamment l'évaporation du tungstène.

Dans les années 1950, les chercheurs de **GE** découvrent qu'en introduisant un gaz halogène, comme l'iode ou le brome, dans une ampoule incandescente dont la paroi est maintenue à une température élevée, ils peuvent chauffer davantage le filament sans diminuer sa durée de vie. La commercialisation des lampes halogènes débute en 1959.

Les lampes halogènes peuvent désormais être utilisées partout depuis qu'elles sont intégrées dans des ampoules conventionnelles (lampe OSRAM, 2004).

Les ampoules de ces lampes sont plus petites, pour maintenir leur paroi à une température plus élevée. Elles sont en quartz synthétique, pour mieux résister à la chaleur. On peut ainsi obtenir des efficacités d'environ 11 % pour une même durée de vie de 1 500 heures, ou doubler la durée de vie si on conserve une efficacité semblable aux ampoules conventionnelles (6 %). On obtient, de toute façon, une lumière plus blanche.

Dans certains modèles récents, les lampes halogènes sont intégrées dans des ampoules conventionnelles **(figure 4)**.

Des lampes énergivores

Toutefois, malgré les meilleures performances des lampes halogènes, les lampes à incandescence demeurent encore les plus énergivores pour l'éclairage. Les lampes fluorescentes compactes sont de beaucoup préférables sous cet aspect, puisqu'elles peuvent fournir de trois à quatre fois plus de lumière pour une même consommation électrique.

Chauffer à l'électricité

Les premières centrales électriques ayant été mises en place pour l'éclairage électrique, principalement le soir, se voyaient sous-utilisées pendant le jour. Les industriels ont donc rapidement mis sur le marché, vers 1885, des accessoires électriques chauffants tels que théières, cafetières, réchauds ou chaudrons électriques **(figure 5)**, que l'on retrouve encore aujourd'hui dans nos cuisines.

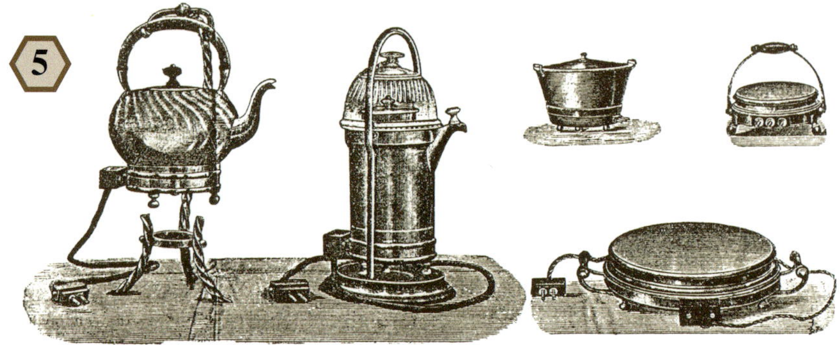

Accessoires électriques chauffants introduits à la fin du 19e siècle (Musée de la civilisation, bibliothèque du Séminaire de Québec. « Chauffage à l'électricité, système Schindler-Jenny ». Cosmos, tome XXXV, N° 605 (29 août 1896). N° 471.4).

Au laboratoire

Pour expérimenter toi-même le phénomène de l'incandescence, procure-toi du fil de fer multibrin servant à suspendre les petits tableaux, et tires-en un brin unique de 7 cm de longueur. Ce brin devrait avoir un diamètre de 0,25 mm environ. Fixe-le au support que tu as fabriqué dans l'**épisode 1-1**, en serrant ses deux extrémités entre les écrous **(figure 6)**. Comme source d'électricité, utilise deux piles électriques de 1,5 volt, de format D. En les plaçant une au bout de l'autre, dans le même sens, tu obtiendras 3 volts. On dit que les piles sont alors en série.

Pour maintenir les piles en contact et effectuer les connexions, il te faut un porte-piles. Procure-toi une petite boîte de conserve de pâte de tomates vide et bien nettoyée. Confectionne une bande de papier d'aluminium de 3 cm de large et de 20 cm de long, à même un rectangle de 9 cm × 20 cm replié deux fois. Plie cette bande de manière à ce qu'elle couvre le fond de la boîte et qu'une languette dépasse à l'extérieur. Fabrique ensuite un tube de carton dont le diamètre sera quelques millimètres plus grand que celui des piles, et insère ce tube dans la boîte. Pour le maintenir bien en place au centre de la boîte, entoure le tube avec du papier. Dépose les deux piles, l'une par-dessus l'autre, dans le tube, avec leurs bornes positives vers le bas. Leur poids les maintiendra en contact l'une avec l'autre et la borne positive de la pile du bas sera en contact avec la bande d'aluminium.

À présent, utilise deux fils de connexion avec pinces alligator pour relier ton porte-fils au porte-piles, comme sur la **figure 6**.

Si les piles électriques sont à pleine charge, tu devrais pouvoir faire rougir le mince fil de fer en maintenant le contact avec la borne supérieure des piles pendant 3 à 4 secondes. Attention, c'est chaud !

Matériel requis

- le support de diode lumineuse de l'épisode 1-1
- du fil de fer multibrin pour suspendre les tableaux
- 2 fils de connexion avec pinces alligator
- 2 piles électriques de 1,5 volt, de format D
- une petite boîte vide de pâte de tomates
- du carton flexible pour faire un tube de 10 cm de longueur
- du papier d'aluminium

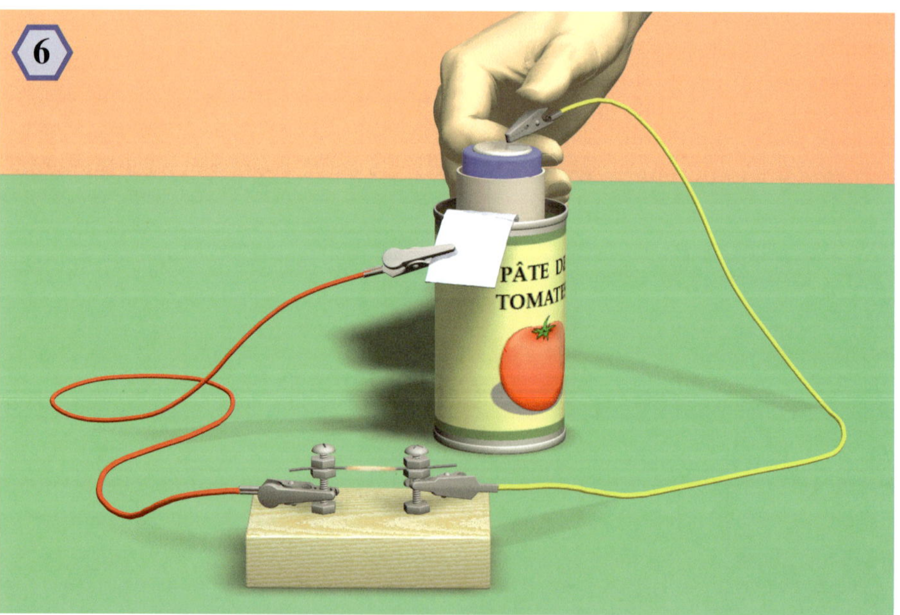

Un mince fil de fer rougit sous l'effet de la chaleur produite par un courant.

Pour en savoir plus

1. *Le magnétisme et l'électricité*, Amédée GUILLEMIN, Librairie Hachette, Paris, 1883.
2. *A History of Electric Light & Power*, Brian BOWERS, Peter Peregrinus Ltd & Science Museum, Londres, 1982.
3. *Edison's Electric Light*, R. FRIEDEL, P. ISRAEL et B. S. FINN, Rutgers University Press, New Brunswick, New Jersey, 1987.
4. Site d'information de Don KLIPSTEIN sur l'éclairage : http://members.misty.com/don/light.html.
5. Site d'information du *National Museum of American History* sur l'éclairage : http://americanhistory.si.edu/lighting/.

Épisode 1-7 | L'ARC VOLTAÏQUE ÉBLOUIT

NIVEAU 3

De 1810 à 1920

Un peu d'histoire

Vers 1810, à la *Royal Institution* de Londres, **Humphry Davy** dispose d'une pile électrique très puissante, capable de générer plusieurs centaines de volts **(épisode 1-4)**. Il peut ainsi observer des étincelles importantes en joignant les deux extrémités de cette pile, à l'aide de deux fils métalliques.

Dans l'une de ses expériences, il utilise deux tiges de charbon calciné pour établir le contact. Il constate alors que l'étincelle, apparaissant entre les tiges de charbon, est beaucoup plus brillante et blanche qu'avec des tiges métalliques. Son éclat est même éblouissant. L'étincelle s'amorce lorsque **Davy** met en contact les deux charbons mais, une fois la lumière produite, il peut écarter les charbons de quelques centimètres sans interrompre le phénomène lumineux, ce qu'il ne pouvait faire avec d'autres matériaux.

Davy venait de découvrir (vers 1810) ce qu'on appelle l'«*arc voltaïque*» en raison de la forme arquée de la décharge lorsque les tiges de charbon sont à l'horizontale **(figure 1)**. Cette forme résulte du fait que l'air très chaud au sein de la décharge a tendance à s'élever.

Pour obtenir une «*lampe à arc*», il fallait trouver une façon de maintenir constante la distance entre les tiges, dont l'écartement grandissait au fur et à mesure que leur extrémité chaude se consumait. Divers mécanismes utilisant des ressorts et des électroaimants **(épisode 2-8)** ont été conçus à cette fin à partir des années 1840 **(figure 2)**.

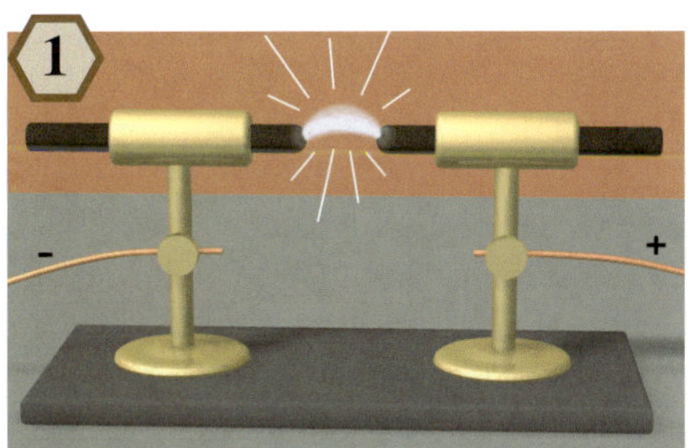

Vers 1810, Humphry Davy découvre l'éclat éblouissant de la décharge électrique, entre deux tiges de charbon.

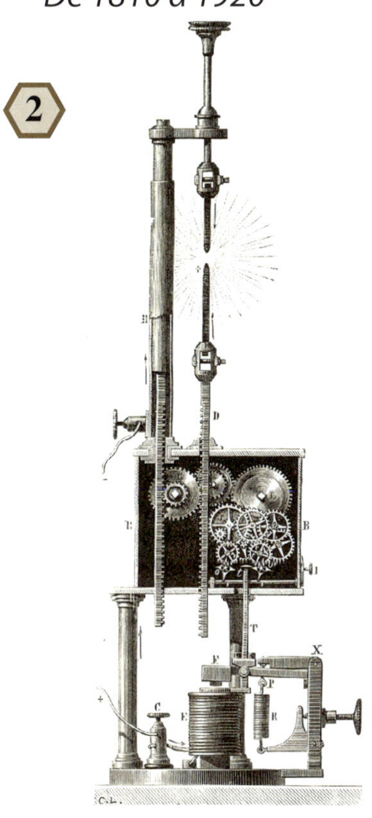

Lampe à arc avec régulateur de Foucault pour la distance entre les tiges (1857).

Mais l'emploi de piles électriques comme source d'électricité rendait ce type d'éclairage peu commode et très cher.

C'est donc après l'apparition de génératrices performantes, dans les années 1870, que ce type d'éclairage intense fera son apparition dans les rues des grandes villes, pour remplacer l'éclairage au gaz. La très grande intensité de la lumière émise était trop éblouissante pour l'éclairage des maisons, sans compter que ces lampes étaient bruyantes, contrairement aux lampes incandescentes. Ces dernières, par contre, n'étaient pas suffisamment brillantes, à l'époque, pour éclairer de grands espaces. Il y avait donc une complémentarité entre ces deux types d'éclairage.

On doit à un officier russe du nom de **Jablochkoff** une invention astucieuse, datant de 1876, qui permet de s'affranchir du régulateur de distance. Il s'agit d'une bougie, qui porte son nom, constituée de deux tiges de carbone placées côte à côte, assurant ainsi une distance constante **(figure 3)**. La tige connectée à la borne positive s'usant plus vite que l'autre, on doit utiliser du courant alternatif. Une bougie de 25 cm durait environ deux heures et on en plaçait quatre dans un lampadaire.

Les lampes à arc au carbone ont été remplacées, vers 1920, par les lampes à incandescence devenues alors suffisamment lumineuses, plus économiques, et offrant une bien meilleure durée de vie.

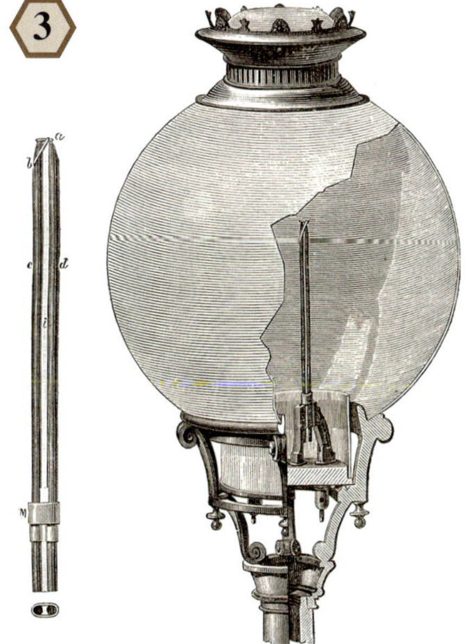

Bougie et lampe Jablochkoff (1880).

Pour en savoir plus

1. *Le magnétisme et l'électricité*, Amédée GUILLEMIN, Librairie Hachette, Paris, 1883.
2. *A History of Electric Light & Power*, Brian BOWERS, Peter Peregrinus Ltd & Science Museum, Londres, 1982.
3. Site d'information de Don KLIPSTEIN sur l'éclairage: http://members.misty.com/don/light.html.
4. Site d'information du *National Museum of American History* sur l'éclairage: http://americanhistory.si.edu/lighting/.

Épisode 1-8 LA CHALEUR PRODUIT DE L'ÉLECTRICITÉ

NIVEAU 3

En 1821

Un peu d'histoire

En 1821, le physicien allemand **Thomas Johann Seebeck** se demande s'il ne serait pas possible d'utiliser le *potentiel de contact* **(épisode 1-5)** afin de produire du courant, simplement en mettant deux métaux différents en contact, sans liquide.

Une « pompe » à électricité

Comme nous l'avons vu à l'**épisode 1-5**, lorsqu'on met en contact deux métaux différents, il se produit un phénomène de «pompage» de l'électricité, d'un métal vers l'autre. Aujourd'hui, on sait que ce sont les électrons (particules électriques négatives faisant partie des atomes) qui sont «pompés».

Mais lorsqu'on veut établir un circuit électrique fermé et y faire circuler de l'électricité, en utilisant ce phénomène, ça ne fonctionne pas. En effet, les deux métaux formant le circuit doivent nécessairement se toucher en deux endroits différents, et les potentiels de contact s'opposent l'un l'autre **(figure 1)**.

La découverte de Seebeck

Seebeck se dit que s'il pouvait favoriser le pompage de l'électricité dans l'une des deux zones de contact **(figure 1)**, on aurait une pompe plus forte que l'autre, et il devrait en résulter un courant électrique.

Pour ce faire, il essaie, en 1821, des dimensions très différentes pour les surfaces de contact dans les deux zones de contact.

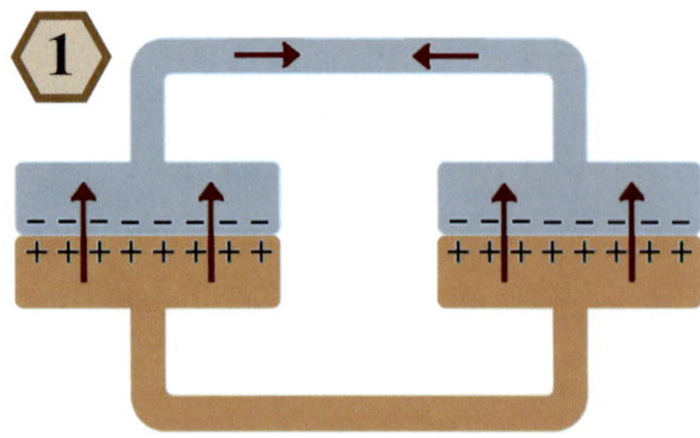

Dans un circuit constitué de deux métaux, les potentiels de contact travaillent l'un contre l'autre. Les flèches indiquent le sens des « pompes à électrons ».

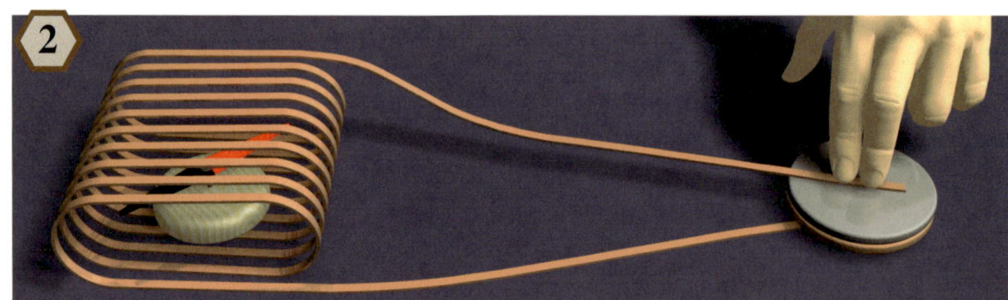

Expérience de Seebeck avec un disque de cuivre, un disque de bismuth et un ruban de cuivre. La chaleur des doigts produit un courant qui dévie l'aiguille aimantée.

Il pose, sur une table, un disque de cuivre sur lequel il dépose un disque de bismuth **(figure 2)**. La première zone de contact entre le cuivre et le bismuth présente donc une surface importante. Pour compléter le circuit, il utilise un long ruban de cuivre de 5,5 mm de largeur. Il place une extrémité du ruban entre le disque de cuivre et la table et il maintient l'autre extrémité en contact avec le dessus du disque de bismuth, en appuyant sur le ruban de cuivre avec ses doigts. La deuxième surface de contact cuivre-bismuth est donc beaucoup plus petite.

Pour détecter la présence d'un courant dans le ruban, il l'enroule, en forme de solénoïde, autour d'une aiguille de boussole. Il réalise ainsi un galvanomètre sensible qui fait dévier l'aiguille aimantée lorsqu'un courant y circule **(épisodes 2-1 et 2-10)**.

Seebeck détecte effectivement un courant électrique. Mais pour s'assurer que ce n'est pas l'effet de l'interaction entre la sueur salée de ses doigts et le ruban de cuivre, il utilise différents matériaux entre ses doigts et le ruban. Il constate qu'avec certains matériaux le courant persiste, alors qu'il disparaît pour d'autres. Il ne tarde pas à comprendre que c'est lorsqu'il interpose un matériau qui conduit bien la chaleur que le courant se manifeste. Il en conclut donc que c'est la chaleur de ses doigts qui génère le courant, en chauffant une des deux zones de contact cuivre-bismuth plus que l'autre zone.

Seebeck effectue ensuite l'expérience illustrée sur la **figure 3**. Il construit un cadre rectangulaire dont trois côtés sont formés par une lame de cuivre repliée. Pour fermer son cadre, il soude à la lame de cuivre repliée un petit cylindre de bismuth. Il dépose son cadre sur un support et chauffe une des deux soudures cuivre-bismuth avec une petite lampe. La présence du courant dans le cadre est mise en évidence par une aiguille de boussole sur un pivot à l'intérieur du cadre **(épisode 2-1)**.

Notre savant allemand varie les conditions de son expérience pour en tirer des conclusions générales. Il utilise différents couples de métaux et il chauffe ou refroidit les soudures à différents degrés.

Il observe ainsi que plus la différence de température entre les deux soudures est grande, plus le courant généré est fort, et que cela dépend également des matériaux utilisés.

On appelle *thermocouples* ces couples de matériaux efficaces pour générer une tension électrique sous l'effet d'une différence de température. Une des principales applications des thermocouples est de mesurer la température. Ils sont particulièrement utiles dans les fours.

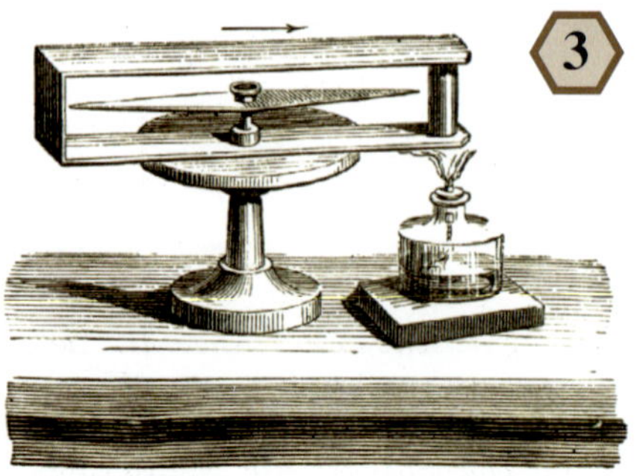

Cadre thermoélectrique de Seebeck.

Au laboratoire

Cette fois, tu vas produire de l'électricité avec de la chaleur et du froid, comme l'a fait **Seebeck**.

Pour construire le cadre métallique, utilise un bout de 40 cm d'un tuyau en cuivre (pour la plomberie) de 12 à 15 mm de diamètre. Demande à quelqu'un de robuste d'aplatir ce tuyau avec un marteau, en l'appuyant sur la partie plate d'un gros étau ou d'un bloc de ciment bien lisse. Pour compléter le cadre, procure-toi, à la quincaillerie, un écrou hexagonal de raccordement en acier galvanisé (de 4 cm de long environ), ainsi que deux boulons à tête plate hexagonale de 20 mm de long qui vissent dans l'écrou.

Avant de plier la lame de cuivre (tuyau aplati) comme sur la **figure 4**, **il te faudra demander de l'aide à une personne expérimentée dans le travail du métal**, pour percer un trou à chaque bout de la lame de cuivre, de manière à pouvoir y faire passer la partie filetée des boulons. Demande à cette personne de pratiquer un trou du même diamètre au fond d'une boîte de conserve de 7 à 8 cm de diamètre et d'environ 3 cm de hauteur.

Nettoie bien la lame de cuivre, près des trous, avec une laine d'acier ou du papier émeri, jusqu'à ce que le cuivre brille. En se servant d'un étau et d'un marteau, il faut plier la lame de cuivre comme sur la **figure 4**, en s'assurant que le cadre a environ 2 cm de haut dans sa partie la plus étroite. Enfin, assemble la lame de cuivre, la boîte de conserve, l'écrou hexagonal et les deux boulons, en serrant très fort les boulons (avec les clés appropriées).

En guise de support, assemble les deux morceaux de bois avec quatre petits clous de 2 à 3 cm. Mais auparavant, fais deux trous dans la pièce de bois verticale, afin de pouvoir y faire passer du fil de cuivre (fil électrique dénudé) pour fixer le cadre métallique au support de bois **(figure 4)**. Le fil de cuivre n'influencera pas la boussole comme le ferait du fil de fer.

Matériel requis

- **2 morceaux de bois : un de 8 cm × 22 cm × 2 cm et un de 8 cm × 10 cm × 3,5 cm**
- **4 clous de 2 à 3 cm**
- **un bout de 40 cm de tuyau en cuivre de 12 à 15 mm de diamètre**
- **un écrou hexagonal de raccordement**
- **2 boulons de 20 mm de long environ, avec une tête plate hexagonale, qui vissent dans l'écrou de raccordement**
- **du fil électrique en cuivre**
- **la « boussole pratique » de l'épisode 1-1 du volume 1**
- **une bougie**
- **une petite boîte de conserve de 7 à 8 cm de diamètre et de 3 cm de haut environ**
- **de l'eau et de la glace**

Te voilà prêt à expérimenter. Place la boussole à l'intérieur du cadre et aligne l'ensemble pour que l'aiguille de la boussole soit parallèle au cadre. Ensuite, verse un peu d'eau froide dans la boîte de conserve et ajoute de la glace pour refroidir l'eau davantage. Allume une bougie et place la flamme en dessous de la tête du boulon inférieur.

Tu constateras que l'aiguille de la boussole dévie graduellement de son alignement initial, au fur et à mesure que la différence de température s'accentue entre les deux zones de contact du cuivre et de l'acier galvanisé. Cela traduit la présence d'un courant électrique de plus en plus important dans le cadre métallique **(épisode 2-1)**.

Avant de recommencer l'expérience, essuie le cadre à l'endroit où était la flamme, afin d'enlever la suie qui s'y est déposée et qui empêche, avec le temps, de chauffer la zone de contact de façon efficace.

4

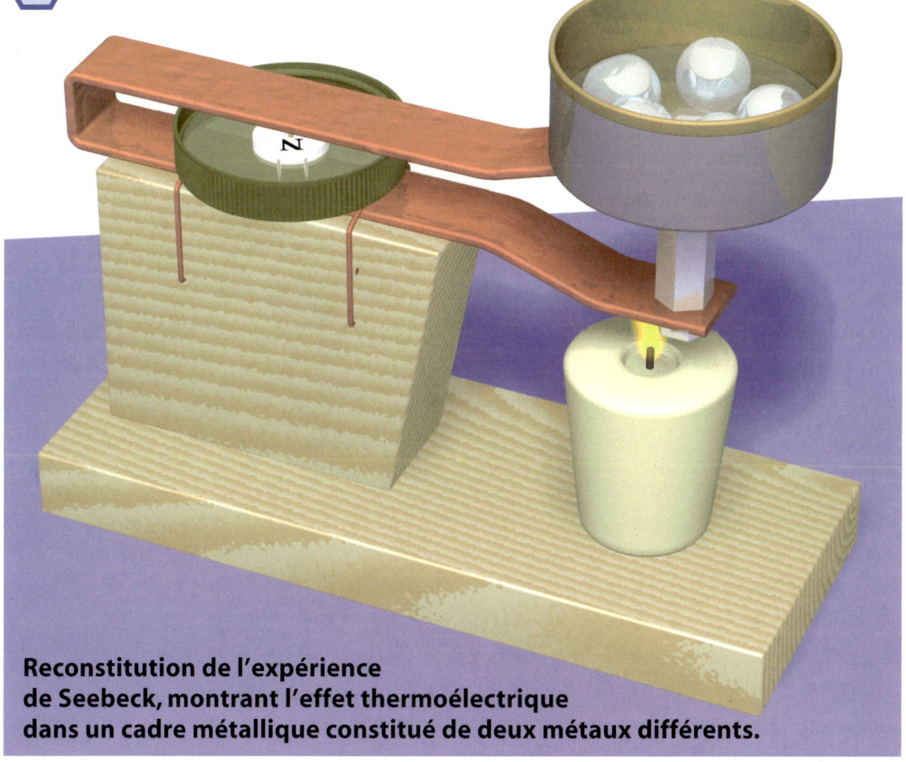

Reconstitution de l'expérience de Seebeck, montrant l'effet thermoélectrique dans un cadre métallique constitué de deux métaux différents.

Pour en savoir plus

1. *Magnetische Polarisation der Metalle und Erze durch Temperatur Differenz*, Johann SEEBECK, dans *Abbandlungen der Königlichen Akademie der Wissenschaften in Berlin*, 1822-1823. Extraits en anglais dans *Source Book in Physics*, William Francis MAGIE, McGraw-Hill, New York, 1935, p. 461 à 464.
2. *La Thermoélectricité*, André LINDER, Presses universitaires de France, collection Que sais-je ?, n° 1381, Paris, 1970.

Épisode 1-9 NIVEAU 3 | LES THERMOPILES

De 1823 à aujourd'hui

Un peu d'histoire

Après la découverte de **Seebeck (épisode précédent)**, il était logique pour les scientifiques d'essayer d'amplifier le phénomène thermoélectrique.

Des piles thermoélectriques

Pour ce faire, **Fourier** et **Oersted** ont l'idée, en 1823, de confectionner des piles thermoélectriques, ou *thermopiles*, en soudant bout à bout des barreaux de bismuth et des barreaux d'antimoine (les deux métaux qui donnaient les meilleurs résultats), en ayant soin de les alterner. Ensuite, ils chauffent une soudure sur deux, en laissant une soudure froide entre chaque soudure chauffée **(figure 1)**. Ils obtiennent ainsi des tensions électriques **(épisode 1-2)** d'autant plus élevées qu'il y a de couples de métaux (*thermocouples*).

Toutefois, les thermopiles ont une tension beaucoup plus faible qu'une pile de **Volta** ayant le même nombre de couples métalliques. Pour une différence de 200 degrés Celsius entre les soudures, la tension des couples antimoine-bismuth demeure des centaines de fois plus faible, ce qui limite leur utilisation. On obtient quand même des courants électriques appréciables dans une thermopile, en raison de la faible résistance électrique des métaux qui la constituent, comparativement à une pile de **Volta** où les liquides offrent une plus grande résistance au passage de l'électricité **(voir les travaux de Ohm sur la résistance électrique à l'épisode 2-13)**.

1

Thermopile constituée de pièces de bismuth et de pièces d'antimoine, en forme de fer à cheval, soudées ensemble. Les métaux se succèdent et les soudures sont alternativement dans l'eau bouillante et dans l'eau glacée.

2

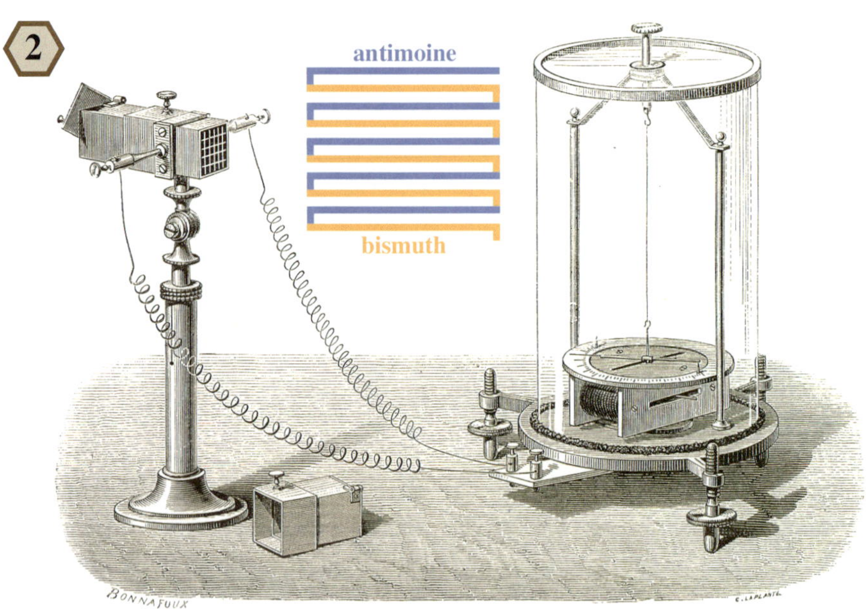

Thermopile de Nobili (1830) pour faire des mesures sur l'énergie rayonnante (lumière visible et infrarouge). Des petites tiges de bismuth sont soudées à des tiges d'antimoine, de manière à ce que les soudures paires soient d'un côté et les soudures impaires, de l'autre, comme sur le schéma en couleurs. Un galvanomètre mesure le courant.

3

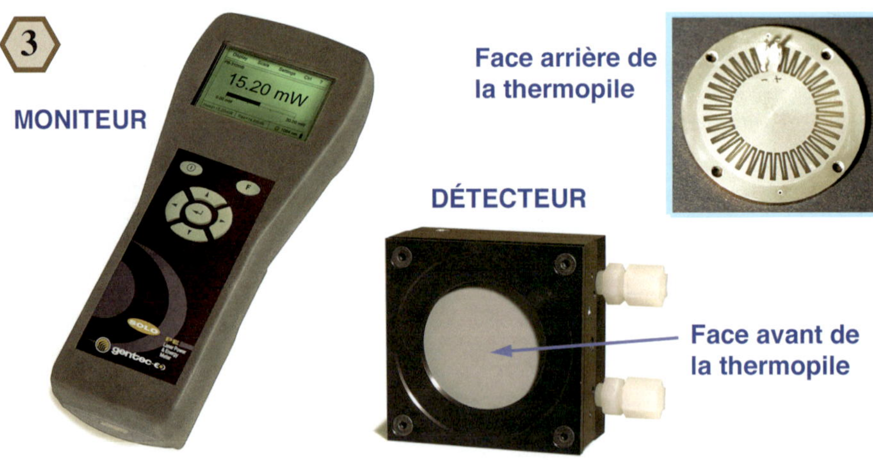

Système de la société Gentec-EO pour mesurer la puissance d'un faisceau laser à l'aide d'une thermopile annulaire. Les matériaux thermoélectriques sont déposés sous vide sur un disque métallique (en haut, à droite). Le faisceau laser qui arrive au centre du disque, sur l'autre face, produit une variation radiale de la température du disque, ce qui génère une tension électrique (gracieuseté de Gentec-EO).

Mesurer l'invisible

Les faibles tensions des thermopiles ont limité leur utilisation comme source d'électricité, du moins au 19e siècle.

Par contre, les thermopiles, couplées à des galvanomètres sensibles pour mesurer le courant **(épisodes 2-1 et 2-10)**, ont rapidement constitué des instruments de mesure très sensibles.

La **figure 2** nous montre un système réalisé par **Nobili** en 1830. Une forte déviation de l'aiguille du galvanomètre était obtenue simplement par l'échauffement engendré par un léger souffle.

Ce système constitue le premier instrument électrique pour mesurer l'intensité de la lumière visible et invisible (infrarouge). En fait, c'est l'échauffement produit par ces rayonnements qu'on mesure. Grâce à cet instrument, le physicien italien **Melloni** devient, dans les années 1830, le pionnier d'une nouvelle science, celle de l'étude des radiations infrarouges et de leur interaction avec la matière.

Aujourd'hui, les thermopiles s'avèrent toujours des détecteurs de choix pour mesurer la puissance des faisceaux laser **(figure 3)**.

Générer de l'électricité

Dans la seconde moitié du 19e siècle, on développe des alliages plus performants pour les thermocouples. En 1879, **Clamond** dispose un grand nombre de ces thermocouples en colonne, de manière à ce que les soudures paires soient tournées vers l'intérieur de la colonne et les soudures impaires, vers l'extérieur **(figure 4)**. Un brûleur au gaz, au centre de la colonne, chauffe une moitié des soudures, alors que l'autre moitié, en périphérie de la colonne, se maintient à une température bien inférieure. La tension générée par chacun des thermocouples est d'environ 10 millionièmes de volt par degré Celsius. Le rendement est donc très faible et seule une fraction de 1% de l'énergie thermique est transformée en électricité.

Plus tard, vers 1950, des matériaux semiconducteurs dopés sont apparus, et ont permis d'obtenir des thermocouples capables de générer des tensions dépassant 100 millionièmes de volt par degré Celsius.

En associant plusieurs de ces thermocouples en série, pour former une thermopile, et en maintenant une bonne différence de température entre les soudures paires et impaires, on est ainsi parvenu à réaliser des thermopiles capables de convertir de 4 % à 7 % de l'énergie thermique en énergie électrique.

La configuration typique de ces thermopiles modernes est illustrée sur la **figure 5**. Les cubes bleus et orangés représentent les deux types

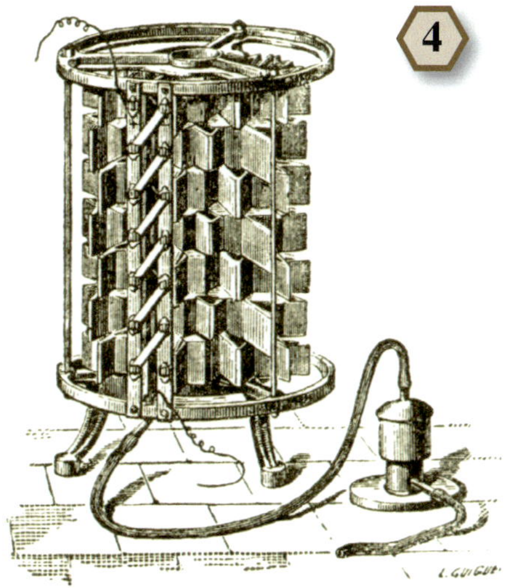

Thermopile de Clamond (1879).

de semiconducteurs qui forment les thermocouples. Ces cubes ne sont pas soudés directement ensemble, mais plutôt à des plaquettes conductrices (en jaune sur la figure). Les plaquettes impaires sont en contact avec la plaque de céramique inférieure (en gris sur la figure) et les plaquettes paires sont en contact avec la plaque de céramique supérieure (seuls ses contours sont représentés sur la figure). Ces deux plaques de céramique ne conduisent pas l'électricité, mais conduisent bien la chaleur. Deux fils électriques sont soudés à la première et à la dernière plaquette de la thermopile.

En chauffant une des deux plaques de céramique plus que l'autre, on produit une tension aux bornes de la thermopile qui fait circuler un courant dans un circuit extérieur. La **figure 6** montre une thermopile commerciale carrée (3 cm × 3 cm), comportant 128 thermocouples en série, et dont la face inférieure est chauffée à l'aide d'un brûleur au gaz. Le courant électrique généré alimente une miniampoule incandescente.

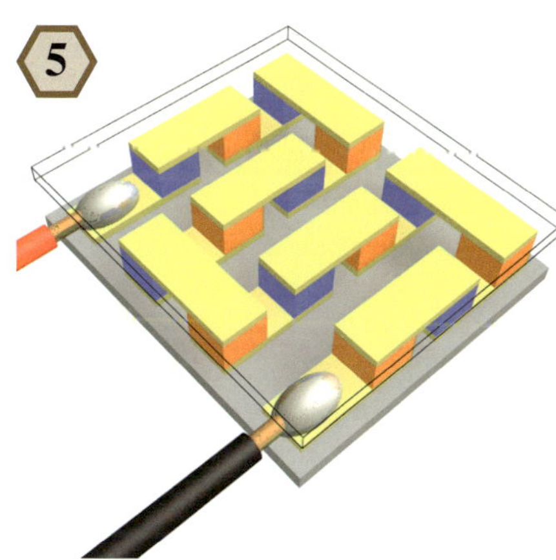

Configuration d'une thermopile moderne utilisant deux types de semiconducteurs différents (cubes bleus et orangés) reliés par des plaquettes conductrices (jaunes), de manière à ce que les plaquettes impaires soient en contact avec la plaque de céramique inférieure (grise) et les plaquettes paires soient en contact avec la plaque de céramique supérieure (transparente).

Loin dans l'espace

Les thermopiles constituent la seule solution fiable actuellement pour générer de l'électricité à bord des sondes spatiales qui vont au-delà de la planète Mars. En effet, la radiation solaire est alors trop faible pour permettre l'utilisation des panneaux solaires, et on a besoin d'un générateur d'électricité de longue durée, sans parties mobiles pour plus de fiabilité.

La sonde spatiale *Galileo*, arrivée près de Jupiter en 1995, et la sonde *Cassini-Huygens* arrivée près de Saturne en 2004 **(figure 7)**, sont toutes les deux alimentées en électricité par des thermopiles. En fait, plus de 20 missions spatiales ont profité de cette technologie.

Dans ces générateurs thermoélectriques, des thermopiles similaires à celles de la **figure 6** entourent un cylindre radioactif qui agit comme source de chaleur pour les faces intérieures des thermopiles. Les faces extérieures, quant

Thermopile commerciale (3 cm × 3 cm), du type schématisé sur la figure 5, chauffée par un brûleur. Le courant produit alimente une ampoule électrique miniature (gracieuseté de M.G. Kanatzidis).

à elles, sont refroidies par le froid sidéral intense. Ces générateurs peuvent fournir des centaines de watts de puissance électrique pendant 25 ans sans arrêt, avec un rendement d'environ 7 %.

Une percée technologique

Récemment (2000-2001), deux équipes de recherche américaines ont annoncé qu'elles avaient mis au point chacune un nouveau thermocouple semiconducteur deux fois plus performant que les thermocouples commerciaux les plus efficaces. Il s'agit de l'équipe du docteur **Kanatzidis** du *Michigan State University* et de l'équipe du docteur **Venkatasubramanian** des laboratoires de *RTI international*.

L'approche de cette dernière équipe est très originale et semble particulièrement prometteuse. Au lieu d'utiliser un matériau en bloc, les chercheurs empilent des milliers de couches ultraminces faites de deux matériaux différents qu'ils alternent **(figure 8)**. Cette façon de faire diminue le transport de chaleur et favorise le déplacement des électrons perpendiculairement aux couches, ce qui augmente de façon considérable les performances thermoélectriques.

Ces découvertes récentes ont ébranlé le monde de la thermoélectricité, car depuis 40 ans les performances des matériaux thermoélectriques n'avaient pratiquement pas progressé. Sans compter que les chercheurs ont démontré, théoriquement, qu'il était encore possible de doubler les performances de ces nouveaux matériaux. On pourrait donc obtenir, en principe, des thermopiles avec des rendements de 20 %, comparativement aux rendements actuels de 5 % environ.

Des applications potentielles révolutionnaires

Pour réaliser l'ampleur des applications potentielles, il faut savoir que les centrales électriques thermiques fonctionnent avec un rendement typique de 35 % à 55 %, et que la majorité de l'énergie se retrouve perdue dans l'environnement sous forme de chaleur. Il en est de même avec les automobiles à essence ; seulement 20 % de l'énergie du carburant sert à propulser le véhicule et à faire fonctionner les accessoires.

Représentation de la sonde Cassini-Huygens (courtoisie NASA/JPL-Caltech). L'électricité à bord est produite par des thermopiles chauffées à l'aide de sources radioactives.

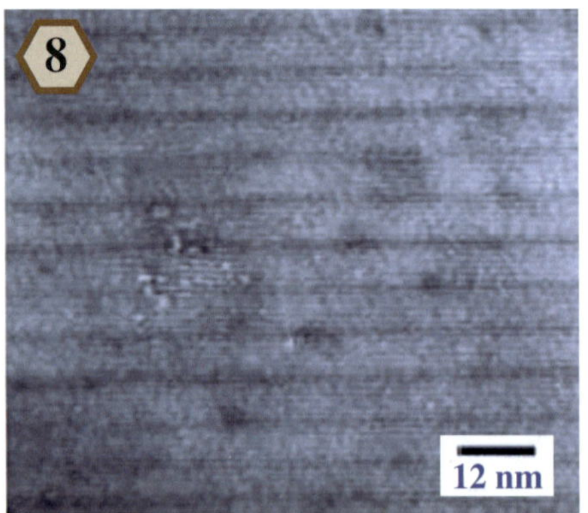

Vue au microscope électronique d'une structure multicouche fabriquée par l'équipe du docteur Venkatasubramanian des laboratoires de RTI international. Ces nouveaux matériaux composites ont des performances thermoélectriques bien supérieures à celle des matériaux conventionnels. La barre servant d'échelle a une longueur de 12 millionièmes de millimètre.

En utilisant des thermopiles avec un rendement de 12,5 % pour récupérer une partie de la chaleur perdue, les centrales thermiques pourraient produire de 10 % à 20 % plus d'électricité. Une telle récupération représente plus d'énergie annuellement pour un pays que l'ensemble de ses énergies éoliennes, solaires, géothermiques et marémotrices !

En ce qui concerne les véhicules automobiles, des projets sont en cours présentement pour développer des générateurs thermoélectriques installés sur les tuyaux d'échappement. Ces générateurs remplaceraient éventuellement l'alternateur qui recharge la batterie et alimente les accessoires électriques. On jouirait ainsi d'une consommation d'essence améliorée.

Pour en savoir plus

1. *Le magnétisme et l'électricité*, Amédée GUILLEMIN, Librairie Hachette, Paris, 1883.
2. *La Thermoélectricité*, André LINDER, Presses universitaires de France, collection Que sais-je ?, n° 1381, Paris, 1970.
3. Site internet du CARDIFF THERMOELECTRIC GROUP : www.thermoelectrics.com. Voir la section *Introduction*.
4. Site internet de la NASA sur la mission Cassini-Huygens : http://saturn.jpl.nasa.gov.
5. Site internet de la compagnie GENTEC-EO : www.gentec-eo.com.

Épisode 1-10 NIVEAU 3 LES COURANTS ÉLECTRIQUES PRODUISENT DU FROID, L'EFFET PELTIER

De 1834 à aujourd'hui

Un peu d'histoire

En 1834, le physicien français **Jean-Charles Peltier** observe une anomalie inattendue, dans une de ses expériences, qui le conduit à découvrir le pouvoir refroidisseur de l'électricité.

Dans cette expérience, il veut comparer la conductivité électrique de l'*antimoine* et du *bismuth* avec celle des autres métaux. Le manque de ductilité de ces deux matériaux l'empêchant de fabriquer de longs fils, il utilise des tiges de 45 mm, faites de différents métaux.

Il veut intercaler ces tiges, à tour de rôle, dans un circuit comportant une source d'électricité, et mesurer le courant qui y circule à l'aide d'un galvanomètre **(épisode 2-11)**. Pour augmenter la précision de ses mesures, il lui faut une source d'électricité stable, offrant une résistance au passage du courant plus faible que celle de ses tiges. Il choisit un thermocouple formé d'une lame de cuivre et d'une lame de zinc **(figure 1)**. La soudure de ces deux lames est maintenue à une température de 10 degrés plus chaude que la température ambiante.

Pour son galvanomètre, il utilise deux aiguilles aimantées en sens contraire et suspendues par un fil de soie, à la manière du galvanomètre de **Nobili (épisode 2-11)**.

En insérant l'une après l'autre ses tiges métalliques, **Peltier** constate que les aiguilles aimantées dévient plus ou moins, selon le matériau utilisé. Le sens de cette déviation correspond au sens du courant produit normalement par un thermocouple cuivre-zinc. Mais, lorsqu'il introduit la tige de bismuth, il constate avec étonnement que le sens du courant s'inverse. Il en conclut qu'il doit y avoir une élévation de température à une extrémité de la tige de bismuth, formant un deuxième thermocouple actif qui agit dans le sens contraire du premier.

Après avoir éliminé toutes les sources extérieures possibles de chaleur, le courant électrique est toujours en sens contraire. Il doit se rendre à l'évidence; le phénomène semble produit par le courant lui-même.

Pour tirer ça au clair, **Peltier** construit un appareil qui lui permet d'évaluer la température en différents endroits le long d'une tige parcourue par un courant. Il soude bout à bout des tiges de métaux différents et compare la température des soudures avec celle loin des soudures.

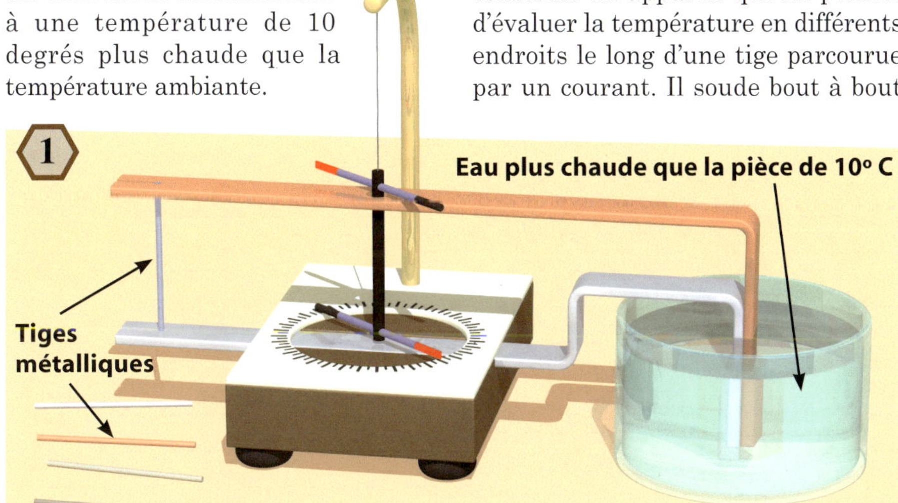

Expérience de Peltier pour établir la séquence de conductivité de divers métaux.

Glacière thermoélectrique Powerchill™ de Coleman (gracieuseté de Coleman Inc.).

C'est ainsi qu'il fait la découverte de ce qu'on appelle aujourd'hui l'*effet Peltier*. Il observe que:

la température d'une soudure s'élève ou s'abaisse selon le sens du courant électrique traversant la soudure!

L'explication de ce phénomène dépasse le niveau du présent ouvrage. Toutefois, un nombre croissant d'applications utilisent l'*effet Peltier*.

En fait, le module illustré sur la **figure 5 de l'épisode 1-9** peut tout aussi bien servir de thermopile que de *module à effet Peltier* pour refroidir l'une des deux plaques de céramique et réchauffer l'autre, lorsqu'on y fait circuler un courant. On utilise ces modules de plus en plus, pour refroidir autant la nourriture **(figure 2)** et les processeurs d'ordinateurs, que les lasers de précision.

Pour en savoir plus

1. *Nouvelles expériences sur la caloricité des courants électriques*, Jean-Charles-Athanase PELTIER, dans *Annales de chimie et de physique*, tome 56, chez Crochard Libraire, Paris, 1834, p. 371 à 386.
2. *Traité d'électricité et de magnétisme: et des applications de ces sciences à la chimie, à la physiologie et aux arts*, tome 1, Antoine-César BECQUEREL et Edmond BECQUEREL, Firmin-Dodot, Paris, 1855, p. 317 à 322.
3. *La Thermoélectricité*, André LINDER, Presses universitaires de France, collection *Que sais-je?*, n° 1381, Paris, 1970.
4. Site internet du CARDIFF THERMOELECTRIC GROUP: www.thermoelectrics.com. Voir la section *Introduction*.

Épisode 1-11
NIVEAU 2

L'ÉVOLUTION DES PILES ÉLECTRIQUES ORDINAIRES

De 1829 à aujourd'hui

Un peu d'histoire

Dans sa version la plus répandue au début du 19e siècle, la *pile de Volta* est constituée de paires de plaques de cuivre et de zinc dans des auges rectangulaires juxtaposées et remplies d'acide sulfurique dilué **(figure 2 de l'épisode 1-4)**.

Nous avons vu, à l'**épisode 1-5**, que des réactions chimiques ont lieu au sein de la *pile de Volta*, et que c'est en fait l'énergie chimique qui produit l'électricité. Ces réactions se produisent entre le liquide acide de la pile et les plaques métalliques. L'acide sulfurique, par exemple, attaque le zinc et forme un composé avec celui-ci qui se dissout dans le liquide de la pile. De plus, l'acide, en se décomposant, dégage de l'hydrogène.

Le problème de la pile de Volta

Ce sont également ces réactions chimiques qui font rapidement diminuer le courant produit par la *pile de Volta*.

En effet, la plaque de cuivre ne tarde pas à se recouvrir de bulles d'hydrogène et du composé à base de zinc. On dit alors que la pile est *polarisée*. Cette couche indésirable empêche graduellement la pile de fonctionner correctement, ce qui diminue d'autant le courant électrique qu'elle peut produire jusqu'à son arrêt complet. Il faut alors renouveler le liquide et nettoyer les plaques métalliques, ce qui n'est pas pratique.

Les piles à deux liquides

Pour rendre constante l'intensité du courant de la pile, il fallait donc empêcher les dépôts de se former à la surface des plaques métalliques; il fallait empêcher la *polarisation* de la pile. Pour ce faire, **Antoine-César Becquerel** suggère, en 1829, de plonger chacun des deux métaux d'une pile dans un liquide différent, en séparant les deux liquides par une cloison qui laisse passer l'électricité, mais empêche les deux liquides de se mélanger. Après plusieurs essais, il réussit à obtenir ainsi une pile beaucoup plus stable dans le temps, mais dont le rendement est trop faible pour être pratique.

1

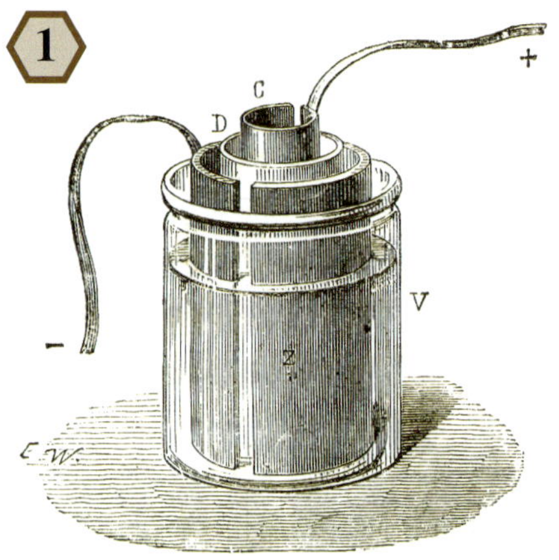

Pile de Daniell, inventée en 1836.

2

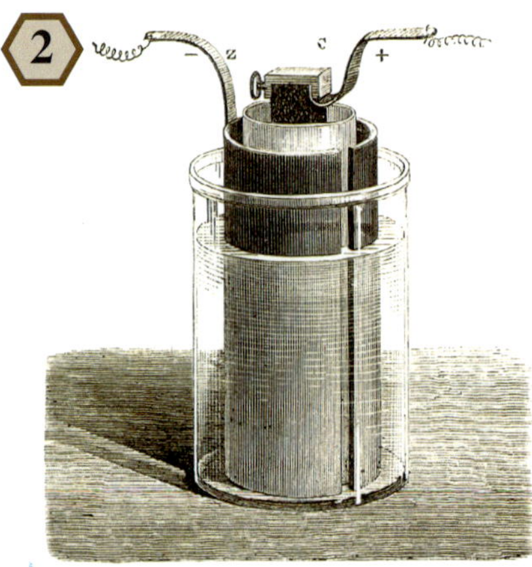

Pile de Bunsen, inventée en 1843.

C'est le physicien anglais **John-Frederic Daniell** qui met au point, en 1836, la première pile à deux liquides efficace et pratique **(figure 1)**. Il utilise un vase cylindrique en terre cuite **D** à l'intérieur d'un vase en verre **V**, ce qui lui permet de séparer les deux liquides. Il remplit le vase de terre cuite d'une solution de sulfate de cuivre dans laquelle il plonge un cylindre de cuivre **C**. Dans le vase extérieur **V**, il verse de l'acide sulfurique dilué et y place une feuille de zinc **Z**. La *pile de Daniell* génère un courant beaucoup plus stable dans le temps que la *pile de Volta*, et demande beaucoup moins d'entretien que cette dernière.

En 1839, le chimiste anglais **William Grove** met au point une autre pile à deux liquides, capable de fournir des courants plus intenses que celle de **Daniell**, en étant toutefois moins stable que cette dernière. Par ailleurs, la *pile de Grove* utilise du platine au lieu du cuivre, ce qui augmente considérablement son coût et restreint son utilisation.

En 1843, le chimiste allemand **Bunsen** remplace le platine de la *pile de Grove* par du carbone (beaucoup moins cher). Cette *pile de Bunsen* **(figure 2)**, utilisant du zinc et du carbone, connaîtra beaucoup de succès au milieu du 19e siècle.

Pile de Grenet

En 1856, **Grenet** réussit à obtenir une pile relativement stable avec un seul liquide **(figure 3)**. Il utilise du bichromate de potassium comme *dépolarisant* dans la solution acide, afin d'éliminer le dégagement d'hydrogène. Les matériaux des électrodes sont également du carbone **C** et du zinc **Z**. Un mécanisme permet de retirer la lame de zinc du liquide lorsque la pile n'est pas utilisée, afin d'éviter qu'elle soit rongée inutilement par l'acide.

3

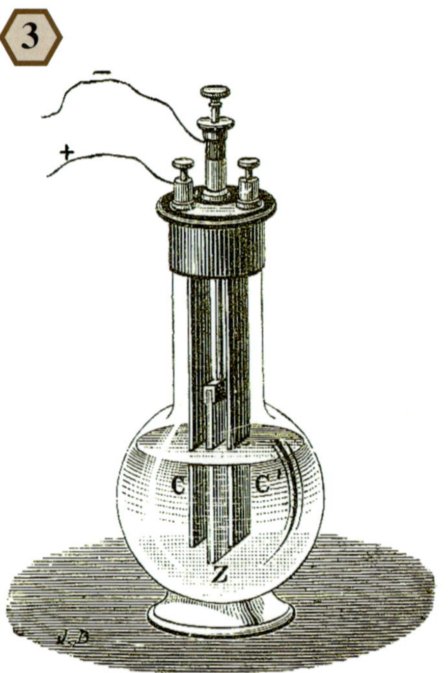

Pile de Grenet, inventée en 1856.

Pile Leclanché ou C-Zn

En 1868, l'ingénieur français **Georges Leclanché** invente la pile qui porte son nom et qu'on utilise encore de nos jours, sous sa forme améliorée d'une pile sèche « sans liquide ».

Sa pile originale est représentée sur la **figure 4**. Elle est constituée d'un vase rempli d'une solution aqueuse de *chlorure d'ammonium* (un sel) dans laquelle sont plongées une plaque de carbone (graphite), au centre, et une tige de zinc en périphérie. La plaque de carbone est surmontée d'une tête en plomb et elle est entourée de blocs constitués de poudre de carbone et de poudre de bioxyde de manganèse comprimées. Le *bioxyde de manganèse*, qui agit comme *dépolarisant*, permet de capturer l'hydrogène, qui autrement s'accumulerait sur l'électrode de carbone. L'électrode de zinc est séparée de l'électrode centrale à l'aide d'un petit bloc de bois, et des bracelets de caoutchouc maintiennent le tout ensemble.

Cette pile a immédiatement connu le succès du fait qu'elle nécessitait peu d'entretien, qu'elle ne contenait pas de matières dangereuses (comme les acides) et qu'on n'avait pas besoin de retirer l'électrode de zinc après usage. Cette dernière, en effet, ne se dégradait que lorsque la pile était utilisée. La pile **Leclanché** a beaucoup été employée dans l'industrie télégraphique de l'époque **(épisode 2-13)**.

En 1888, le scientifique allemand **Carl Gassner** modifie la pile **Leclanché** pour la rendre sèche. Pour ce faire, il remplace la tige de zinc par un contenant en zinc, qui prend la place du contenant de verre. Ensuite, il incorpore de l'agar-agar au liquide de la pile, ce qui produit un gel solide visqueux. En scellant le tout, **Gassner** obtient la première pile sèche, beaucoup plus pratique lorsqu'on veut la transporter. La **figure 5** nous fait voir l'intérieur d'une pile **Leclanché** moderne, appelée également *pile carbone-zinc* (C-Zn).

Aujourd'hui, une pile jetable C-Zn contient la même quantité d'énergie électrique qu'une pile rechargeable nickel-cadmium **(épisode 1-13)** de mêmes dimensions fraîchement rechargée. Lorsqu'elles ne sont pas utilisées, les piles C-Zn perdent 6 % de leur capacité par année (à 20 °C).

Piles alcalines

Les piles alcalines jetables, apparues dans les années 1960, ont été développées par une division de la compagnie **Union Carbide**. Cette division appartient maintenant à **Energizer**. Les piles alcalines sont en fait une amélioration des piles **Leclanché**. Elles utilisent le *bioxyde de manganèse* et le *zinc* comme électrodes. On y a remplacé le *chlorure d'ammonium* de la pile **Leclanché** par de l'*hydroxyde de potassium* (produit alcalin). Le zinc dans les piles alcalines est sous forme de poudre, ce qui contribue à leur performance supérieure.

Une pile alcaline jetable contient environ **deux fois plus d'énergie électrique qu'une pile Leclanché de mêmes dimensions**. Lorsqu'elles ne sont pas utilisées, ces piles ne perdent que 3 % de leur capacité par année (à 20 °C). Elles sont donc idéales pour faire fonctionner un dispositif à faible consommation pendant une année ou plus. C'est le cas, entre autres, des télécommandes, des calculatrices et des détecteurs de fumée. Des piles rechargeables perdraient leur capacité trop rapidement (de 20 à 30 % par mois).

Piles au lithium

Le lithium est le métal le plus léger et ses propriétés électrochimiques sont supérieures à celles de tous les autres métaux. C'est toutefois un matériau qui réagit violemment avec l'eau ou l'azote de l'air. Aussi, avant de pouvoir en faire des piles, il a fallu développer des techniques perfectionnées de scellage. C'est pourquoi les piles jetables au lithium ne sont apparues que dans les années 1970. Elles génèrent une tension de 3 volts, comparativement à 1,5 volt pour les piles **Leclanché** et alcalines.

Dans le type de piles le plus répandu, une électrode est en *lithium* et l'autre, en *bioxyde de manganèse*. Le liquide est un *solvant organique* contenant des *sels de lithium*. L'absence d'eau fait que ces piles résistent très bien aux basses températures.

Les piles au lithium contiennent 50 % plus d'énergie qu'une pile alcaline de mêmes dimensions, et ne perdent que 0,6 % de leur capacité par année (à 20 °C). Leur durée de vie peut dépasser dix ans. Elles sont utilisées, entre autres, dans les appareils photo et les montres.

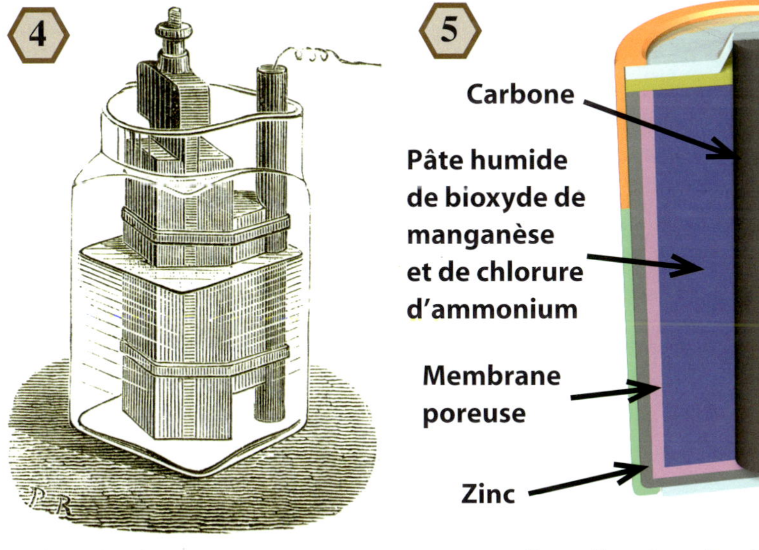

Pile Leclanché, inventée en 1868.

Coupe d'une pile sèche Leclanché moderne.

Pour en savoir plus

1. *Les merveilles de la science*, Louis FIGUIER, Furne, Jouvet et Cie, Paris, tome 1: 1868, Supplément:1889.
2. *Le magnétisme et l'électricité*, Amédée GUILLEMIN, Librairie Hachette, Paris, 1883, p. 329 à 338.
3. *Battery (electricity)*, WIKIPEDIA, article encyclopédique en ligne : http://en.wikipedia.org/wiki/Battery.
4. *Le monde des accumulateurs et batteries rechargeables*, site Internet d'information de Eric FREDON: www.ni-cd.net.
5. *Technical Information-Battery Engineering Guide*, ENERGIZER : http://data.energizer.com.

Épisode 1-12 NIVEAU 2

LES PILES À COMBUSTIBLE

De 1839 à aujourd'hui

Un peu d'histoire

En 1839, l'électrochimiste anglais **William Grove** fait une découverte surprenante alors qu'il travaille à la mise au point d'une nouvelle pile électrique **(épisode 1-11)**. Dans ses recherches, il utilise un galvanomètre **(épisode 2-11)** pour mesurer l'intensité des courants produits par la pile, et il vérifie son efficacité pour décomposer de l'eau par électrolyse **(épisode 1-3)**.

La découverte de Grove

Un jour, après avoir fait l'électrolyse de l'eau, il déconnecte sa pile de l'appareil d'électrolyse, et connecte ce dernier directement au galvanomètre **(figure 1)**. Quelle ne fut pas sa surprise de constater que l'instrument indiquait la présence d'un courant électrique persistant, alors que le volume des gaz (hydrogène et oxygène) diminuait progressivement. **Grove en déduit que les deux gaz s'étaient recombinés en produisant de l'électricité**, un phénomène inverse à celui de l'électrolyse. [1]

Il arrive à la conclusion que la réaction se produit avec le platine, à l'endroit où le gaz, le liquide et le platine se touchent.

Il est bien conscient que pour obtenir une pile fonctionnelle, il faut trouver une façon d'augmenter la surface où le platine est en contact à la fois avec les gaz et le liquide.

1

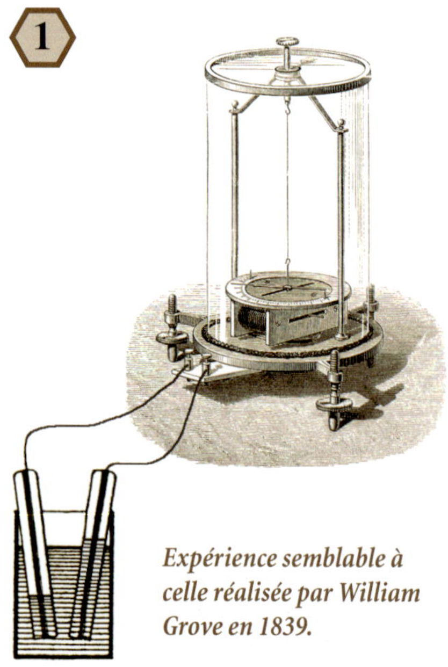

Expérience semblable à celle réalisée par William Grove en 1839.

2

Principe de fonctionnement d'une pile à combustible utilisant une membrane à échange de protons.

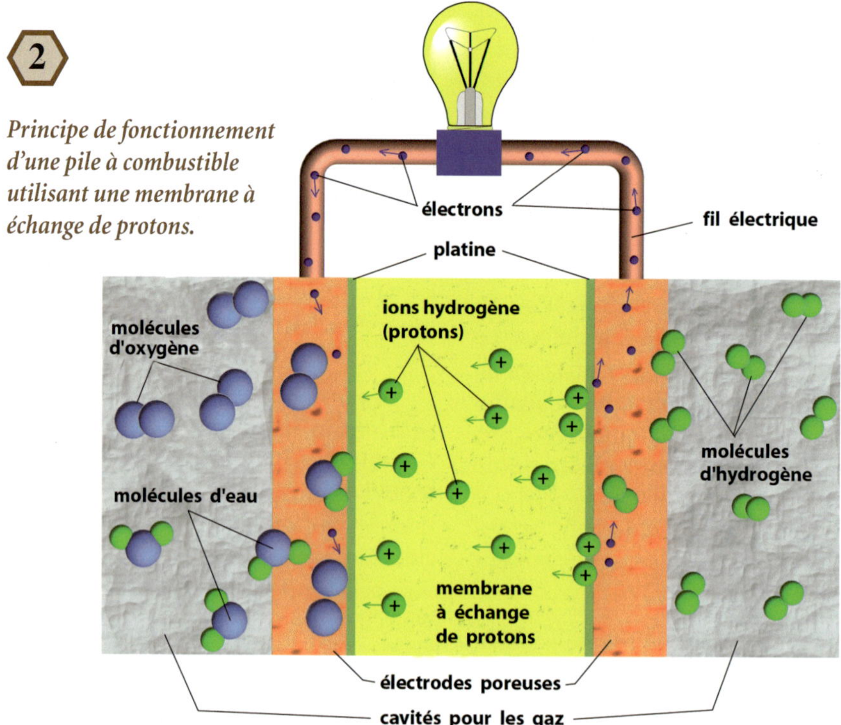

Un siècle s'écoule

En 1889, **Ludwig Mond** et **Charles Langer** augmentent cette surface de contact en utilisant une plaque de plâtre de Paris, imbibée d'eau acidulée, au lieu d'un liquide. Ils introduisent le terme *pile à combustible* (PAC) et produisent 1,5 watt avec leur pile. Mais le platine coûte trop cher pour une commercialisation.

Dans les années 1950, la compagnie américaine **GE** s'intéresse à nouveau aux PAC pour générer de l'électricité. Le chimiste **Willard Thomas Grubb** a alors la brillante idée de remplacer le plâtre de Paris par une membrane à échange d'ions **(figure 2)**, comme celles qu'on utilise pour traiter l'eau dure. **Leonard W. Niedrach** améliore les électrodes en utilisant des grillages métalliques fins recouverts de platine et accolés à la membrane. Mais ils n'arrivent pas à diminuer la quantité de platine requise et doivent opérer leur pile avec des gaz très purs. [2]

Les vols spatiaux

Lorsque les vols spatiaux habités ont débuté, dans les années 1960, il fallait une source d'électricité de plus longue durée que les piles conventionnelles. La pile à combustible est apparue comme étant la solution idéale, puisqu'elle pouvait produire de l'électricité aussi longtemps qu'on l'alimentait en oxygène et en hydrogène. De plus, le problème du coût du platine devenait secondaire, face aux coûts du programme.

La première PAC à être utilisée dans l'espace fut celle développée par **GE**, pour les vols *Gemini*. Chacune des deux piles à bord fournissait 1000 watts, occupait un volume de 55 litres et pesait 32 kilogrammes.

Après les vols *Gemini*, d'autres types de PAC ont été utilisés par la NASA, mais les applications commerciales semblaient encore loin.

Une percée technologique

En 1983, **Ballard Research**, une petite compagnie canadienne installée au nord de Vancouver, et travaillant sur le développement de piles au lithium, entreprend un contrat de la

Défense canadienne, pour développer une pile à combustible.

Le **Dr Geoffrey Ballard**, un scientifique désormais célèbre, dirige la compagnie avec une culture d'entreprise souple et stimulante. L'atmosphère y est donc très propice à la créativité et les travaux des chercheurs vont avoir un impact planétaire qu'ils ne soupçonnent pas encore [2].

Déjà, en 1987, ils avaient obtenu des performances supérieures à la «pile Gemini» développée par **GE**. Dans les dix années qui suivent, **Ballard Research**, maintenant **Ballard Power Systems** (www.ballard.com), allait être le siège d'une véritable percée technologique. De 1987 à 1997, les chercheurs augmentent la performance de leurs piles à combustible d'un facteur cinquante, tout en réduisant considérablement la quantité de platine requise, ce qui ramène le coût à un niveau moins exorbitant.

Principe de fonctionnement

Le principe de fonctionnement d'une pile à combustible moderne est illustré sur la **figure 2**. Lorsque les molécules d'hydrogène entrent en contact avec le platine de l'électrode, elles se brisent en deux atomes et cèdent leurs électrons, qui prennent le chemin d'un circuit extérieur. En perdant leur électron, les atomes d'hydrogène deviennent des protons qui, eux, peuvent traverser la membrane à échange de protons, alors que les électrons ne le peuvent pas. À l'autre électrode, le platine favorise la formation de molécules d'eau à partir des protons, des électrons et de l'oxygène. La **figure 3** montre la disposition des éléments d'une *cellule à combustible*. Il suffit d'empiler plusieurs cellules pour obtenir une *pile à combustible*.

Des véhicules à PAC

Cette percée technologique a ouvert la voie à des voitures électriques non polluantes là où elles sont utilisées (les résidus de la pile à combustible sont de la vapeur d'eau). L'avantage par rapport aux voitures électriques à batteries, c'est qu'on peut faire le plein d'hydrogène en 15 minutes, alors qu'on a besoin normalement de plusieurs heures pour recharger des batteries. D'ailleurs, dès 1993, l'équipe du Dr **Ballard** met au point le premier autobus électrique alimenté par une PAC fonctionnant à l'hydrogène et à l'air. La compagnie **Ballard Power Systems** n'a cessé depuis d'améliorer ses PAC, et on les trouve aujourd'hui dans beaucoup de véhicules dont, entre autres, les 33 autobus *Citaro* de **Mercedes-Benz**, mis en circulation en 2003 (voir le site www.mercedes-benz.com).

Actuellement, la plupart des fabricants d'automobiles ont développé des voitures prototypes utilisant des piles à combustible. La **Honda** *FCX* représente bien l'évolution de cette technologie dans les dernières années (voir le site http://hondanews.com). La *FCX 2006* (introduite en 2005) est munie d'une pile à combustible **Honda** de 86 kW maximum. Des moteurs électriques à aimants permanents lui permettent de déplacer sa masse de 1684 kg à une vitesse maximale de 150 km/h. Un réservoir de 156 litres contient de l'hydrogène sous pression, à 350 atmosphères, ce qui, selon **Honda**, permet à la *FCX* de parcourir 300 km avec un plein. Les ingénieurs de **Honda** ont également réussi à faire fonctionner leurs piles à combustible à basse température, jusqu'à – 20°C.

Les PAC demeurent quand même beaucoup plus chères que les moteurs à combustion interne (*MCI*). Certains experts pensent toutefois qu'on pourrait ramener le coût des voitures à PAC au même niveau que celui des voitures conventionnelles de luxe vers 2015, en production de masse.

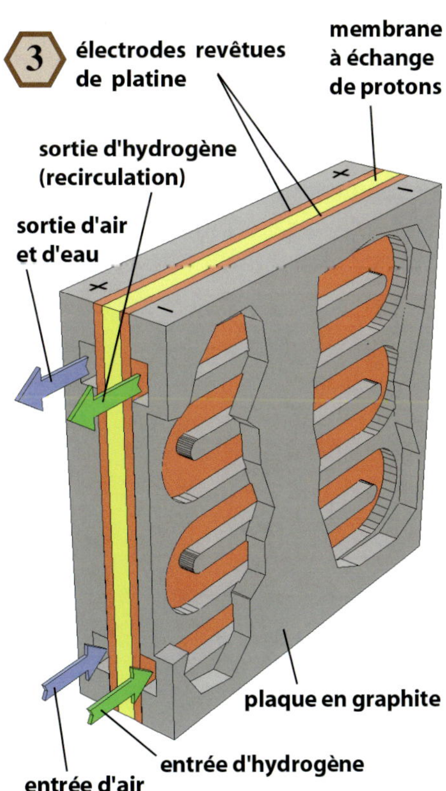

Une cellule à combustible. Plusieurs cellules empilées forment une pile à combustible.

Pas de pollution ?

Dans la mesure où les véhicules électriques à PAC n'émettent aucune pollution là où ils sont utilisés et étant donné qu'on peut faire le plein d'hydrogène rapidement, les PAC semblent, *a priori*, offrir la solution de rechange idéale aux MCI actuels [3]. Toutefois, des études récentes ont démontré que les choses ne sont pas si simples [4, 5, 6, 7, 8].

En effet, l'hydrogène n'existe pas à l'état naturel; il faut l'extraire des hydrocarbures (méthanol, gaz naturel) par reformage, ou de l'eau par électrolyse **(épisode 1-3)**. Or, l'extraction de l'hydrogène entraîne une émission importante de gaz à effet de serre, qui peut même dépasser celle des MCI [5, 6], selon la méthode d'extraction utilisée.

Si on veut extraire l'hydrogène par l'électrolyse de l'eau, il faut savoir, par exemple, que le parc de centrales électriques des États-Unis était composé, en 2003, à 71% de centrales thermiques brûlant du charbon, du pétrole ou du gaz naturel. Pour avoir de l'hydrogène propre, il faudrait électrolyser l'eau en utilisant des énergies renouvelables non polluantes, comme l'énergie éolienne, hydroélectrique, solaire, géothermique ou marémotrice.

Les voitures à PAC consomment trois fois plus d'électricité

Dans cette optique, où on élimine les carburants fossiles pour produire l'hydrogène, il est bon de savoir, toutefois, que **les voitures à PAC consomment trois fois plus d'électricité que des voitures électriques à batteries qu'on recharge sur le réseau** [7, 8]. Il faudrait donc trois fois plus de centrales électriques propres pour fabriquer l'hydrogène de voitures à PAC que pour recharger les batteries du même nombre de voitures électriques à batteries, qui parcourraient le même kilométrage!

Ceci est dû au fait qu'on perd environ 25% de l'énergie en faisant l'électrolyse de l'eau, qu'on en perd environ 10% pour comprimer l'hydrogène dans les réservoirs, et finalement au fait que la pile à combustible ne transforme que 40 % de l'énergie de l'hydrogène en électricité. En bout de ligne, la voiture à PAC a donc une efficacité de l'ordre de 27 %, comparativement à environ 80 % pour une voiture électrique fonctionnant sur la recharge de ses batteries.

Les voitures à PAC consomment 60 % plus de gaz naturel

À plus court terme, l'hydrogène serait produit par le reformage à la vapeur d'hydrocarbones comme le gaz naturel. Or, l'efficacité énergétique du procédé de reformage est de 70 % [6], et les PAC transforment 40 % de l'hydrogène en électricité. Donc, pour les voitures à PAC, le pourcentage de l'énergie du gaz naturel qui est utilisé pour alimenter les moteurs électriques est de 28 % (0,7 × 0,4 = 0,28).

Par ailleurs, les nouvelles centrales électriques au gaz naturel ont une efficacité énergétique de 56 %, et une bonne batterie peut utiliser environ 80 % de l'électricité fournie par la centrale, pour alimenter les moteurs. Donc, pour les voitures électriques à batteries, le pourcentage de l'énergie du gaz naturel qui est utilisé est de 45 % (0,56 × 0,8 = 0,45). On en conclut par conséquent qu'**une voiture à PAC consomme environ 60 % plus de gaz naturel qu'une voiture électrique à batteries** [8].

Ainsi, en construisant des centrales électriques au gaz naturel au lieu d'usines de reformage pour l'hydrogène, on économiserait nos ressources naturelles et on produirait moins de gaz à effet de serre !

En pratique, il suffirait d'équiper des voitures hybrides avec une batterie qui autorise une autonomie de 130 km en mode électrique pur. On pourrait alors effectuer 90 % de nos déplacements [9] sans utiliser d'essence **(épisode 2-29)**, puisqu'on aurait la possibilité de recharger la batterie chaque nuit, à un coût de quatre à huit fois inférieur à ce que coûte l'essence pour parcourir la même distance avec une voiture conventionnelle. Un générateur de bord à essence donnerait une autonomie de 700 km au besoin.

Faire le plein d'une voiture à PAC coûte plus cher

Le prix de l'hydrogène varie selon la méthode de production, mais selon BMW (www.bmwworld.com/hydrogen/faq.htm), le prix à la pompe pourrait éventuellement devenir compétitif avec celui de l'essence, en tenant compte que les PAC sont plus efficaces que les moteurs à combustion interne. Par conséquent, **faire le plein d'hydrogène d'une voiture à PAC coûterait au moins quatre à cinq fois plus cher que recharger les batteries d'une voiture électrique.**

Sans compter que la généralisation des véhicules à PAC impliquerait des coûts énormes pour la mise en place d'une infrastructure de distribution de l'hydrogène.

Le lobby hydrogène

Toutes ces considérations font que plusieurs scientifiques remettent en question la viabilité de la filière hydrogène pour le transport routier. On est en droit de s'interroger sérieusement sur le lobby intensif actuel de «*l'économie de l'hydrogène*» [4]. Les tenants des voitures à PAC ne font jamais de comparaison avec les voitures hybrides (électrique/essence) munies d'une batterie rechargeable sur le réseau, et pouvant parcourir 130 km en mode électrique. C'est pourtant la meilleure solution. Pourquoi consommer 3 fois plus d'électricité ou 60 % plus de gaz naturel, payer 5 fois plus cher pour faire le plein et polluer davantage avec une voiture à PAC ?!

Les développements spectaculaires récents dans le domaine des batteries de puissance à recharge rapide (15 minutes) rendent l'option des véhicules électriques à batteries ou hybrides que l'on recharge encore plus intéressante **(épisode 1-13)**. Sans compter que les performances de ces véhicules munis de moteurs-roues sont exceptionnelles **(épisode 2-29)**.

Il y a toutefois d'autres applications des piles à combustible qui semblent très prometteuses.

Un sous-marin furtif

En ce qui concerne la propulsion sous-marine, la compagnie allemande **HDW** vient de construire, pour la marine allemande, le premier sous-marin électrique alimenté par des piles à combustible **(figure 4)**. Son lancement a eu lieu en 2002.

Il possède une autonomie de deux semaines en plongée et il est difficile à détecter, parce que les piles à combustible sont très silencieuses et ne dégagent pas de fumées chaudes, comme le font les sous-marins conventionnels. Ceux-ci sont en effet munis de générateurs diesel qui rechargent des batteries pour les plongées.

La technologie des PAC semble donc particulièrement bien adaptée aux sous-marins, ou aux autres habitats dans un environnement sans air, comme une station spatiale.

Des centrales moins polluantes

Les piles à combustible peuvent également produire de l'électricité au sein d'une minicentrale électrique. Toutefois, pour cette application, on utilise des piles à combustible différentes, plus efficaces, et qui peuvent fonctionner directement avec du gaz naturel ou d'autres carburants, au lieu de l'hydrogène.

Le premier sous-marin à utiliser des piles à combustible pour sa propulsion vient d'être lancé en 2002. Il s'agit de la classe 212 de HDW (gracieuseté de HDW*).*

Les deux principaux types utilisés sont les *PAC au carbonate fondu* (PACCF) et les *PAC à oxydes solides* (PACOS). Ces deux types de PAC fonctionnent respectivement à 650°C et à 700-1000°C, contrairement à une température de fonctionnement de 80°C pour les *PAC utilisant une membrane à échange de protons (PACMÉP)* qu'on retrouve dans les automobiles électriques. Les PAC à haute température ne sont pas utilisées dans les voitures, car leur temps de réchauffement est trop long et elles sont encore trop volumineuses.

La température élevée de ces PAC permet d'extraire l'hydrogène contenu dans les carburants à base d'hydrocarbones, comme le gaz naturel. Cette extraction, qu'on appelle le *reformage à la vapeur,* se fait en mélangeant de la vapeur d'eau au carburant, en présence d'un matériau catalyseur qui brise les molécules. **Ces PAC utilisent comme catalyseur des matériaux communs beaucoup moins chers que le platine des PACMÉP**.

Les piles à combustible au carbonate fondu, développées par la compagnie **FuelCell Energy (FCE)** (www.fce.com), sont particulièrement adaptées à la production d'électricité au sein de microcentrales de 100 kW et plus. La **figure 5** nous montre, en avant-plan, une microcentrale de 1 mégawatt (1 MW) de **FCE**. En 2005, **FCE** avait déjà installé plus de 35 microcentrales de 100 kW à 2 MW. En regroupant plusieurs unités, on pourrait obtenir des minicentrales de 10 MW, capables d'alimenter environ 2000 maisons unifamiliales.

Ces centrales peuvent jouir d'une très haute efficacité lorsqu'on utilise la chaleur produite par les PAC pour alimenter en vapeur une turbine, qui génère également de l'électricité. Avec ce concept hybride (PAC/turbine), on peut convertir 70% de l'énergie du carburant en électricité! C'est la façon la plus efficace connue. Les centrales thermiques au charbon n'en convertissent que 33% et les centrales hybrides au gaz naturel sont efficaces à 56%.

En plus de cette efficacité accrue, les piles à combustible offrent l'énorme avantage d'une pollution très réduite. Puisqu'il n'y a pas de combustion du carburant, les oxydes d'azote, les oxydes de soufre et le monoxyde de carbone sont réduits de façon dramatique, si on compare aux centrales thermiques. Pour ce qui est du CO_2, qui contribue à l'effet de serre, les minicentrales à PAC en produisent environ 30% de moins que les meilleures centrales thermiques.

Microcentrale électrique de 1 MW de FuelCell Energy installée à l'usine de traitement des eaux usées de Renton dans l'État de Washington (gracieuseté de FuelCell Energy*).*

Afin d'obtenir des minicentrales encore plus propres, il faudrait pouvoir éliminer, séquestrer ou transformer le CO_2. Plusieurs technologies sont actuellement en développement pour y arriver. Mentionnons le bioréacteur de la compagnie **CO_2 Solution** (www.co2solution.com) de Québec, qui transforme le CO_2 en bicarbonate, un matériau solide inoffensif pour l'environnement **(figure 6)**. Au cœur de ce bioréacteur, on retrouve une enzyme, active à l'état naturel dans notre corps, et qui convertit en bicarbonate le CO_2 de nos cellules.

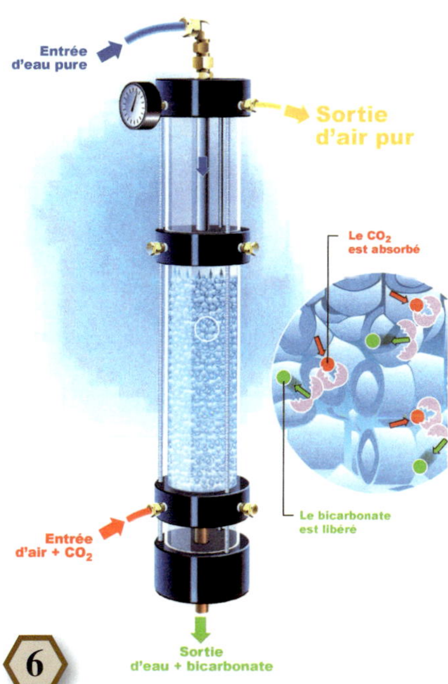

Le bioréacteur expérimental de CO_2 Solution transforme le CO_2 en bicarbonate, un matériau solide inoffensif pour l'environnement, qu'on retrouve dans certaines roches. L'agent actif est une enzyme (gracieuseté de CO_2 Solution).

Une autre avenue prometteuse, utilisant cette fois la photosynthèse, est développée par la compagnie **GreenFuel Technologies** de Cambridge (www.greenfueltechnologies.net). On y fait circuler les gaz sortant d'une centrale thermique dans des canalisations transparentes remplies d'eau et d'algues, exposées au soleil. Grâce à la photosynthèse, les algues se nourrissent de CO_2 et d'eau, et croissent de façon accélérée, recyclant ainsi environ 40% du CO_2 et 86% des oxydes d'azote. Les algues, qui fixent aussi l'hydrogène de l'eau, peuvent ensuite être transformées en biocarburants pour les automobiles.

Le fait que les minicentrales à PAC soient efficaces, peu polluantes et très silencieuses favorise la décentralisation de l'approvisionnement en électricité. On pourrait ainsi diminuer la vulnérabilité des réseaux actuels face aux catastrophes naturelles et au terrorisme, tout en diminuant les pertes dues au transport de l'électricité sur de longues distances.

Pour mettre en perspective l'utilisation des carburants fossiles dans les centrales électriques, il est bon de se rappeler, comme nous l'avons vu plus haut, qu'aux États-Unis, par exemple, les carburants fossiles produisent 71 % de l'électricité, au sein des *centrales thermiques*.

Il est important de remplacer les carburants fossiles par des énergies renouvelables, voire de nouvelles énergies vertes. Mais, à court terme, il y aura une période de transition où il faudra utiliser les carburants fossiles de la manière la plus économe et la plus propre possible. En ce sens, les minicentrales à PAC pourraient jouer un rôle important.

Actuellement, les utilisateurs de microcentrales à PAC sont, entre autres, les hôtels, les usines, les hôpitaux, les centres commerciaux, les édifices à bureaux et les écoles. Généralement, ces établissements utilisent également la chaleur dégagée par les PAC pour chauffer l'eau et les locaux. C'est ce qu'on appelle la *cogénération*. On peut ainsi faire monter l'efficacité énergétique des PAC à 80 % !

Par ailleurs, des groupes électrogènes domestiques, fonctionnant en cogénération et produisant de 1 à 5 kW d'électricité, à partir de PACOS et de PACMÉP, sont actuellement en développement chez diverses compagnies. Plusieurs projets pilotes et résidences isolées des réseaux bénéficient déjà de tels systèmes.

Il semble bien que les microcentrales et les minicentrales à PAC se dirigent vers un avenir prometteur.

Des PAC portables

Un type particulièrement intéressant de PAC a été inventé, au début des années 1990, au **Caltech/NASA Jet Propulsion Laboratory** et à l'**University of Southern California**. Il s'agit de la *PAC fonctionnant directement au méthanol* (PACDM).

Le méthanol est un carburant liquide qui contient beaucoup d'hydrogène dans un plus petit volume, comparativement à l'hydrogène gazeux qui alimente les PACMÉP des véhicules électriques. L'efficacité de 20 à 30 % des PACDM est toutefois inférieure à celle des PACMÉP (35-40 %).

La haute densité énergétique du méthanol et son état liquide, plus pratique pour le transport et l'emmagasinage, font des PACDM une technologie bien adaptée à une miniaturisation, pour alimenter en électricité les multiples appareils portables (ordinateurs, téléphones...). Un effort de recherche considérable a été déployé dans ce domaine depuis une dizaine d'années, par plusieurs compagnies.

La **figure 7** nous montre une PACDM commercialisée par la société allemande **Smart Fuel Cell (SFC)** (www.smartfuelcell.de) qui sert de groupe électrogène portable silencieux et propre, ce qui est très apprécié, entre autres, dans les roulottes ou les petits yachts.

Les micro-PACDM sont encore à l'étape de prototypes. La compagnie **Toshiba** a dévoilé, en 2005, un prototype intégré à un baladeur numérique qui peut ainsi fonctionner 35 heures sans arrêt, soit environ deux fois plus longtemps qu'avec les meilleures piles rechargeables. L'arrivée des piles rechargeables en cinq minutes **(épisode 1-13)** va-t-elle changer la donne?

7

Pile à combustible au méthanol de la compagnie **Smart Fuel Cell**. *Un contenant de quatre litres permet à la pile de fournir 50 watts pendant trois jours sans arrêt (gracieuseté de* **Smart Fuel Cell***).*

Pour en savoir plus

1. Lettre de M. W.-R. Grove sur une batterie voltaïque à gaz, W.-R. GROVE, Annales de chimie et de physique, troisième série, tome 8, Fortin, Masson et Cie, Paris, 1843, p. 246 à 249.
2. *Powering the Future*, Tom KOPPEL, John Wiley & Sons, New York, 1999.
3. *L'économie hydrogène: après la fin du pétrole la nouvelle révolution économique*, Jeremy RIFKIN, La Découverte, Paris, 2002.
4. *The Hype about Hydrogen: Fact and Fiction in the Race to Save the Climate*, J. J. ROMM, Island Press, Washington, 2005.
5. *La voiture à hydrogène*, B. DESSUS, revue *La Recherche*, octobre 2002, p. 60 à 69.
6. *Questions about a Hydrogen Economy [Do fuel Cells make environmental Sense]*, Matthew L. WALD, revue *Scientific American*, volume 290, numéro 5, mai 2004, p. 66 à 73.
7. *A Cost Comparison of Fuel-Cell and Battery Electric Vehicles*, Stephen EAVES et James EAVES, *Journal of Power Sources*, vol. 130, p. 208, 2004 (téléchargement gratuit sur le site de *Modular Energy Devices* à www.modenergy.com/news.html).
8. *Perspectives on Fuel Cell and Battery Electric Vehicles*, Alec N. BROOKS, compte-rendu d'une présentation faite à l'atelier «Zero Emission Vehicule (ZEV)» du «California Air Resources Board (CARB)», le 5 décembre 2002 (téléchargement gratuit sur le site de *AC Propulsion (voir la section Archives)* à www.acpropulsion.com).
9. *Driving The Solution, The Plug-In Hybrid Vehicle*, Lucy SANNA, *EPRI Journal*, automne 2005, p. 8 à 17.

Épisode 1-13 NIVEAU 2 | LES BATTERIES D'ACCUMULATEURS, DES PILES RECHARGEABLES

De 1859 à aujourd'hui

Un peu d'histoire

Aujourd'hui, on ne pourrait se passer des piles rechargeables (*accumulateurs*). Mais, vers 1850, la motivation pour développer de telles piles n'était pas très grande du fait que la seule source d'électricité pour les recharger était une pile ordinaire, ce qui n'est pas très avantageux. Pourtant, les indices pour développer une pile rechargeable étaient présents à cette époque.

Les indices

Nous avons vu à l'**épisode précédent** qu'après avoir décomposé de l'eau avec une pile électrique, on pouvait déconnecter la pile de l'appareil d'électrolyse et obtenir un courant électrique à partir de cet appareil. L'oxygène et l'hydrogène, qui avaient été séparés par le courant électrique de la pile, se recombinaient alors (une fois la pile déconnectée) en produisant un courant électrique appelé à l'époque *courant secondaire*. Il suffisait de connecter les deux bornes de l'appareil d'électrolyse par un fil conducteur.

Cette découverte, faite par **Grove** en 1839, démontrait que certains phénomènes électrochimiques sont réversibles et qu'on peut en tirer un courant électrique. Ce *courant secondaire* est en sens opposé au courant initial de la pile électrique et plus faible que celui-ci. La possibilité de répéter ce cycle décomposition-recomposition de l'eau avait aussi été établie.

De plus, des courants secondaires avaient été observés par d'autres chercheurs lors de leurs études sur différentes réactions chimiques engendrées par l'électricité.

Gaston Planté (1834-1889)

La découverte de Planté

En 1859, **Gaston Planté (figure 1)**, un physicien français, effectue des recherches en profondeur sur le phénomène des *courants secondaires*. Pour ce faire, il utilise un appareil d'électrolyse semblable à celui de la **figure 1** de l'**épisode 1-3** et change le métal des électrodes, de même que les substances dissoutes dans l'eau.

Il découvre ainsi que des électrodes en plomb, plongées dans un mélange de neuf parties d'eau pour une partie d'acide sulfurique, constituent la meilleure combinaison pour produire des courants électriques secondaires intenses.

Planté constate alors que la surface des électrodes de plomb constitue le siège de réactions chimiques réversibles qui se manifestent par la formation de composés de plomb sur les électrodes lors de la charge, lesquels composés se modifient lors de la décharge.

Ainsi, en 1860, il construit la première *pile électrique* rechargeable qu'il appelle pile secondaire ou *accumulateur* **(figure 2)**. Il utilise deux feuilles de plomb, séparées par des bandes de caoutchouc et enroulées en spirale. Il les plonge ensuite dans un contenant cylindrique en verre rempli du mélange acidulé. Deux bornes métalliques fixées au couvercle sont reliées chacune à l'une des feuilles de plomb. Un orifice est pratiqué dans le couvercle afin de laisser passer les gaz qui peuvent se dégager lors de la charge de l'accumulateur.

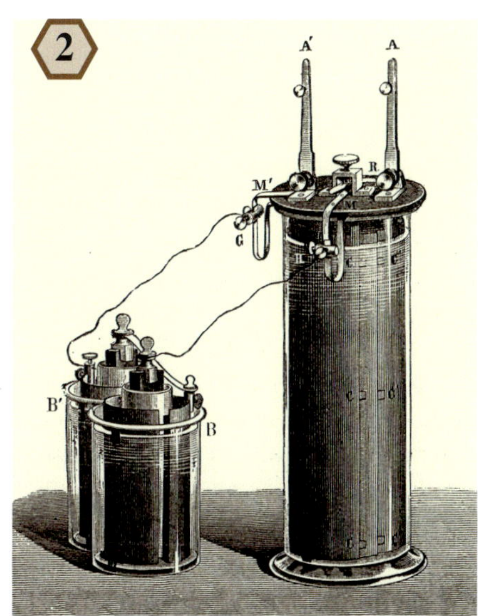

Accumulateur original de Planté, chargé par deux piles de Bunsen (épisode 1-11).

Planté observe qu'en répétant plusieurs fois l'opération de charge et de décharge, pendant quelques semaines, il obtient des décharges d'une durée maximale. C'est ce qu'il appelle la «*formation*» de la batterie.

Avec un accumulateur, **il peut emmagasiner des milliers de fois plus d'électricité qu'avec les meilleurs condensateurs de l'époque, ayant les mêmes dimensions.** Un accumulateur bien chargé faisait rougir un fil de platine de 0,5 mm de diamètre pendant 20 minutes.

Le mot *batterie*, qu'on utilise de nos jours, est en fait une forme succincte de l'expression «batterie d'accumulateurs», décrivant plusieurs accumulateurs connectés en série.

Vers 1880, **Émile Alphonse Faure** découvre qu'en recouvrant les plaques de plomb avec une pâte de poudre de plomb et d'acide sulfurique dilué, il obtient la charge maximale de la batterie très rapidement, sauvant ainsi des semaines pour sa «formation». Dès lors, les batteries **Planté** vont pouvoir être commercialisées à grande échelle **(figure 3)**.

La dynamo et l'automobile

C'est l'invention de la dynamo par **Zénobe Gramme**, en 1869, qui allait faire démarrer la carrière industrielle des accumulateurs en permettant l'affranchissement des piles électriques pour la recharge.

En effet, les dynamos pouvaient produire un courant électrique continu à l'aide d'aimants et de bobines de fils de cuivre isolés. Il suffisait d'utiliser une chute d'eau ou une machine à vapeur pour faire tourner la dynamo, qui chargeait les accumulateurs. Ces derniers devenaient alors très pratiques pour les applications requérant une source d'électricité portative.

La première application importante des accumulateurs a été les automobiles électriques. Ce nouveau moyen de transport prend son essor dans les années 1890, après que des moteurs électriques performants soient devenus disponibles dans les années 1880.

La **figure 4** montre la station de recharge et d'échange des accumulateurs pour les 100 véhicules électriques (taxis) de la **Electric Vehicle Company**, à New York, inaugurée en 1898 [1]. Les batteries d'accumulateurs pesaient 590 kg et pouvaient être échangées en 3 minutes. L'électricité était fournie par une centrale électrique à proximité.

3

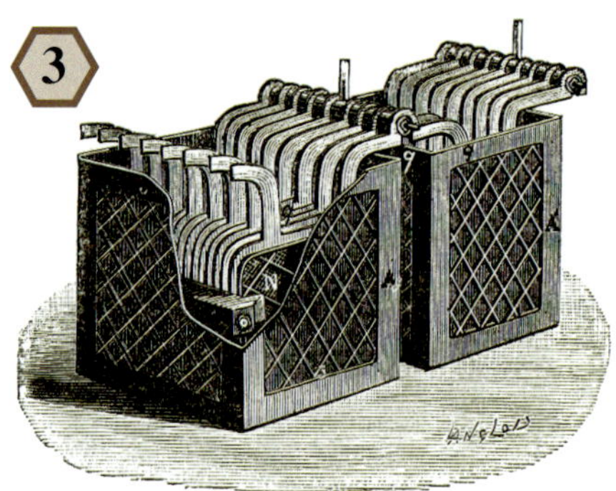

Accumulateurs Planté tels qu'on les fabriquait dans les années 1880.

Les automobiles à essence, qui voient également le jour à la fin du 19e siècle, vont supplanter les automobiles électriques au début du 20e siècle en raison de leur plus grande autonomie et de la rapidité pour faire le plein. Les accumulateurs, eux, prenaient plusieurs heures pour se faire recharger.

De nos jours, on trouve toujours les batteries au plomb dans nos automobiles, afin d'alimenter le démarreur.

Les batteries au plomb sans liquide, avec un gel acidulé et un boîtier scellé, ont vu le jour vers 1970.

L'énergie emmagasinée

Après les accumulateurs au plomb de **Planté**, d'autres types d'accumulateurs ont été mis au point. Plusieurs critères peuvent être utilisés pour les comparer. La quantité d'énergie électrique emmagasinée par unité de poids, qu'on appelle la *densité d'énergie gravimétrique*, **Dg**, de même que la *densité d'énergie volumique*, **Dv**, sont des critères importants.

L'unité utilisée pour représenter l'énergie électrique est le wattheure (Wh). Pour fixer les idées, 100 Wh correspond à l'énergie requise pour faire fonctionner une ampoule de 100 watts pendant une heure. Par ailleurs, pour une automobile électrique moderne performante à moteur central, l'énergie électrique moyenne nécessaire pour parcourir 1 km varie entre 200 et 250 Wh.

Dans ce qui suit, nous allons d'abord mentionner les caractéristiques des accumulateurs au plomb, puis introduire les autres types d'accumulateurs et préciser leurs caractéristiques. Nous utiliserons l'abréviation « accu » pour plus de concision.

Les accus au plomb (Pb)

Les densités d'énergie des accus au plomb sont d'environ Dg=40 Wh/kg et Dv=70 Wh/litre. L'électricité emmagasinée se dissipe à raison de 5 % par mois seulement. Les deux principaux avantages des accus au plomb sont leur faible coût et leur capacité de débiter de forts courants.

4

Station de recharge et d'échange des accumulateurs électriques pour les taxis de la Electric Vehicle Company *de New York, en 1898 (Musée de la civilisation, bibliothèque du Séminaire de Québec. « View Showing Hansom on one Plateform, It's Battery on the Conveyor Table, and Another Battery in the Crane ».* The Electrical World, *Vol. XXXII, N° 10 (3 septembre 1898). N° 486.2).*

Leurs faibles densités d'énergie, comparativement aux autres types d'accumulateurs **(figure 5)**, constituent leur point faible. Par ailleurs, les accus au plomb tolèrent mal les décharges trop profondes, qui réduisent leur temps de vie. Bien entretenus, ces accus ont une durée de vie d'environ 500 recharges. Leur température d'utilisation varie entre – 20°C et 60°C.

Les accus nickel-cadmium

C'est le Suédois **Waldmar Jungner** qui invente l'accumulateur nickel-cadmium (Ni-Cd) en 1899. Plusieurs décennies seront nécessaires pour le perfectionner et les accus pratiques n'apparaîtront que dans les années 1950, pour des applications industrielles. Ils seront utilisés dans les années 1960 pour alimenter les satellites durant la nuit, alors que des panneaux solaires les rechargent pendant le jour. Les versions grand public prennent leur essor dans les années 1970.

Un accumulateur Ni-Cd peut stocker 50% plus d'énergie électrique qu'un accu au plomb de même poids. Contrairement aux accus au plomb, les accus Ni-Cd doivent être déchargés totalement une fois par mois, environ, afin d'éviter la croissance de cristaux sur les électrodes, ce qui réduit graduellement leurs performances. Cette dégradation de l'accu lorsque les décharges sont peu profondes constitue ce qu'on a appelé l'*effet mémoire*.

Lorsqu'un accu Ni-Cd est bien entretenu, sa durée de vie est d'environ 1500 recharges. Cette longévité constitue d'ailleurs le principal point fort des accus Ni-Cd. Leur coût modeste et leur large gamme de températures d'utilisation (de – 40°C à 60°C) jouent également en leur faveur.

L'électricité stockée dans ces accus se dissipe à un taux de 20% par mois. Mais, ce qui constitue un handicap sérieux des accus Ni-Cd, c'est la grande toxicité du cadmium. C'est pourquoi il ne faut pas les jeter aux ordures, mais les retourner au fournisseur qui les fera parvenir à une compagnie accréditée de recyclage.

L'innovation est stimulée par la nécessité

Dans les années 1980, on a vu apparaître sur le marché un nombre croissant d'appareils portables avec une consommation électrique importante. Pensons aux caméscopes, aux ordinateurs **(figure 6)**, aux téléphones et aux baladeurs. Le besoin d'accumulateurs capables de stocker plus d'énergie électrique est donc devenu criant. Et, comme on dit, la nécessité est la mère de l'innovation.

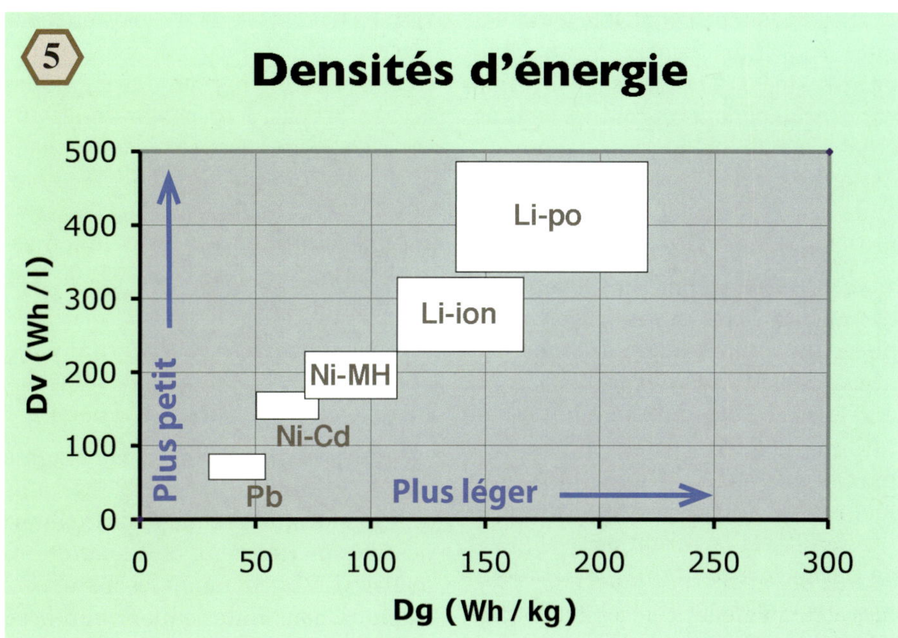

Les accus Ni-MH

C'est donc dans cette foulée qu'on voit apparaître, en 1990, les accus nickel-hydrure métallique ou, plus simplement, Ni-MH. Ces nouveaux accumulateurs peuvent stocker deux fois plus d'électricité que les accus au plomb, et 35% plus que les accus Ni-Cd, pour un même poids. Leur *effet mémoire* est moins prononcé que pour la chimie Ni-Cd. Une décharge profonde à tous les deux ou trois mois est suffisante pour assurer leur bon fonctionnement. Les versions à hautes performances les plus récentes peuvent être rechargées plus de 2000 fois, et durer 10 ans [2]. De plus, les accus Ni-MH sont sécuritaires pour l'environnement.

Leur limitation se situe sur le plan de l'autodécharge, qui est la plus élevée de tous les accus, soit de 30% par mois. Aussi, il est recommandé de laisser les accus Ni-MH sur leur chargeur et de les insérer dans un appareil portable au moment de l'utilisation. Enfin, leur plage de températures d'utilisation s'étale de – 20°C à 60°C.

Les accus lithium-ion

Le lithium est le métal le plus léger et ses propriétés électrochimiques sont supérieures à celles de tous les autres métaux. Il constitue donc un matériau de choix pour les piles électriques et les accumulateurs.

La batterie du PC tablette Scribbler *de* Electrovaya *peut emmagasiner 75 Wh d'énergie électrique, lui assurant une autonomie de 9 heures (photographie gracieuseté de Electrovaya, www.electrovaya.com).*

Les recherches pour fabriquer des piles au lithium remontent au début du 20e siècle. Toutefois, le lithium réagit violemment au contact de l'eau et les réactions chimiques qu'il produit dégagent souvent beaucoup de chaleur et de gaz, ce qui peut mettre le feu ou provoquer des explosions.

Ces problèmes ont fait travailler les chercheurs et les ingénieurs pendant plusieurs décennies afin d'obtenir des accus sécuritaires. C'est ainsi qu'on a délaissé le lithium sous forme métallique et qu'on utilise plutôt des oxydes mixtes de lithium, beaucoup moins réactifs, qui dégagent des ions lithium. C'est la raison pour laquelle on parle d'*accus lithium-ion* (Li-ion). Les premiers accus Li-ion ont été introduits en 1991.

La charge de ces accus doit se faire dans des conditions bien particulières pour éviter les accidents. On a donc intégré à ces accumulateurs des circuits électroniques de protection pour éviter les surcharges et limiter le courant lors de courts-circuits, ce qui autrement pourrait les faire prendre feu ou les faire exploser.

Regardons maintenant les avantages des accus Li-ion. Tout d'abord, on peut y stocker jusqu'à quatre fois plus d'énergie électrique que dans les accus au plomb, pour un même poids, et 50 % plus que dans les accus Ni-MH **(figure 5)**. Par ailleurs, les accus Li-ion n'ont pas d'*effet mémoire* et ne nécessitent pas d'être régulièrement déchargés en profondeur, comme les accus Ni-Cd et Ni-MH. De plus, les accus Li-ion gardent leur charge très longtemps (perte de 5 % par mois environ). On peut les utiliser de – 20 °C à 60 °C et les accus ordinaires peuvent être rechargés environ 500 fois.

Il y a toutefois un inconvénient avec les accus Li-ion qui est très peu publicisé par les fabricants. Leur capacité diminue d'environ 20% par année (après leur fabrication), même s'ils sont peu utilisés.

Les nouveaux accus Li-ion préfigurent une révolution

En 2002, **Valence Technology inc.** (www.valence.com) met sur le marché des accus Li-ion avec des *phosphates* au lieu des *oxydes* qu'on trouve dans les accus Li-ion conventionnels **(figure 7)**. Ce changement de chimie élimine les risques d'incendie ou d'explosion, sans avoir à recourir à des systèmes de protection particuliers pour la recharge des accus. De plus, leur nombre limite de cycles de recharge passe de 500 à 2000, et leur durée de vie atteint 7 à 10 ans au lieu de 2 ou 3 ans ! Le prix à payer pour ces améliorations des accus Li-ion est une diminution d'environ 35 % de leur densité d'énergie (Dg=100 Wh/kg).

Ces batteries *Valence* ont déjà été utilisées dans plusieurs véhicules hybrides expérimentaux **(figure 9)**.

En novembre 2005, la compagnie **A123 Systems** (www.a123systems.com) ajoute aux avantages de la chimie des phosphates ceux de la *nanotechnologie*. En fractionnant les matériaux actifs en particules aux dimensions inférieures à 100 *nanomètres*, on augmente de façon importante les surfaces actives (il y a un million de nanomètres dans un millimètre).

Ceci permet de **charger leurs accus (figure 8) à 90 % de leur capacité en 5 minutes seulement !** Ces nouveaux accus Li-ion peuvent également être déchargés beaucoup plus rapidement et débiter ainsi les forts courants nécessaires à des outils sans fil puissants ou à des voitures électriques performantes. De plus, les accus de **A123 Systems** fonctionnent sur une plus grande plage de températures (de – 30 °C à 70 °C) et peuvent être rechargés de 1 000 à plus de 2 000 fois, selon l'intensité des courants débités.

7

Batterie Li-ion 12 volts de Valence Technology, avec une chimie aux phosphates (gracieuseté de Valence Technology).

8

Les accumulateurs Li-ion de A123 Systems *peuvent être rechargés à 90 % de leur capacité en cinq minutes (gracieuseté de A123 Systems).*

La compagnie **Black & Decker** prévoit commercialiser, en 2006, des outils sans fil de marque **DeWALT** utilisant les nouveaux accus Li-ion de **A123 Systems**.

Dans la même veine, la compagnie **Toshiba** a également annoncé, en mars 2005, la commercialisation prochaine (2006) d'accumulateurs Li-ion qu'on peut recharger à 80 % de leur capacité en une minute seulement ! Ces accus **Toshiba** utilisent également les bienfaits de la nanotechnologie et ne perdent que 1 % de leur capacité après 1 000 cycles de recharge !

C'est une véritable révolution qui s'annonce, particulièrement pour les voitures électriques. Les compagnies japonaises **Tokyo Electric Power** et **Fuji Heavy Industries** (fabricant de la *Subaru*) ont déjà annoncé qu'elles mettaient au point, pour 2007, une voiture électrique utilisant des batteries Li-ion rechargeables à 80 % en 15 minutes !

Ces nouvelles générations de batteries Li-ion à « nanoparticules » devraient offrir, pour les voitures électriques, des durées de vie entre cinq et dix ans, à raison de 300 recharges complètes par année. Sous peu, compte tenu de l'évolution rapide de la technologie dans ce domaine, il est permis de penser que les batteries Li-ion des voitures électriques pourraient durer 15 ans. D'ici là, même s'il fallait changer la batterie de notre voiture électrique une fois dans sa vie, on économiserait encore de l'argent tout en conduisant un véhicule très propre.

En effet, une étude [2] a démontré qu'en quantités de 100 000 unités, les batteries Li-ion ou Ni-MH reviendraient à 320 USD du kilowattheure (kWh). Sachant qu'une bonne voiture électrique peut parcourir 6 km par kWh d'énergie électrique, on calcule que pour avoir une autonomie de 60 km, la batterie coûterait 3 200 USD, soit environ 400 USD/an, alors qu'on pourrait économiser 600 USD/an en essence !

Les accus lithium-polymère

Plusieurs fabricants ont dû faire un rappel de leurs batteries Li-ion de première génération, en raison de problèmes de surchauffe. Par ailleurs, dans les années 1990, le monde des communications sans fil exigeait des batteries de plus en plus compactes pour alimenter des téléphones portables de plus en plus petits. Ces deux incitatifs, la sécurité et la compacité, ont stimulé la recherche pour des accus au lithium différents. C'est ainsi que les accus lithium-polymère (Li-po) sont apparus sur le marché en 1999.

Pour fins de comparaison, mentionnons qu'un accumulateur Li-ion typique est constitué d'un contenant cylindrique en acier, scellé, rempli d'un liquide organique (*l'électrolyte*), dans lequel baignent les deux «bandes électrodes» séparées par des bandes isolantes poreuses, toutes ces bandes étant enroulées en spirale. Il arrive qu'à la suite d'un drainage en courant trop fort ou d'une surcharge, la température et la pression interne de l'accu augmentent. La forme cylindrique du contenant offre alors plus de solidité pour résister à la pression.

Par contre, cette forme cylindrique ne se prête pas bien à un regroupement compact de plusieurs accumulateurs, en raison des espaces vides qui sont inévitables. La densité d'énergie des batteries Li-ion s'en trouve donc affectée à la baisse.

Les batteries Li-po sont plus compactes que les batteries Li-ion, du fait qu'elles n'ont pas d'électrolyte liquide et qu'elles ne nécessitent pas de contenant cylindrique. L'électrolyte est en fait un film polymérique imbibé d'un gel. Les différents composants d'une batterie Li-po ont la forme de feuillets minces empilés les uns sur les autres, à la manière de la première pile de **Volta**. Le contenant extérieur est une enveloppe souple dont les joints peuvent céder sous la pression. On évite ainsi que la batterie éclate, d'où une sécurité accrue.

En 2005, EnergyCS ont transformé cette Toyota Prius en voiture hybride que l'on peut brancher, en y ajoutant des batteries Li-ion Valence (figure 7). Ils ont démontré qu'on pouvait réduire la consommation à 2 litres au 100 km (gracieuseté de Valence Technology).

Les batteries Li-po peuvent être très minces (<1mm) et elles ont des densités d'énergie supérieures aux batteries Li-ion **(figure 5)**.

En 2002, la compagnie canadienne **Electrovaya** (www.electrovaya .com) a mis sur le marché de nouveaux accus Li-po basés sur sa technologie *SuperPolymer*®. Ses accumulateurs et batteries sont reconnus comme ayant les plus hautes densités d'énergie (Dg=225 Wh/kg, Dv=475 Wh/l), **cinq fois supérieures à celles des meilleures batteries au plomb. Electrovaya** intègre cette technologie dans une gamme d'ordinateurs portables à longue autonomie **(figure 6)**.

Par ailleurs, la compagnie a également équipé une voiture électrique avec ses batteries, qui lui confèrent une autonomie de 360 km avec une vitesse de pointe de 140 km/h. Elle a remporté le prix de la meilleure voiture électrique à batteries, à la compétition *Tour de Sol* de 2004.

Un retour en force des automobiles électriques

Avec toutes les innovations récentes que nous avons vues dans cet épisode, tout semble se mettre en place pour un retour en force des automobiles électriques.

En fait, dans un avenir rapproché, les batteries vont prendre leur essor dans les véhicules au sein de groupes de traction hybrides **(épisode 2-29)** avec une autonomie en mode électrique pur de l'ordre de 130 km. La batterie pourra être rechargée sur le réseau à la maison, au travail ou dans des stations à recharge rapide. Un générateur à essence à bord du véhicule la rechargera durant les longs trajets.

Il faudra, bien entendu, que cet avènement s'accompagne d'un programme rigoureux de recyclage des batteries usagées.

Pour en savoir plus

1. *The New Station of the Electric Vehicle Company*, revue *The Electrical World*, vol. XXXII, nº 10, 3 sept., 1898, p. 227 à 232.
2. *Advanced Batteries for Electric-Drive Vehicles*, M. DUVALL, rapport de l'Electric Power Research Institute (EPRI), mai 2004 (peut être téléchargé sur le site de EPRI: http://my.epri.com).
3. *Les merveilles de la science*, Supplément, Louis FIGUIER, Furne, Jouvet et Cie, Paris, 1889, p. 418 à 426.
4. *Le magnétisme et l'électricité*, Amédée GUILLEMIN, Librairie Hachette, Paris, 1883, p. 329 à 338.
5. Battery University.com, site Internet de Isidor BUCHMANN sur les piles et les accumulateurs: www.batteryuniversity.com.
6. *Le monde des accumulateurs et batteries rechargeables*, site Internet d'information de Eric FREDON: www.ni-cd.net.
7. *Battery (electricity)*, WIKIPEDIA, article en ligne: http://en.wikipedia.org/wiki/Battery_%28electricity%29.

Épisode 1-14 L'ÉLECTROPLACAGE ET L'ÉLECTROFORMAGE

NIVEAU 3

De 1802 à aujourd'hui

Un peu d'histoire

Même dans la plus haute Antiquité, on utilisait l'or et l'argent dans les parures et pour l'ornementation, en raison de leur inaltérabilité. Les métaux communs rouillent et se désagrègent, mais l'or et l'argent défient le temps et traversent les millénaires.

Au Moyen-Âge, les artisans recouvraient divers objets métalliques d'une mince couche d'or en mélangeant de l'or avec du mercure et en frottant l'objet avec ce mélange. On chauffait ensuite l'objet pour faire évaporer le mercure, afin qu'il ne reste qu'une mince couche d'or.

Mais les vapeurs de mercure sont très nocives et même mortelles. Les ouvriers doreurs voyaient donc leur santé se dégrader rapidement.

Le pire incident relié à ces opérations dangereuses se produisit en 1837 lorsqu'il fallut dorer la coupole extérieure de l'église Saint-Isaac à Saint-Petersbourg, en Russie. Plusieurs ouvriers moururent sur le chantier et 200 autres demeurèrent invalides et durent être pris en charge par le gouvernement. Il fallait absolument trouver un procédé plus sécuritaire.

L'électroplacage

Or, dans les expériences sur l'électrolyse, on avait souvent observé le dépôt d'un métal sur l'une des électrodes.

Des succès partiels de dorure électrochimique ont été obtenus par M. **Brugnatelli** en 1802 et par M. **De la Rive** en 1825. Mais ce sont deux Anglais, **Richard** et **Henri Elkington** **(figure 1)**, qui trouvent finalement la bonne recette, en 1840, pour la dorure et l'argenture. Une industrie florissante d'*électroplacage* pour l'orfèvrerie s'ensuivit **(figure 2)**. Au début, on utilisait des piles électriques et, après l'invention de la dynamo par **Gramme**, en 1869, les ateliers se sont convertis à cette nouvelle source d'électricité continue, qui pouvait être actionnée par une machine à vapeur **(volume 3)**. De nos jours, on utilise le courant alternatif du réseau électrique qu'on transforme en courant continu,

1

Henri Elkington (ci-dessus) et son cousin Richard découvrent les procédés électrolytiques pour faire le dépôt d'une mince couche d'argent ou d'or sur les objets de valeur, comme les bijoux et les montres.

2

Atelier des bains pour l'argenture électrochimique dans une usine du 19e siècle, à Paris, selon une gravure ancienne.

toujours dans la même direction, ce qui est essentiel pour le bon fonctionnement des bains d'électrolyse.

Au 20e siècle, on a mis au point d'autres types d'électroplacage pour les objets usuels. Les revêtements de chrome, entre autres, ont vu le jour vers 1915 et se sont perfectionnés dans les années 1940. Ces revêtements, qui protègent l'acier de la rouille, sont devenus très à la mode dans les années 1950.

L'électroformage

En 1837, le physicien allemand **Moritz von Jacobi (figure 3)**, qui étudiait la nouvelle pile de **Daniell (épisode 1-11)**, fit une observation qui allait donner naissance à ce qu'on appelle aujourd'hui l'*électroformage*.

Dans cette pile inventée en 1836, l'électrode de cuivre, qui est plongée dans une solution d'un sel de cuivre, se recouvre graduellement d'une couche de cuivre, lorsque le courant circule. Après un certain temps, ce revêtement forme une «coquille» de cuivre que l'on peut détacher de l'électrode. Or, **Jacobi**, en examinant cette coquille, vit qu'elle reproduisait fidèlement toutes les éraflures et les défauts de la surface de l'électrode. Il comprit alors qu'il avait entre les mains une nouvelle technique de reproduction du relief des objets, l'*électroformage*. D'autant plus que la coquille de cuivre électrolytique était même plus résistante que les feuilles de cuivre de même épaisseur produites dans les ateliers métallurgiques de l'époque!

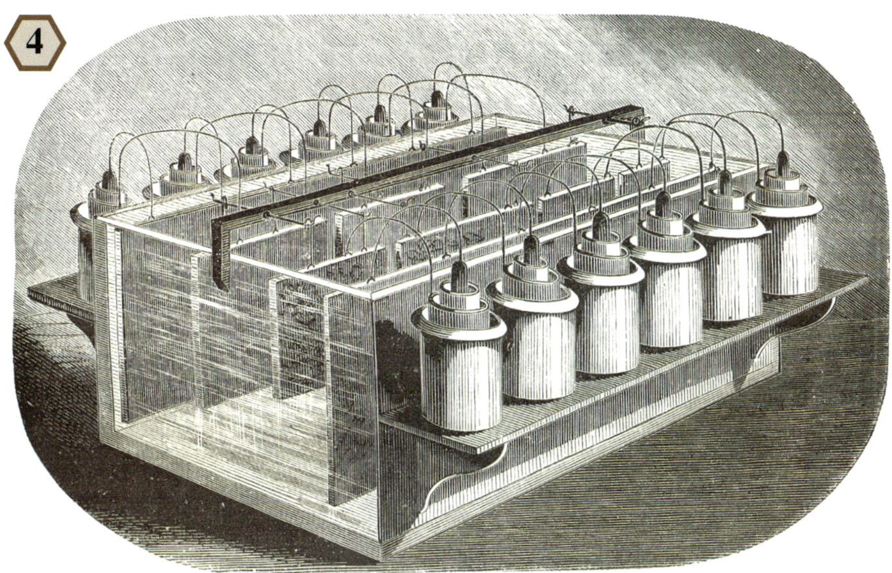

L'électroformage au cuivre des gravures sur bois utilisées dans l'imprimerie, vers 1860.

L'invention de **Jacobi** allait révolutionner le monde de l'impression dès le milieu du 19e siècle, en permettant de reproduire les gravures fines, sur bois, utilisées alors pour imprimer les illustrations. Il suffisait d'enduire ces plaques gravées d'une fine poudre de graphite pour les rendre conductrices et de les placer dans un bain de sels de cuivre, dans lequel on faisait circuler un courant électrique **(figure 4)**. À la suite de cette innovation, le tirage des publications illustrées a pu croître de façon importante, ce qui a permis une plus large diffusion des connaissances, à un prix plus abordable. Auparavant, un artisan devait refaire à la main les gravures usées.

Comme pour l'électroplacage, au début, on utilisait des piles électriques, après 1870, des dynamos et, enfin, l'électricité du réseau.

L'électroformage a également beaucoup été utilisé pour reproduire des objets de toutes sortes.

Moritz von Jacobi (1801-1874)

Après l'électroformage au cuivre, on voit apparaître, vers la fin du 19e siècle, l'électroformage au nickel, un métal plus dur et plus résistant.

Aujourd'hui, on utilise l'électroformage au nickel pour fabriquer les matrices servant au moulage des CD et des DVD **(figure 5)**. Les structures microscopiques de ces disques optiques peuvent ainsi être reproduites avec précision, puisque l'électroformage travaille à l'échelle atomique.

L'électroformage est utilisé pour fabriquer les matrices en nickel servant à la production en série des CD et des DVD.

Pour en savoir plus

1. *Les merveilles de la science*, Louis FIGUIER, volume 2, Furne, Jouvet et Cie, Paris, 1868, p. 285 à 384.
2. *La galvanoplastie à travers les âges*, article sur le site de la compagnie **Estoppey Addor SA**: www.estoppey-addor.ch.
3. Site Internet de la compagnie **Deluxe** (autrefois **Disctronics**); dans la section «Technology», on décrit les diverses étapes pour la reproduction des CD et des DVD: www.disctronics.co.uk.

CHAPITRE 2

L'électrodynamique

Les courants électriques issus des piles électriques sont en fait de l'électricité en mouvement ou, si l'on veut, de l'*électricité dynamique*. Dans le premier chapitre de ce volume, nous avons parlé des effets chimiques, thermiques et lumineux de l'*électricité dynamique*. En 1820, les scientifiques ont également découvert des forces mécaniques associées à l'*électricité dynamique*. Ces forces sont en action au sein des électroaimants et des moteurs électriques, et leur étude fait l'objet de ce qu'on appelle l'*électrodynamique*, sur quoi porte le présent chapitre. Voici donc un survol de ce que tu pourras y découvrir à ce sujet.

L'*électricité dynamique* allait permettre de faire le lien entre la science du magnétisme et celle de l'électricité, lorsque **Oersted**, en 1820, connecte un fil conducteur aux bornes d'une pile électrique et approche ensuite ce fil d'une boussole. Il constate, alors, que le courant électrique dans son fil fait dévier l'aiguille aimantée!

À partir de cette expérience historique, en deux semaines seulement, **Ampère** va établir les bases conceptuelles de l'*électrodynamique*. Entre le 11 et le 25 septembre 1820, il découvre que les courants circulaires se comportent comme des aimants et que deux courants parallèles s'attirent ou se repoussent, selon qu'ils sont dans le même sens ou en sens contraire. Quelques jours plus tard, **Arago** et lui inventent l'*électroaimant*, perfectionné par **Henry** en 1827.

D'autres physiciens ont apporté une contribution fondamentale à la compréhension de l'électricité dynamique dans la première moitié du 19e siècle. Il s'agit de **Jean-Baptiste Biot**, **Felix Savart**, **Michael Faraday**, **Georg Simon Ohm**, **James Prescott Joule** et **Wilhelm Weber**, dont nous explorerons les découvertes dans ce chapitre.

L'électroaimant est à l'origine de plusieurs applications importantes, dont le *télégraphe,* qui révolutionne les communications dans les années 1840 et traverse l'Atlantique en 1866.

Les électroaimants sont également au cœur des premiers *moteurs électriques*, qui font leur apparition dans les années 1830. Toutefois, il faudra attendre les années 1870 pour que **Gramme** et **Siemens** inventent des moteurs électriques réellement performants. Ces moteurs trouveront rapidement des applications dans les mines et le transport. Dans les années 1890, on verra apparaître des *locomotives électriques* pour les métros, des *tramways électriques* et des *voitures électriques*. Après que les moteurs électriques aient été supplantés par les moteurs à essence, des *supermoteurs* électriques modernes, à aimants permanents, reviennent en force dans l'industrie de l'automobile, couplés à des *superbatteries*, qui ont vu leurs performances quadrupler dans les 20 dernières années.

Revenons au 19e siècle. **Henry Rowland** démontre de façon formelle, en 1876, que c'est le mouvement des charges électriques qui produit le magnétisme. Son élève, **Hedwin Herbert Hall**, découvre, en 1879, que ce sont les charges négatives qui se déplacent dans les conducteurs, pour produire le courant électrique. **Hendrik Antoon Lorentz**, pour sa part, établit, en 1895, que les forces magnétiques ne s'appliquent pas seulement aux courants dans les fils, mais également à toutes les particules chargées en mouvement.

En 1911, **Heike Kamerlingh Onnes** découvre la *supraconductivité,* qui permet à un courant de circuler, sans résistance ni échauffement, dans un *supraconducteur*. Les courants intenses dans les bobines supraconductrices permettent d'obtenir des champs magnétiques très élevés, d'où découlent plusieurs applications, dont les *trains à lévitation magnétique*, les *scanners à résonance magnétique* pour l'imagerie médicale, et la *propulsion magnéto-hydrodynamique* des futurs navires ou sous-marins, sans parties mobiles, en silence.

Épisode 2-1 NIVEAU 1 | OERSTED DÉCOUVRE LE LIEN ENTRE L'ÉLECTRICITÉ ET LE MAGNÉTISME

En 1820

Un peu d'histoire

Dans son *Traité de l'électricité* de 1771, **Sigaud de La Fond** mentionne que:

«C'est un fait, assez généralement reconnu des marins, que la foudre qui tombe sur un vaisseau influe sur les aiguilles des boussoles qui s'y trouvent» [1].

Une découverte en direct

La foudre étant un phénomène électrique, plusieurs savants, dont **Hans Christian Oersted (figure 1)**, pensaient qu'il devait y avoir un lien entre l'électricité et le magnétisme.

Ce professeur de physique de l'université de Copenhague fit une découverte majeure en ce sens, pendant l'un de ses cours, à l'hiver 1820. Était-ce le fruit du hasard ou avait-il été guidé par l'analogie de la foudre (un courant électrique intense) tombant à proximité d'une boussole? Toujours est-il qu'après avoir connecté un fil de platine aux bornes d'une pile électrique et démontré à ses élèves l'échauffement du fil par le courant, il approche le fil près d'une boussole qu'il avait sur sa table.

Hans Christian Oersted (1777-1851)

On imagine l'excitation ressentie par notre savant professeur lorsqu'il constate que, ce faisant, l'aiguille de la boussole était déviée de son orientation naturelle. Elle reprenait son orientation nord-sud dès que le contact électrique entre le fil et la pile était rompu!

Dans les mois qui suivirent, **Oersted** raffine ses investigations et publie ses résultats en juillet 1820. Les **figures 2 et 3** résument l'essentiel de ses observations [2].

Cette découverte majeure établissait, pour la première fois, un lien irréfutable entre les sciences de l'électricité et du magnétisme.

Le sens du courant

Pour exprimer clairement les résultats d'expériences semblables, il fallait définir le «sens du courant». À l'époque, on ne savait pas si le courant était constitué d'un déplacement, dans le fil, de charges positives dans un sens ou négatives dans l'autre sens, ou des deux à la fois. C'est **Ampère** qui a convenu de définir le «sens du courant» comme celui dans lequel circuleraient des charges positives. La flèche qui indiquait le sens du courant indiquait en fait la façon dont le fil était connecté aux bornes de la pile électrique. Ce n'est qu'à la fin du 19e siècle qu'on pourra déterminer que le courant dans les fils métalliques est constitué d'infimes particules chargées négativement, qu'on appellera *électrons*.

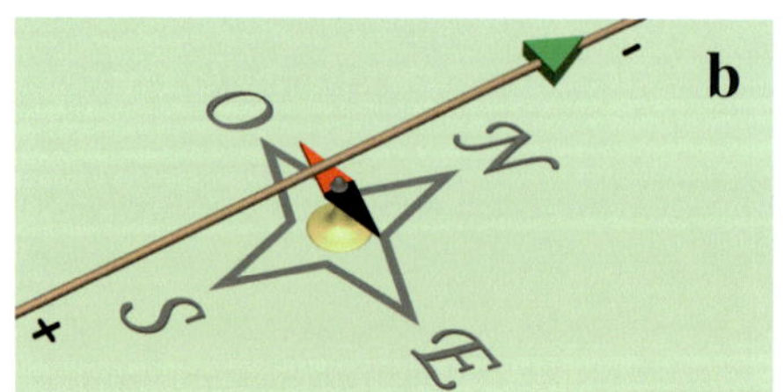

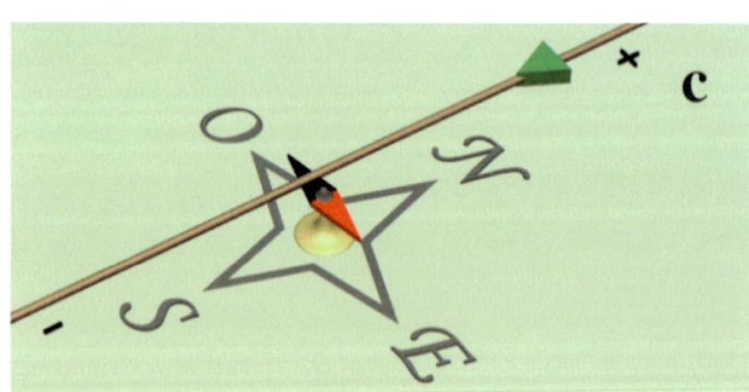

Expérience d'Oersted avec le fil électrique au-dessus de l'aiguille de la boussole. a) Sans courant électrique, le pôle Nord magnétique de l'aiguille de la boussole (en rouge) pointe vers le nord. b) et c) Lorsque le fil est connecté aux bornes + et – d'une pile électrique, l'aiguille est déviée vers l'ouest ou vers l'est, selon la direction du courant (flèche verte). Oersted fait remarquer que l'ampleur de cette déviation dépend de «l'efficacité du système utilisé» (tension et dimensions de la pile, et type de fil).

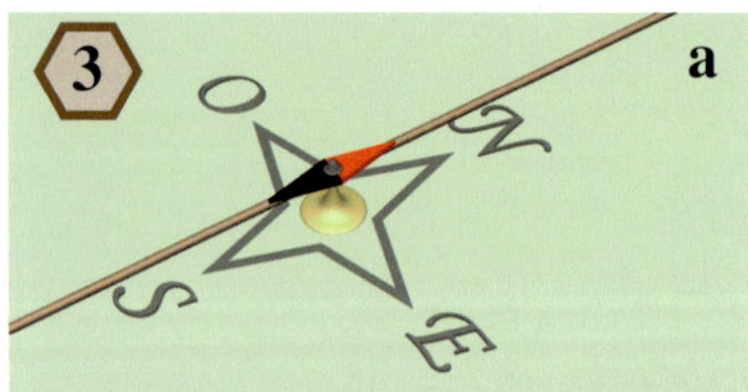

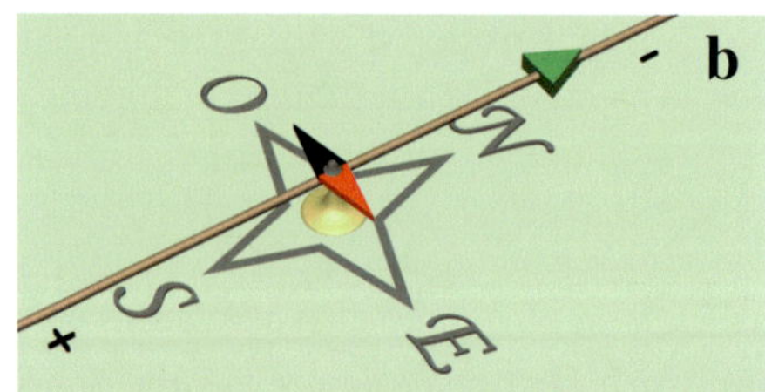

Expérience d'Oersted avec le fil électrique en dessous de l'aiguille de la boussole. a) Sans courant électrique, le pôle Nord magnétique de l'aiguille de la boussole (en rouge) pointe vers le nord. b) et c) Lorsque le fil est connecté aux bornes + et – d'une pile électrique, l'aiguille est déviée vers l'est ou vers l'ouest, selon la direction du courant (flèche verte). Tu remarqueras, toutefois, que pour un même sens du courant, l'aiguille de la boussole dévie dans le sens contraire de celui de la figure 2.

Au laboratoire

Pour reconstituer l'expérience d'**Oersted**, procure-toi un bout de fil électrique de 35 cm de long, et dénude les deux extrémités sur 1,5 cm. Fixe ce bout de fil à une règle de plastique de 30 cm, à l'aide de ruban adhésif **(figure 4)**.

Place une gomme à effacer de chaque côté de la règle, près de son centre, et déposes-y la « boussole pratique » que tu as fabriquée à l'**épisode 1-1 du volume 1**. La boussole se trouve ainsi au-dessus du fil électrique. Tu pourras la mettre en dessous du fil en faisant reposer la règle sur les deux gommes à effacer.

Utilise deux piles électriques de 1,5 volt, de format D. En les plaçant une au bout de l'autre, dans le même sens, tu obtiendras 3 volts. On dit alors que les piles sont en série. Pour maintenir les piles en contact et effectuer les connexions, il te faut un porte-piles. Procure-toi, à cet effet, une petite boîte de conserve de pâte de tomates vide et bien nettoyée. Insères-y une bande de papier d'aluminium de 3 cm x 20 cm, que tu auras confectionnée à même un rectangle de 9 cm × 20 cm replié deux fois. Plie cette bande de manière à ce qu'elle couvre le fond de la boîte et qu'une languette dépasse à l'extérieur. Fabrique un tube de carton dont le diamètre sera quelques millimètres plus grand que celui des piles, et insère ce tube dans la boîte. Pour le maintenir bien en place au centre de la boîte, entoure le tube avec du papier. Dépose les deux piles, une par-dessus l'autre, dans le tube, avec leurs bornes positives vers le bas. Leur poids les maintiendra en contact l'une avec l'autre et la borne négative sera sur le dessus.

Utilise deux fils de connexion avec pinces alligator pour compléter le circuit électrique comme sur la figure 4. Mais, **ATTENTION, n'établis le contact avec les piles que pendant une à deux secondes** pour éviter qu'elles surchauffent. Car, si le contact était maintenu sur une période prolongée, cela pourrait endommager les piles. En effet, il n'y a qu'un fil de cuivre entre les bornes, sans ampoule lumineuse ou moteur pour limiter le courant. Ce dernier prend alors sa valeur maximale.

Matériel requis

- la « boussole pratique » de l'épisode 1-1 du volume 1
- 2 gommes à effacer
- une règle en plastique de 30 cm
- un bout de fil électrique de 35 cm de longueur
- du ruban adhésif
- 2 fils de connexion avec pinces alligator
- 2 piles électriques de 1,5 volt de format D
- une petite boîte vide de pâte de tomates
- du carton flexible pour faire un tube de 10 cm de longueur
- du papier d'aluminium

Reproduis l'expérience d'Oersted, décrite sur les figures 2 et 3, à l'aide de ce matériel domestique simple et efficace.

Pour en savoir plus

1. *Traité de l'électricité*, Joseph-Aignan SIGAUD DE LA FOND, Des Ventes de La Doué, Paris, 1771, p. 325.
2. *Expériences relatives à l'effet du conflit électrique sur l'aiguille aimantée*, Hans Christian OERSTED, *Annales de Chimie et de Physique*, tome 14, 1820, p. 417 à 425. Reproduit dans *Collection de mémoires relatifs à la physique*, publiée par la *Société française de physique*, tome 2, Gauthier-Villars, Paris, 1885, p. 1 à 6. Un extrait est reproduit également, en anglais, dans *A Source Book in Physics*, William Francis MAGIE, McGraw-Hill Book Company, New York, 1935, p. 437 à 441.
3. *Les déviations inattendues de Christian Oersted*, Emmanuel MONNIER, dans *Les cahiers de Science &Vie*, n° 67 : *Les mathématiques expliquent les lois de la nature – Le cas du champ électromagnétique*, février 2002, p. 12 à 19.

Épisode 2-2 NIVEAU 2 | UN CHAMP DE FORCE MAGNÉTIQUE CIRCULAIRE AUTOUR D'UN COURANT

1820 et 1821

Un peu d'histoire

Nous avons vu, dans l'**épisode précédent**, que l'aiguille de la boussole prend des directions inverses selon qu'elle se trouve au-dessus ou en dessous du fil électrique.

Un champ de force circulaire

Oersted en conclut que les lignes du champ magnétique **(volume 1, épisode 1-7)** sont des cercles autour du fil **(figure 1)**.

En 1820, ces lignes indiquent la direction des forces qui s'exercent sur les pôles magnétiques d'un objet aimanté. Selon la vision de l'époque, le pôle magnétique Nord correspond au lieu de concentration du «*fluide magnétique boréal*», et le pôle Sud, au lieu de concentration du «*fluide magnétique austral*». Dans un barreau ou une aiguille aimantés, les pôles sont localisés près des extrémités **(volume 1, épisode 1-8)**.

1

Le sens des lignes du champ magnétique (flèches bleues) produit par un courant électrique est indiqué par l'extrémité des doigts de la main droite, lorsque cette main agrippe le fil et le pouce pointe dans la direction du courant (flèche verte). Ce sens a été établi, par convention, comme le sens de la force qui s'exerce sur le pôle Nord (en rouge) d'une aiguille aimantée.

2

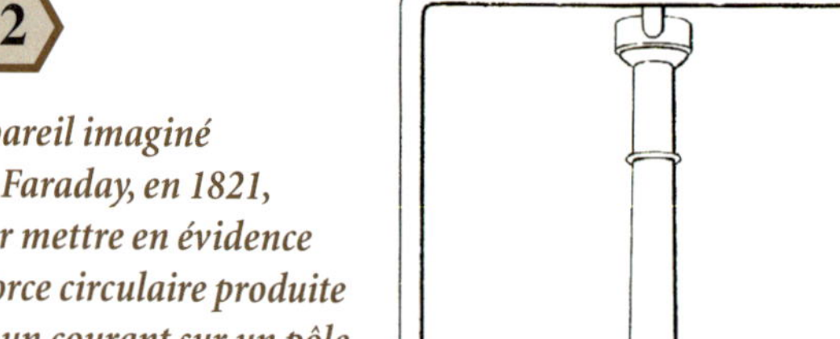

Appareil imaginé par Faraday, en 1821, pour mettre en évidence la force circulaire produite par un courant sur un pôle magnétique et inversement.

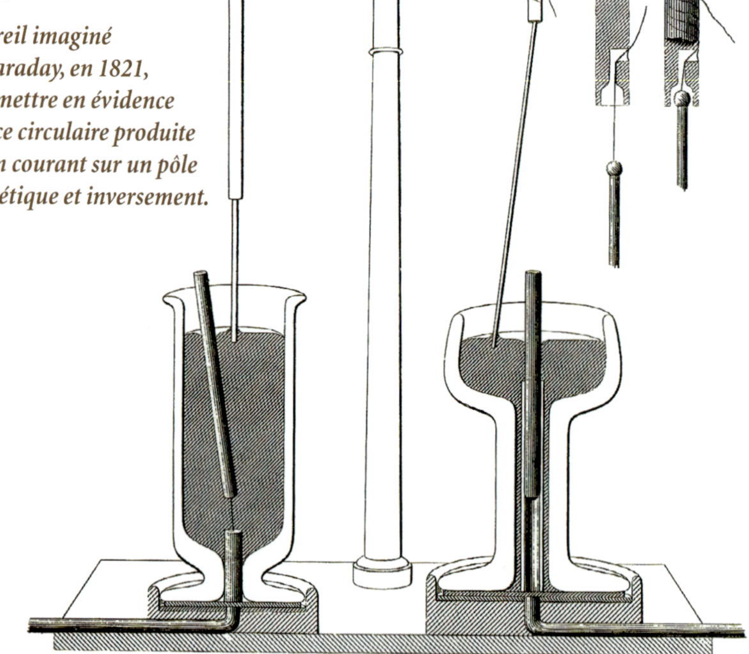

Source: Musée de la civilisation, bibliothèque du Séminaire de Québec. Faraday, Michael. Experimental Researches in Electricity. *London, Édition Richard and John Edward Taylor, 1849, Vol. 2, planche IV. N° 187.3.20 V.2.*

Les lignes circulaires du champ magnétique indiquent donc que le pôle Nord de l'aiguille d'une boussole subit une force qui tend à le faire tourner en rond, autour du fil, dans un sens précis, alors que le pôle Sud de l'aiguille subit une force égale, mais dans le sens contraire. Le résultat est que l'aiguille de la boussole s'oriente tangentiellement à ces lignes circulaires.

La **figure 1** illustre tout ceci et montre comment déterminer le sens des lignes du champ magnétique.

Un pôle qui tourne en rond

Cette force circulaire sur un pôle magnétique sera mise en évidence par **Faraday**, en 1821.

Ce dernier conçoit un appareil dans lequel un seul pôle d'un barreau aimanté est libre de bouger autour d'un fil électrique dans lequel circule un courant (**figure 2**, à gauche).

Le barreau aimanté flotte dans un vase cylindrique rempli de mercure (métal liquide conducteur). Un de ses bouts est attaché au fond du vase. Le pôle magnétique supérieur du barreau est donc libre de bouger autour d'un fil de cuivre qui plonge dans le mercure au centre du vase. Un autre fil pénètre dans le mercure, par le fond du vase. Lorsqu'on y fait circuler un courant électrique, le pôle magnétique supérieur du barreau se met à tourner autour du fil de cuivre.

La partie de droite de la **figure 2** nous montre une version différente où c'est le fil de cuivre qui tourne autour d'un barreau aimanté.

Pour en savoir plus

1. *Electro-magnetic Rotation Apparatus*, Michael FARADAY, *Quaterly Journal of Science*, vol. 12, p. 186, octobre 1821. Reproduit dans *Experimental Researches in Electricity*, Michael FARADAY, volume 2, Green Lion Press, Santa Fe, Nouveau-Mexique, 2000 (réimpression à partir de l'édition de 1844), p. 147 et 148.

Épisode 2-3 BIOT ET SAVART MESURENT LE CHAMP MAGNÉTIQUE D'UN COURANT

NIVEAU 4

Octobre 1820

Un peu d'histoire

Dès le mois de septembre 1820, **Jean-Baptiste Biot (figure 1)** et **Félix Savart** entreprennent de quantifier le nouveau phénomène découvert par **Oersted**.

La méthode de Coulomb

Ces deux savants français utilisent la méthode des oscillations de **Coulomb (volume 1, épisode 1-10)**.

Ils construisent l'appareil illustré sur la **figure 2**, et font circuler un courant électrique dans un fil métallique vertical **CZ**. Un petit barreau aimanté **AB** est suspendu, par un fil de soie, à un mécanisme qui peut le déplacer à différentes distances du fil. Un aimant permanent **A'B'** annule l'effet du champ magnétique terrestre sur le barreau suspendu.

Biot et **Savart** savent **(volume 1, épisode 1-10)** que la force magnétique sur chacun des pôles du barreau suspendu est proportionnelle au carré de la fréquence d'oscillation. Ils effectuent donc une série de mesures de cette fréquence d'oscillation, à différentes distances du fil [1]. Ils annoncent les résultats de leurs expériences le 30 octobre 1820.

1

Jean-Baptiste Biot (1774-1862)

2 *Appareil utilisé par Biot et Savart.*

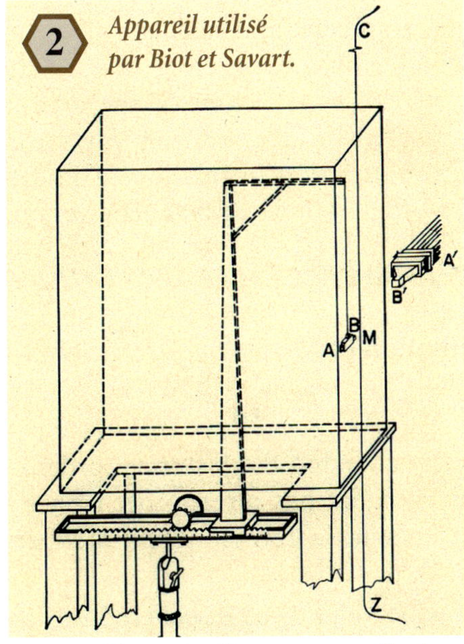

Source : référence A7, Livres rares et collections spéciales, Direction des bibliothèques, Université de Montréal.

La force magnétique, sur chacun des deux pôles, est inversement proportionnelle à la distance d du fil.

Ainsi, si on s'éloigne deux fois plus loin du fil, la force diminue de moitié.

La contribution des bouts de fil

Biot et **Savart** sont conscients que le résultat qu'ils ont obtenu n'est valable que pour un fil rectiligne.

Ils comprennent que la force en un point **P** est due à la contribution de chacun des bouts de fil de longueur **dl**. Sur la **figure 3**, **dF** représente l'élément de force produit par le bout de fil **dl** sur un pôle magnétique Nord, lorsqu'un courant **I** circule dans le sens de la flèche verte. C'est en additionnant les **dF** de tous les bouts de fil **dl** qu'on obtient la force résultante **F**.

Nos deux savants se disent qu'il leur faudrait trouver la loi qui exprime l'élément de force **dF** produit par un petit bout de fil **dl**, en fonction de la distance r du bout de fil et de son angle a **(figure 3)**. Ils pourraient alors calculer la force résultante, causée par un courant, quelle que soit la géométrie du fil.

Pour obtenir cette loi, ils doivent prendre d'autres mesures, en faisant varier l'angle du fil. Ils plient ce dernier au point **M** de la **figure 2**, et refont une série de mesures de la fréquence d'oscillation du barreau, pour différents angles du fil plié.

Laplace les aide

Laplace, un astronome et mathématicien français renommé de l'époque, aide **Biot** et **Savart** à obtenir l'expression mathématique recherchée, qui s'écrit :

$$\mathbf{dF = m\,I\left[\frac{\sin a}{r^2}\right]dl}$$

où **m** représente la quantité de fluide magnétique dans le pôle Nord **(épisode 1-8 du volume 1)**. En remplaçant **dF/m** par **dB**, on obtient, à une constante près, ce qu'on appelle aujourd'hui la loi de **Biot** et **Savart**, permettant de calculer le champ magnétique **B** produit par un courant.

3

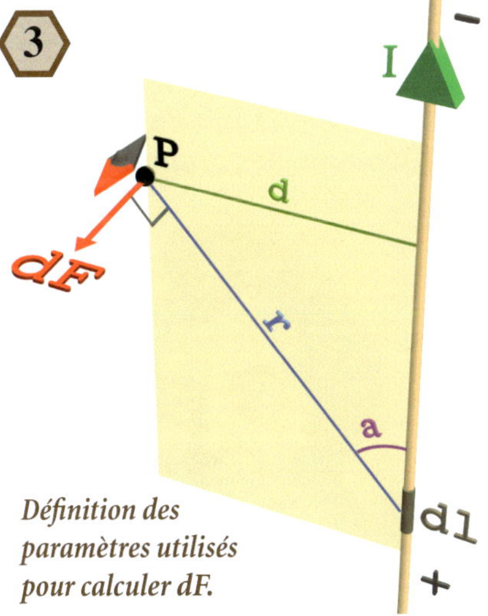

Définition des paramètres utilisés pour calculer dF.

Pour en savoir plus

1. *Sur l'aimantation imprimée aux métaux par l'électricité en mouvement*, J.-B. BIOT et F. SAVART, dans *Précis élémentaire de physique expérimentale*, J.-B. BIOT, Deterville, Paris, 1824, p. 704. Reproduit dans *Collection de mémoires relatifs à la physique*, publiées par la *Société française de physique*, tome 2, Gauthier-Villars, Paris, 1885, p. 80 à 127. Des extraits, en anglais, sont reproduits dans *Early Electrodynamics*, R. A. R. TRICKER, Pergamon Press, Londres, 1965, p. 119 à 139.

Épisode 2-4 NIVEAU 2 | UN COURANT ÉLECTRIQUE SOLÉNOÏDAL AGIT COMME UN BARREAU AIMANTÉ

18 septembre 1820

Un peu d'histoire

L'expérience d'**Oersted** est reproduite en France, pour la première fois, le 11 septembre 1820 à la séance de l'Académie des sciences de Paris. **André-Marie Ampère (figure 1)**, un grand savant français, participe à cette séance et regarde attentivement la démonstration. L'expérience du professeur danois stimule immédiatement son imagination.

Des courants autour de la Terre

Ampère, voyant qu'un courant électrique aligne l'aiguille d'une boussole, se dit que si la Terre aligne elle aussi l'aiguille d'une boussole, c'est peut-être parce qu'elle est parcourue par des courants électriques.

L'expérience d'**Oersted** lui enseigne que l'aiguille de la boussole s'aligne perpendiculairement au courant. Pour expliquer l'alignement nord-sud de la boussole, il faudrait donc que la Terre soit parcourue par des courants circulaires perpendiculaires à son axe de rotation **(figure 2)**.

Mais, puisque la Terre se comporte comme un gros aimant **(volume 1, épisode 1-5)**, avec un pôle Sud et un pôle Nord magnétiques, **des courants circulaires devraient donc se comporter comme des aimants.** [1]

André-Marie Ampère (1775-1836)

Un solénoïde agit comme un aimant

Pour vérifier cette hypothèse, notre savant se propose de construire des solénoïdes de fils de laiton et d'y faire circuler un courant électrique.

Il parle de ces solénoïdes le 18 septembre 1820 à l'Académie des sciences et prédit que de tels solénoïdes devraient se comporter comme un barreau aimanté.

Dans les jours qui suivent, **Ampère** vérifie ses prédictions en fabriquant un solénoïde libre de s'orienter, grâce à des petits gobelets remplis de mercure (métal liquide) qui permettent un contact non rigide avec la pile électrique **(figure 3)**. En approchant un pôle d'un barreau aimanté de l'une des extrémités du solénoïde, il l'attire. En approchant le même pôle de l'autre extrémité, il le repousse. Tout se passe donc comme si le solénoïde avait un pôle Nord magnétique à l'un de ses bouts et un pôle Sud à l'autre bout.

Par ailleurs, en plaçant plusieurs boussoles autour d'un solénoïde de courant, les aiguilles prennent des orientations similaires à celles qu'elles prendraient autour d'un barreau aimanté (compare la **figure 4** du présent épisode avec la **figure 4** de l'**épisode 1-5 du volume 1**).

Une vision nouvelle

Ampère se dit que si un solénoïde de courant se comporte comme un barreau aimanté, on peut tout aussi bien dire qu'un barreau aimanté se comporte comme un solénoïde de courant. Par conséquent, *le magnétisme du barreau serait causé par les courants électriques qui y circulent.*

Il exprime cette opinion le 18 octobre 1820 à l'Académie des sciences. Il y expose également sa conception du magnétisme terrestre, qui serait causé, selon lui, par des courants électriques à l'intérieur de la planète.

Il ne tarde pas à préciser que, dans le fer et l'acier, ce sont des molécules magnétiques **(volume 1, épisode 1-8)** qui sont le siège de petits «courants moléculaires» **(épisode 2-9)**. C'est en alignant ces «solénoïdes moléculaires» qu'on aimante un barreau d'acier.

Toutes les visions d'**Ampère** sont très près de nos conceptions actuelles et ses travaux vont faire oublier les fluides magnétiques de **Coulomb (volume 1, épisode 1-8)**.

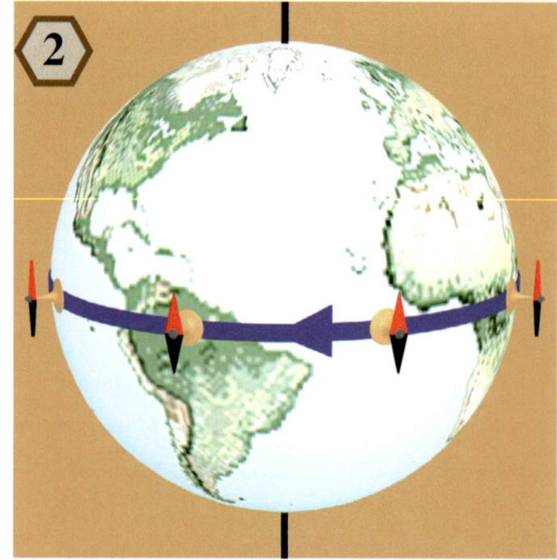

Selon Ampère, ce sont des courants électriques circulant autour de la Terre (dans la direction de la flèche) qui alignent les aiguilles des boussoles.

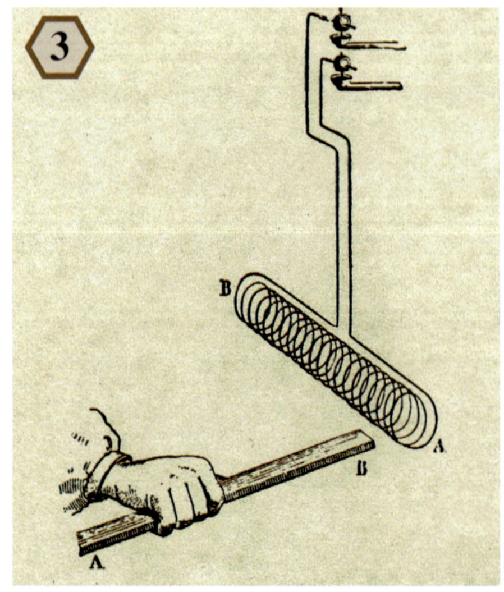

Expérience réalisée par Ampère, démontrant qu'un solénoïde de courant se comporte comme un barreau aimanté.

Au laboratoire

Nous allons vérifier l'hypothèse selon laquelle un solénoïde de courant se comporte comme un barreau aimanté.

Pour construire ton solénoïde, utilise une quinzaine de mètres de fil électrique isolé de 0,7 mm de diamètre environ (calibre 22 AWG) pour les travaux d'électronique. Prends du fil de cuivre à un seul brin (plus rigide et plus facile à enrouler). Enroule ce fil autour d'un tube de carton de 3 à 4 cm de diamètre et de 10 à 12 cm de longueur, en faisant deux rangées de 50 tours environ. Pour fixer le fil au départ de l'enroulement, perce un petit trou dans le tube ou utilise du ruban adhésif. Fixe les deux rangées de fil au tube, à l'aide de ruban adhésif, à chaque extrémité de l'enroulement.

Au début et à la fin de l'enroulement, laisse dépasser 10 cm de fil et tortille les deux bouts **(figure 4)**. Finalement, dénude les extrémités sur approximativement 2 cm.

Pour faire circuler un courant, utilise deux piles de format D et le porte-piles que tu as construit à l'**épisode 2-1**. Branche la pile électrique au solénoïde à l'aide des deux fils de connexion munis de pinces alligator.

ATTENTION, n'établis le contact avec les piles que pendant une à deux secondes à la fois, pour éviter une surchauffe des piles. Si le contact était maintenu sur une période prolongée, cela pourrait les endommager (courant fort).

Observe bien les alignements des aiguilles de ta «boussole pratique», à différents endroits autour du solénoïde. Compare-les avec les alignements autour d'un aimant **(épisode 1-5 du volume 1)**. La similitude des alignements est évidente.

Matériel requis

- 2 piles D et le porte-piles de l'épisode 2-1
- 2 fils de connexion avec pinces alligator
- la « boussole pratique » de l'épisode 1-1 du volume 1
- un tube de carton de 3 à 4 cm de diamètre et de 10 à 12 cm de longueur
- 15 m de fil de cuivre isolé, dont le diamètre du cuivre est d'environ 0,7 mm (calibre 22 AWG) pour les travaux d'électronique
- du ruban adhésif

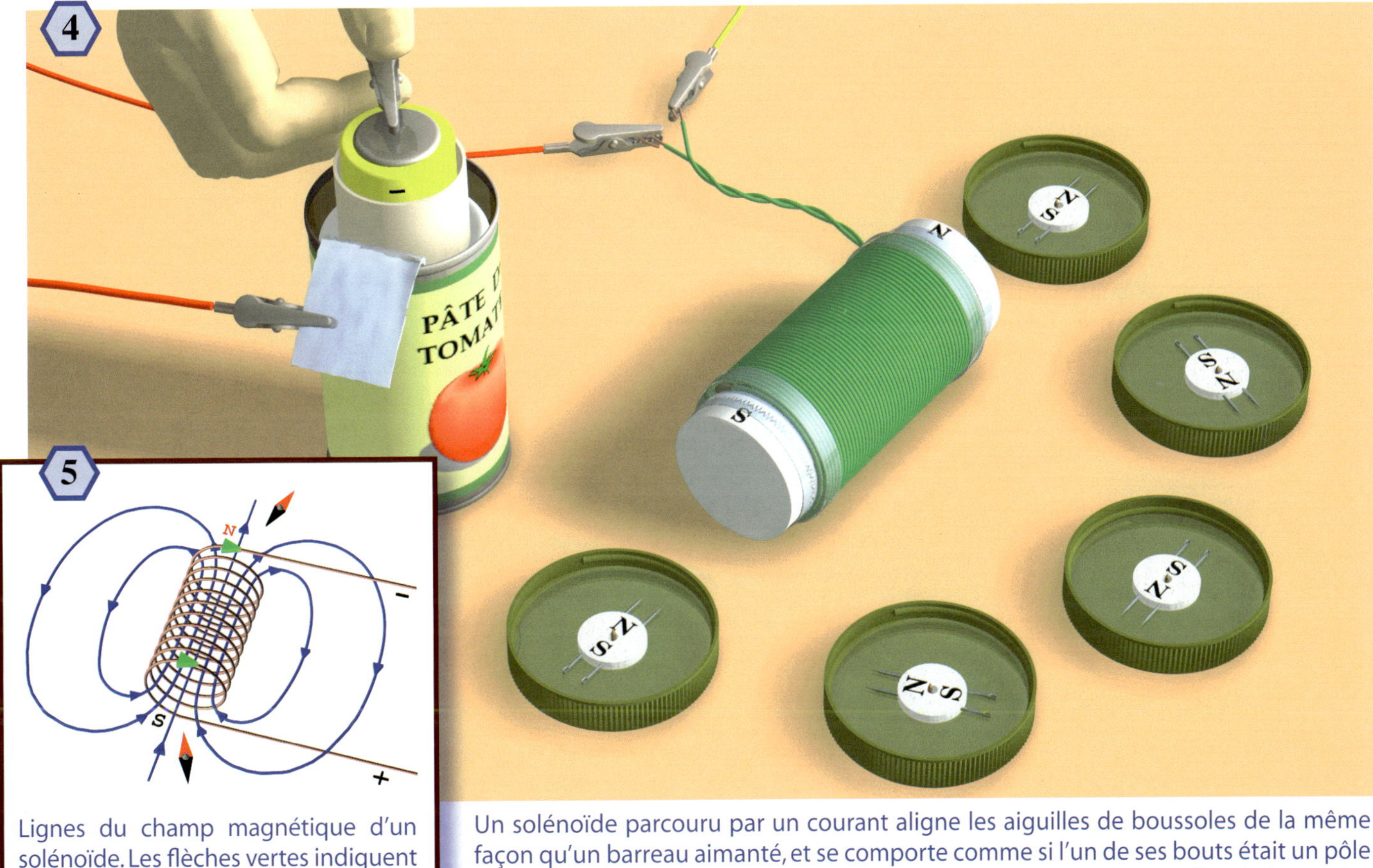

Lignes du champ magnétique d'un solénoïde. Les flèches vertes indiquent le sens du courant. En inversant ce dernier, le sens des lignes s'inverse.

Un solénoïde parcouru par un courant aligne les aiguilles de boussoles de la même façon qu'un barreau aimanté, et se comporte comme si l'un de ses bouts était un pôle Nord magnétique et l'autre bout, un pôle Sud. L'alignement des aiguilles de boussoles reflète la forme des lignes du champ magnétique autour d'un solénoïde (voir la figure 5 à gauche, l'épisode 1-7 du volume 1 et l'épisode 2-2 du présent volume).

Pour en savoir plus

1. *De l'action exercée sur un courant électrique par un autre courant, le globe terrestre ou un aimant*, André-Marie AMPÈRE, dans Collection de mémoires relatifs à la physique, publiées par la Société française de physique, tome 2, Gauthier-Villars, Paris, 1885, p. 7 à 54 (particulièrement les pages 44 à 47). Ce mémoire renferme le résumé des lectures faites par AMPÈRE à l'Académie des sciences de Paris les 18 et 25 septembre, les 9, 16 et 30 octobre, et le 6 novembre 1820.
2. *Physique et physiciens*, Robert MASSAIN, Éditions Magnard, Paris, cinquième édition, 1982, p. 136 à 142.

Épisode 2-5 AMPÈRE DÉCOUVRE LES FORCES ENTRE LES COURANTS ÉLECTRIQUES PARALLÈLES

NIVEAU 2

25 septembre 1820

Un peu d'histoire

Ampère poursuit sa réflexion et se dit que si un solénoïde se comporte comme un barreau aimanté, deux solénoïdes devraient se comporter comme deux barreaux aimantés. Il devrait donc y avoir des forces d'attraction ou de répulsion entre les extrémités des deux solénoïdes, suivant les pôles magnétiques qui sont associés à ces extrémités.

Identifier les pôles

Pour identifier le pôle magnétique Nord d'un solénoïde, il faut déterminer laquelle de ses extrémités repousse un pôle Nord magnétique.

Pour déterminer le sens de la force sur le pôle Nord d'une aiguille aimantée, utilise la convention décrite sur la **figure 1** de l'**épisode 2-2**. Imagine empoigner une section de la première spire du solénoïde avec ta main droite (que tu visualises comme étant plus petite que la spire), le pouce pointant dans le sens du courant. La direction dans laquelle s'enroulent tes doigts du côté de l'axe du solénoïde indique le sens de la force sur un pôle Nord magnétique. Si ce sens s'éloigne du bout du solénoïde, ce bout sera un pôle Nord.

Une force entre les courants

En plaçant deux solénoïdes bout à bout, de manière à ce qu'ils s'attirent, comme sur la **figure 1**, **Ampère** constate que les courants dans les deux solénoïdes sont dans le même sens. Il en déduit que deux courants parallèles dans le même sens s'attirent (voir la partie du haut de la **figure 3**).

En plaçant deux solénoïdes bout à bout, de manière à ce qu'ils se repoussent, comme sur la **figure 2**, **Ampère** constate que les courants sont en sens contraires. Il en déduit que deux courants parallèles en sens contraires se repoussent (voir la partie du bas de la **figure 3**).

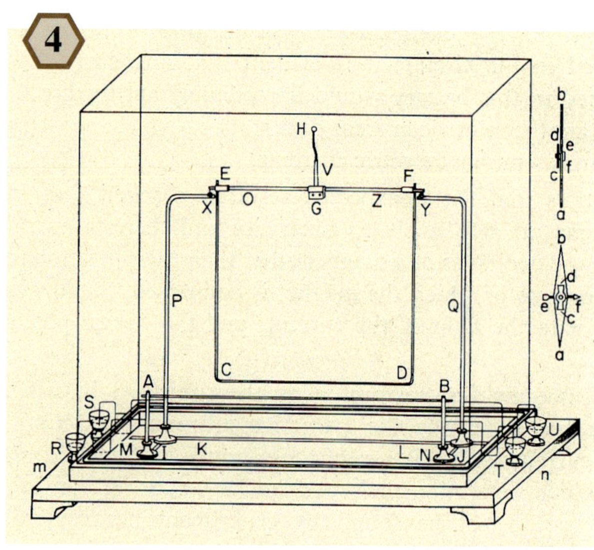

Balance à courant construite par Ampère.

Il vérifie cette hypothèse en construisant une balance à courant où deux fils parallèles se font face. L'un d'eux est disposé comme un pendule et est libre de se déplacer **(figure 4)**.

L'expérience confirme ses prévisions, et **Ampère** la refait à la séance du 25 septembre 1820 de l'Académie des sciences de Paris. [1]

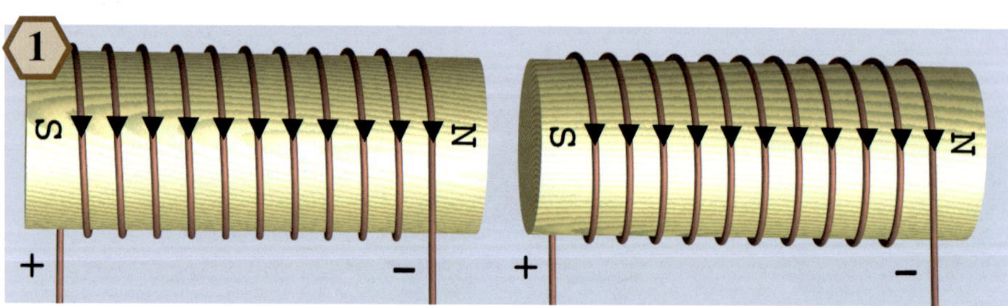

Dans cette configuration, où les courants électriques sont dans le même sens (flèches noires), les deux solénoïdes s'attirent puisque deux pôles magnétiques contraires (S et N) se font face. Il semble donc que des courants dans le même sens devraient s'attirer. Les cylindres de bois rendent l'illustration plus facile à visualiser.

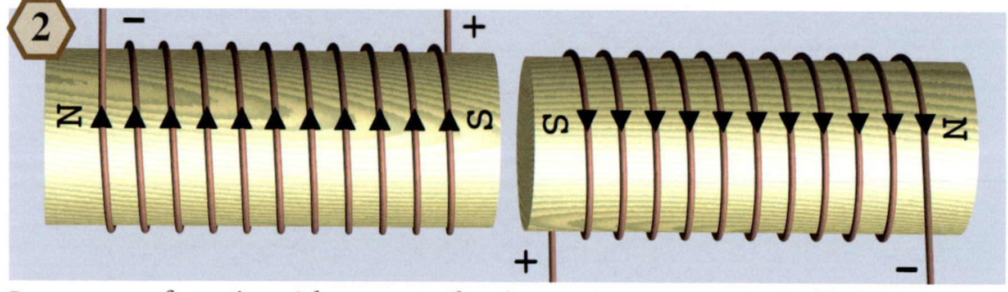

Dans cette configuration, où les courants électriques sont en sens contraires (flèches noires), les deux solénoïdes se repoussent puisque deux pôles magnétiques semblables (S et S) se font face. Des courants en sens contraires devraient donc se repousser.

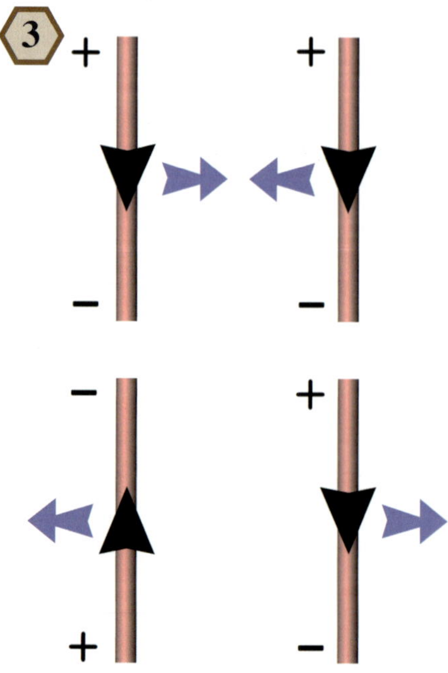

Deux courants dans le même sens s'attirent (en haut) et deux courants en sens contraires se repoussent (en bas).

Au laboratoire

Pour multiplier la force, nous ferons interagir des parties rectilignes de deux boucles de fil. La boucle fixe (en rouge sur la **figure 5**) est construite en entourant un fil électrique dont le cuivre a 0,7 mm de diamètre (calibre 22 AWG) sept fois autour de quatre clous de finition plantés aux coins d'un rectangle de 7 cm × 12 cm, dans la plaque de bois. Enlève les clous par la suite. Dans la «boucle balancier», le fil passe deux fois dans sa partie rectiligne. Elle est construite avec un fil isolé, dont le cuivre a 1,5 à 2 mm de diamètre (calibre 12 ou 14 AWG), pris à même un bout de câble électrique (110 ou 220 volts) acheté à la quincaillerie.

Une plaque de bois mou de 20 cm × 16 cm × 2 cm constitue la base de la balance. Pour les supports de la «boucle balancier», utilise le fil de mise à la terre du câble électrique (pas de revêtement isolant) et plie les morceaux de fil pour que la partie horizontale de chaque support ait 7 cm de hauteur. Fixe-les sur la plaque de bois à l'aide de deux vis à bois et des deux bornes **C** et **D**. Entoure les fils des boucles à plusieurs endroits, avec du ruban adhésif, pour les consolider. Pour les quatre bornes **A, B, C** et **D**, utilise des vis de mécanique avec trois écrous sur chaque vis, pour fixer les fils. La boucle de fil rouge est fixée sur la plaque à l'aide d'agrafes. Connecte les deux extrémités dénudées de cette boucle de fil aux bornes **A** et **B**, et soulève d'un centimètre la portion rectiligne qui fait face au balancier.

Plie le fil gris du balancier comme sur la **figure 5**. La partie rectiligne horizontale du bas a 13,5 cm de longueur et la distance entre cette branche horizontale et le sommet de la «boucle balancier» est de 19 cm. La partie courbée supérieure agit comme un contrepoids et permet de diminuer la force requise pour faire basculer la boucle. Dépose la «boucle balancier» sur ses supports et déforme légèrement sa partie supérieure pour que le balancier s'équilibre dans une position verticale. La période d'oscillation du balancier devrait être d'environ trois secondes, ou plus.

Mets en contact les bornes **B** et **C** à l'aide d'un bout de fil électrique (en noir sur la figure). De cette manière, le courant dans les deux boucles passera en sens contraires dans les parties rectilignes qui se font face. Complète le circuit électrique en branchant une borne de ta pile à la borne **D** de la balance, à l'aide d'un fil de connexion à pinces alligator. Utilise un autre fil de connexion et agrippe la borne **A** de la balance avec une de ses pinces. Avec son autre extrémité, touche, **PENDANT 1 à 2 SECONDES SEULEMENT**, l'autre borne de la pile électrique. Un contact prolongé pourrait endommager la pile (trop fort courant). Le bas du balancier sera alors repoussé légèrement.

Comment établir les connexions pour que les courants soient dans le même sens et observer l'attraction?

Matériel requis

- 2 piles D et le porte-piles de l'épisode 2-1
- 2 fils de connexion avec pinces alligator
- une plaque de bois mou de 20 cm × 16 cm × 2 cm
- 4 vis de mécanique de 3,5 cm avec 12 écrous
- 4 clous de finition de 4 à 5 cm
- 2 vis à bois de 1,5 cm environ
- 3,5 m de fil électrique isolé dont le cuivre a 0,7 mm de diamètre environ (calibre 22 AWG)
- 1 mètre de câble électrique (110 ou 220 volts) comportant 2 fils isolés dont le cuivre a 1,5 à 2 mm de diamètre (calibre 12 ou 14 AWG) et un fil de mise à la terre
- du ruban adhésif et 4 agrafes métalliques

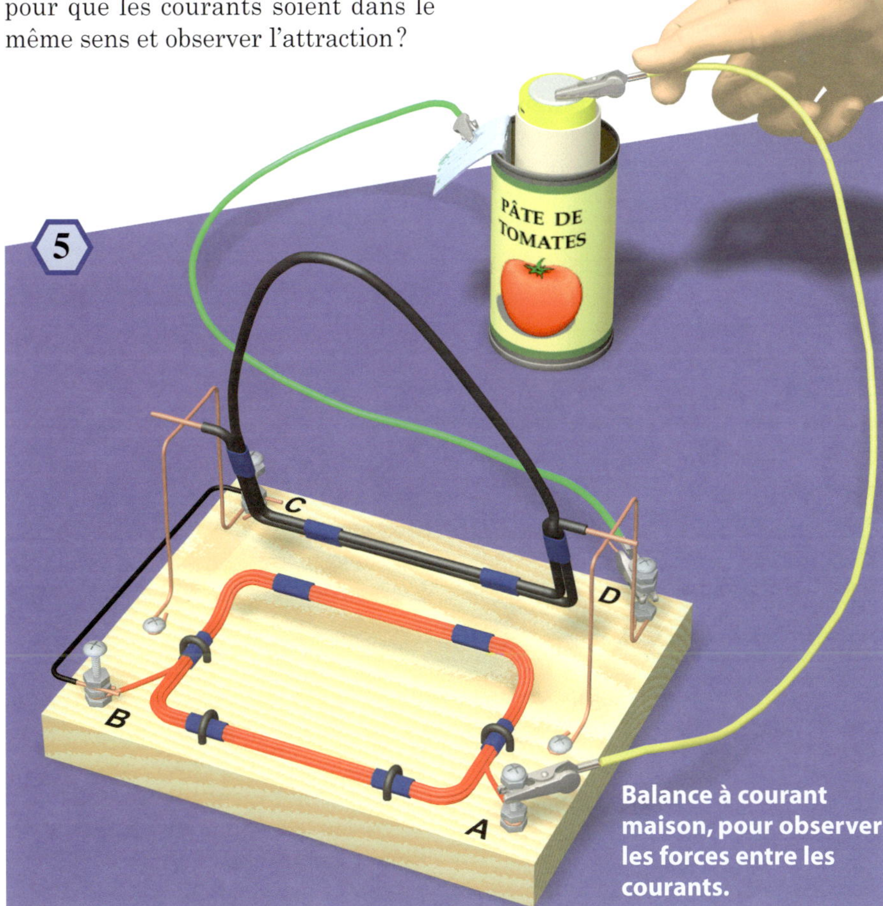

Balance à courant maison, pour observer les forces entre les courants.

Pour en savoir plus

1. *De l'action exercée sur un courant électrique par un autre courant, le globe terrestre ou un aimant*, André-Marie AMPÈRE, dans Collection de mémoires relatifs à la physique, publiée par la *Société française de physique*, tome 2, Gauthier-Villars, Paris, 1885, p. 7 à 54 (particulièrement les pages 44 à 47). Ce mémoire renferme le résumé des lectures faites par AMPÈRE à l'Académie des sciences de Paris les 18 et 25 septembre, les 9, 16 et 30 octobre, et le 6 novembre 1820.

Épisode 2-6 NIVEAU 2 | UNE LOI GÉNÉRALE POUR LA FORCE MAGNÉTIQUE SUR UN ÉLÉMENT DE COURANT

De 1820 à 1825

Un peu d'histoire

Pour **Ampère**, les forces magnétiques sur un courant électrique se ramènent toujours à des forces entre les courants.

Force d'un aimant sur un courant

Prenons l'aimant plat rectangulaire illustré sur la **figure 1**. Selon **Ampère**, son champ de force magnétique est produit par des courants qui circulent autour de l'aimant **(épisode 2-4)**. Ces courants sont schématisés sur la figure par un ruban magenta et des flèches violettes, pour en indiquer le sens. La face supérieure de l'aimant est un pôle Nord magnétique **(épisode 2-5)**.

Ainsi, pour connaître la direction de la force magnétique sur le fil sur la **figure 1**, on devra additionner les forces exercées par les quatre côtés de l'aimant. Sur le côté **a**, le courant dans l'aimant étant dans le même sens que celui du fil (flèche verte), ce côté attire le fil **(épisode 2-5)**. Sur le côté **c**, le courant dans l'aimant étant dans le sens contraire de celui du fil, ce côté repousse le fil **(épisode 2-5)**. Les côtés **b** et **d** sont le siège de courants perpendiculaires au fil et la force qu'ils exercent conjointement sur le fil est nulle, comme l'a démontré **Ampère**. La force totale **F** sur le fil (flèche rouge sur la **figure 1**) est horizontale et dirigée vers la gauche. Elle est perpendiculaire au fil.

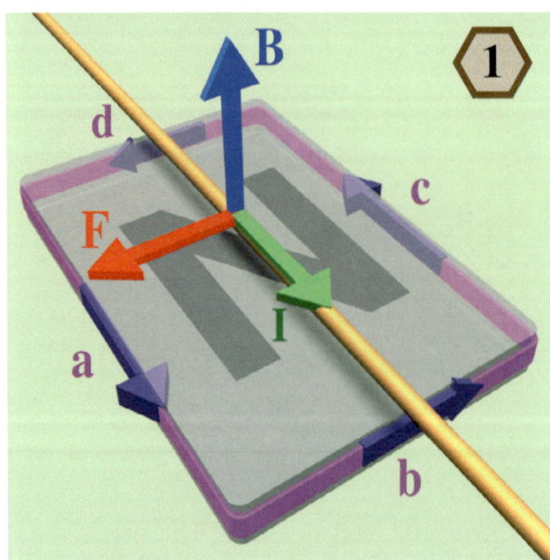

Selon Ampère, les courants dans un aimant (flèches violettes) sont à l'origine de la force F sur le courant I dans le fil.

Expérimentateur et mathématicien

De 1820 à 1825, **Ampère** travaille avec acharnement pour établir une loi générale qui décrit la force magnétique sur un «*élément de courant*» (petit bout de fil conducteur parcouru par un courant). Pour ce faire, il étudie les forces entre les courants à l'aide de plusieurs appareils qu'il fait construire. L'un d'eux lui permet de varier l'angle entre deux courants. Un autre lui sert à démontrer que la force est toujours perpendiculaire au fil **(épisode 2-7)**.

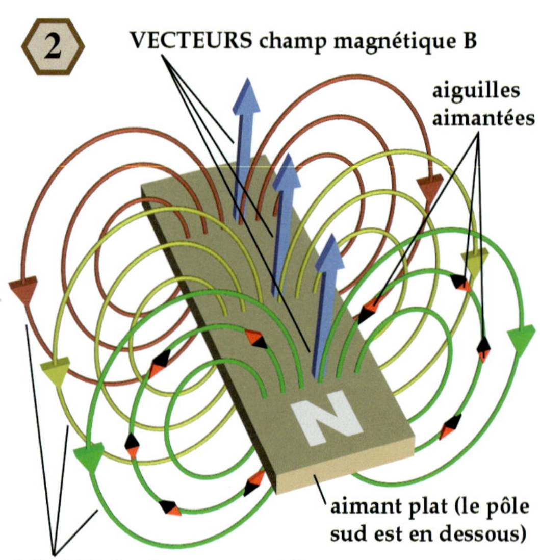

En plus d'être un expérimentateur, **Ampère** est un fin mathématicien. C'est ce qui va lui permettre de transposer les résultats de ses expériences en une loi mathématique générale. Mais avant d'exprimer cette loi, il nous faut introduire quelques notions sur le champ magnétique.

Lignes et vecteurs magnétiques

Dans le volume 1 **(épisode 1-7)**, nous avons vu qu'en plaçant des petites aiguilles aimantées autour d'un aimant, ces aiguilles s'alignent tangentiellement aux lignes en anneaux du champ magnétique. C'est ce que tu peux voir sur la **figure 2**, où les lignes sont de couleurs différentes pour t'aider à mieux les visualiser. Les pôles Nord des aiguilles sont en rouge.

Le sens de ces lignes a été déterminé, par convention, comme étant la direction dans laquelle pointe la force magnétique sur le pôle Nord d'une aiguille aimantée **(épisode 2-2)**. Les lignes du champ magnétique d'un aimant sortent donc par son pôle Nord et entrent par son pôle Sud.

On a également pris l'habitude de représenter le champ magnétique par des flèches (une flèche pour chaque point de l'espace). En physique, on donne à ces flèches le nom de *vecteurs champ magnétique*, et on symbolise le champ magnétique par la lettre **B**. La longueur d'un vecteur représente l'ampleur de la force sur un pôle Nord magnétique unitaire et la direction du vecteur pointe dans la direction de cette force, à l'endroit que l'on considère. Un vecteur champ magnétique est donc tangent à la ligne du champ magnétique qui passe par le point considéré.

Trois vecteurs champ magnétique **B**, associés à trois points situés juste à la surface de l'aimant, sont représentés sur la **figure 2**. Le vecteur **B** sur la **figure 1** (en bleu) représente le champ magnétique au milieu de l'aimant, là où se trouve le conducteur.

La loi de Laplace-Ampère

La loi décrite ci-dessous a été exprimée pour la première fois par **Ampère**. Aujourd'hui, on y associe le nom de **Laplace**, en raison d'une équation qu'il a développée pour calculer le champ magnétique **(épisode 2-3)**, et qu'on a adoptée, par la suite, plutôt que celle d'**Ampère**.

Le courant électrique est défini comme étant la quantité d'électricité qui traverse une section donnée d'un fil conducteur en un temps donné.

Pour ce qui suit, reporte-toi à la **figure 3**. Une fois que le vecteur champ magnétique **B** a été évalué (flèche bleue), et que l'on connaît le sens du courant **I** (flèche verte), on peut déterminer le sens de la force **F** (flèche rouge) sur un élément de courant (en jaune) en utilisant la main droite. On étend cette dernière de manière à ce que les doigts pointent dans la direction du champ magnétique **B** et le pouce, dans la direction du courant **I**. La loi de **Laplace-Ampère** peut alors s'exprimer de la façon suivante:

1) La force **F** est perpendiculaire au champ magnétique **B** et au courant I. Elle est donc perpendiculaire au fil et sort de la paume de ta main droite.

2) La force **F** est proportionnelle au courant I dans le fil (la force est doublée si le courant est doublé).

3) La force **F** est proportionnelle au champ magnétique **B** (la force est doublée si le champ magnétique est doublé).

4) La force **F** sur l'élément de courant dépend de l'angle entre cet élément et le champ magnétique **B**. La force est maximale si l'élément de courant (donc le fil) est perpendiculaire au champ magnétique **B** (comme sur la **figure 3**). La force est nulle si l'élément de courant est parallèle au champ magnétique **B**.

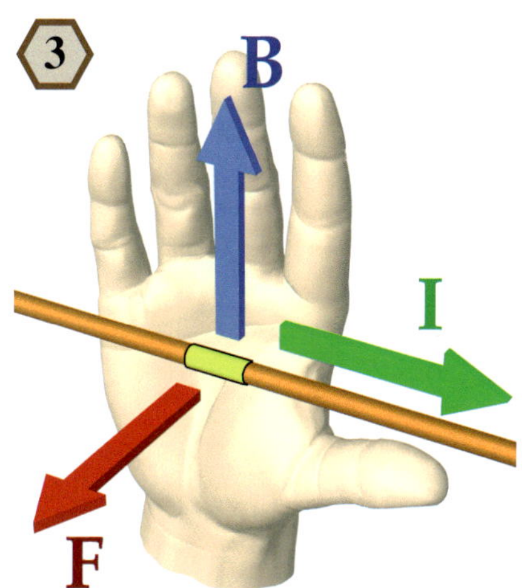

Règle de la main droite pour la force sur un élément de courant (en jaune).

Au laboratoire

Pour vérifier la direction de la force sur un courant, selon la loi de **Laplace-Ampère**, fabrique un bloc aimanté en regroupant six petits aimants plats **(figure 4)**, comme ceux que nous avons utilisés dans le volume 1. Il faut que leurs pôles Nord soient tous du même côté, disons sur le dessus. Pour combattre la répulsion naturelle entre les aimants, utilise deux fixations plates en fer, de 15 mm × 75 mm, que tu fixeras sur la plaque de bois avec des petites vis à tête plate qui ne doivent pas dépasser la surface supérieure des fixations, afin d'avoir une surface lisse pour que les aimants y adhèrent bien. Complète l'assemblage avec un élastique. Les vecteurs champ magnétique B juste au-dessus des aimants pointent alors vers le haut, comme sur la **figure 2**.

Construis ensuite le petit balancier de la **figure 4** en utilisant le fil de cuivre de mise à la terre d'un câble électrique pour l'électrification des maisons. La hauteur de l'axe est à 7 cm au-dessus de la plaque de bois. Les bras verticaux servent de contrepoids pour faciliter le déplacement. Les épingles limitent le déplacement à la région au-dessus des aimants, là où les vecteurs champ magnétique **B** pointent vers le haut.

Vérifie le sens de la force sur le fil à l'aide de la convention de la main droite **(figure 3)**. Utilise les piles **D** et le porte-piles de l'**épisode 2-1**. **ATTENTION**, n'établis le contact avec les piles que pendant une à deux secondes pour éviter une surchauffe des piles. Un contact prolongé pourrait les endommager.

Petit balancier pour vérifier le sens de la force, selon la règle de la main droite.

Matériel requis

- **2 piles D et le porte-piles de l'épisode 2-1**
- **2 fils de connexion avec pinces alligator**
- **une plaque de bois mou de 16 cm × 6 cm × 2 cm**
- **six petits aimants plats en forme de beignet de 25 mm de diamètre**
- **2 fixations plates en fer de 15 mm × 75 mm × 2,5 mm**
- **un élastique**
- **2 épingles de couturière**
- **4 vis à bois de 1,5 cm environ**
- **85 cm de câble électrique (110 ou 220 volts) comportant deux fils de cuivre de 1,5 à 2 mm de diamètre isolés (calibre 12 ou 14 AWG) et un fil de mise à la terre**

Pour en savoir plus

1. *Théorie mathématique des phénomènes électrodynamiques uniquement déduite de l'expérience*, André-Marie AMPÈRE, Éditions Jacques Gabay, Paris 1990. Réimpression du mémoire fondamental d'André-Marie AMPÈRE paru en 1827 dans les *Mémoires de l'Académie Royale des Sciences de l'Institut de France*, année 1823, tome VI, p. 175 à 388.

Épisode 2-7 LES APPAREILS D'AMPÈRE ET LA DÉMONSTRATION DE SA LOI

NIVEAUX 3 à 5

De 1820 à 1825

Afin de pouvoir étudier plus en détail les forces entre les courants et établir sa loi, **Ampère** fait construire plusieurs appareils particulièrement ingénieux.

Niveau 3

Des courants à angle

L'un d'eux, illustré sur la **figure 1**, permet d'évaluer les forces entre deux courants à angle. Dans cet appareil, qu'il utilise en octobre 1820, le fil conducteur mobile est plié de manière à former un cadre que l'on suspend par un fil fin. L'angle de torsion de ce fil de suspension donne une mesure de la force entre le courant dans la section **BC** du cadre mobile et le courant dans la section **RS** du fil conducteur fixe. C'est ce qu'on appelle une *balance à torsion* **(épisode 1-11, volume 1)**.

Le courant est transmis au cadre mobile par des petits gobelets remplis de mercure (métal liquide) dans lesquels trempent les fils. Ce cadre est en forme de huit rectangulaire horizontal. Le courant circulant en sens inverse dans les deux boucles du huit, le cadre n'est pas affecté par le champ magnétique terrestre.

Ampère trouve ainsi que **la force magnétique entre BC et RS est maximale lorsque ces sections sont parallèles, et qu'elle décroît au fur et à mesure qu'on tourne le fil fixe, jusqu'à être nulle lorsque BC et RS sont perpendiculaires.**

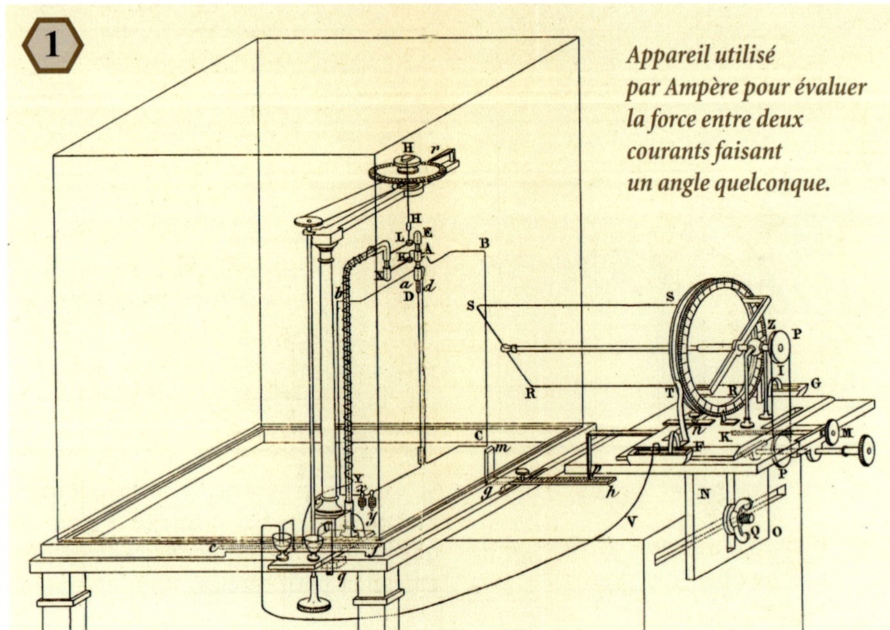

Appareil utilisé par Ampère pour évaluer la force entre deux courants faisant un angle quelconque.

Un courant replié

Par ailleurs, **Ampère** a tôt fait de constater qu'un fil conducteur isolé et replié sur lui-même reste immobile dans un champ magnétique lorsqu'on y fait circuler un courant. Il en conclut que **la force d'attraction sur un courant dans un sens est égale à la force de répulsion sur le même courant dans l'autre sens.**

Les courants sinueux

Au cours de ses expériences, **Ampère** observe également un autre fait important. Il constate que **deux fils conducteurs tendus entre les deux mêmes points et parcourus par un même courant, dans le même sens, exercent et subissent les mêmes forces magnétiques, même si l'un des fils est rectiligne et l'autre, sinueux.** Il faut toutefois que les sinuosités soient petites et ne s'éloignent pas trop du fil rectiligne par rapport à la distance qui les sépare des courants ou des aimants avec lesquels les sinuosités interagissent.

Pour démontrer cette particularité des courants sinueux, **Ampère** fait construire l'appareil de la **figure 2**, utilisant un cadre mobile semblable à celui de l'appareil de la **figure 1**. La section verticale **GH** du cadre mobile, parcouru par un courant, est soumise aux forces d'un courant latéral vertical sinueux à sa gauche, et à celles d'un courant latéral vertical rectiligne à sa droite. Le courant circulant dans ces deux conducteurs latéraux (sinueux et rectiligne) est le même. Lorsque le courant circule partout, la section **GH** du cadre mobile se stabilise à égale distance des deux conducteurs latéraux, montrant ainsi que les forces sont égales.

Les résultats des trois expériences que nous venons de décrire vont être d'une grande utilité à **Ampère** pour démontrer sa loi.

Niveau 4

Une loi postulée

Cette loi qu'il veut établir concerne la force entre deux petits bouts de courant qu'il appelle des *éléments de courants*.

La **figure 3** montre deux éléments de courant et la ligne droite qui passe par le centre de chacun d'eux. On appellera cette ligne la *ligne centrale*. Pour chacun des éléments, on définit un plan qui passe par la ligne centrale et contient l'élément. Une distance **r** sépare les deux éléments de courant. L'élément rouge, à gauche, est situé dans le plan rose et a une longueur $\mathbf{dl_1}$. L'élément bleu, à droite, est situé dans le plan bleu et a une longueur $\mathbf{dl_2}$. Les flèches vertes indiquent le sens des courants $\mathbf{i_1}$ et $\mathbf{i_2}$ dans les éléments. Chacun des éléments fait un angle θ avec la ligne centrale. Cet angle est mesuré à partir du bout de l'élément d'où sort le courant vers la même direction de la ligne centrale. Finalement, les deux plans font un angle ω entre eux.

En prenant ces définitions des paramètres **r**, θ_1, θ_2 et ω, **Ampère** postule la forme suivante pour la loi de la force **dF** entre deux éléments de courant dl1 et dl2:

$$dF = \frac{i_1 i_2 dl_1 dl_2}{r^n} g(\theta_1, \theta_2, \omega)$$

Dans cette expression, **g** représente une fonction des angles θ_1, θ_2 et ω qu'il lui faut déterminer, et **n** est un exposant également à déterminer. **Il assume que la force d'un élément sur l'autre est dirigée suivant la ligne qui joint les deux éléments et que ces deux forces sont égales et opposées. Elles sont positives pour une force d'attraction et négatives pour une force de répulsion.**

2

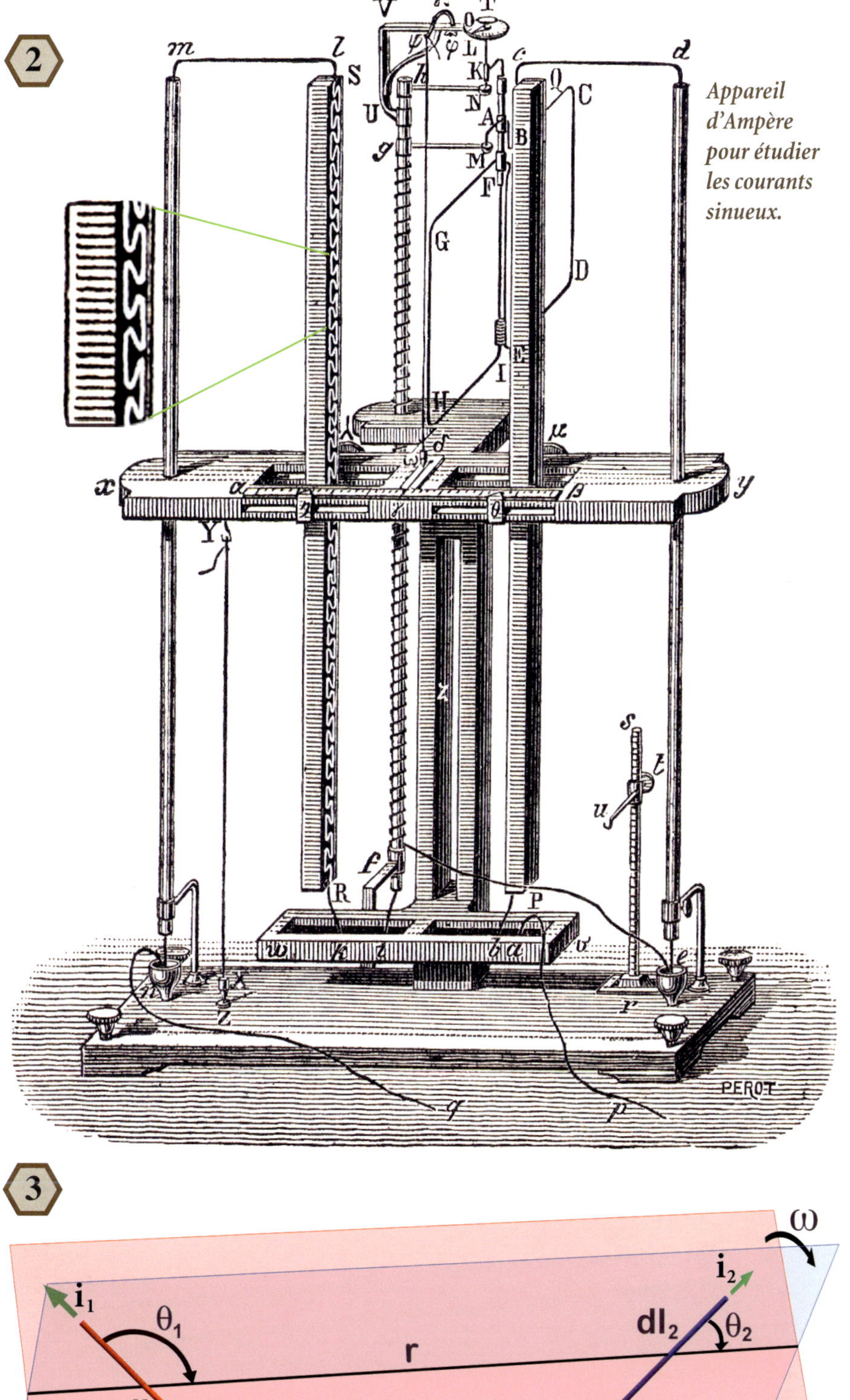

Appareil d'Ampère pour étudier les courants sinueux.

3

Définition des angles apparaissant dans l'expression de la force entre deux éléments de courant de longueur dl_1 *et* dl_2*, séparés par une distance* **r**. *Les flèches vertes indiquent le sens des courants* i_1 *et* i_2. *Ici,* dl_1 *est dans le plan rose et* dl_2 *est dans le plan bleu.*

Une variation en $1/r^2$

Ampère savait que la force gravitationnelle, les forces électrostatiques et les forces entre les pôles magnétiques varient en $1/r^2$. Il se doutait qu'il devait en être de même pour les forces entre les éléments de courant.

Mais on ne peut faire une expérience avec deux éléments de courant isolés. On doit expérimenter avec les forces entre deux circuits électriques complets ; forces qu'on peut calculer en faisant la somme des forces élémentaires **dF** entre les éléments de courant des deux circuits.

Ampère suggère de faire l'expérience illustrée sur la **figure 4**, qui fait intervenir la force de répulsion entre des cercles de courant horizontaux (en vert) de différents diamètres (les courants tournent dans le même sens). Le petit cercle et le grand cercle sont immobiles, et le cercle moyen du milieu est libre de tourner autour du poteau vertical. Le même courant circule dans les trois cercles verts. Le cercle qui entoure le poteau est simplement un contrepoids, sans courant.

Sachant que deux aimants circulaires se comportent comme deux cercles de courant, pour vérifier que de tels cercles de courant se repoussent, place deux aimants circulaires sur une table avec le même pôle magnétique vers le haut, et essaie d'approcher un aimant de l'autre en le glissant sur la table. Celui que tu déplaces pousse l'autre et le fait s'éloigner par la force de répulsion qu'il exerce.

Revenons à la **figure 4**. Le petit cercle et le moyen cercle (les cercles de gauche) forment une figure semblable à celle du moyen cercle et du grand cercle (les cercles de droite). Seul un facteur d'échelle **c** les différencie. Ainsi, le moyen cercle est **c** fois plus grand que le petit, et le grand cercle est c fois plus grand que le moyen. De même, la distance entre les centres des grand et moyen cercles est **c** fois plus grande que la distance entre les centres des moyen et petit cercles.

Ainsi, en considérant le calcul des forces dF_d entre les éléments de courant des cercles de droite, qui sont **c** fois plus grands que les cercles de gauche, on n'a qu'à multiplier dl_1 , dl_2 et **r** par **c** dans la formule exprimant les forces dF_g pour les cercles de gauche. Les angles demeurant les mêmes dans deux systèmes semblables, la fonction **g** dans la formule pour **dF** reste la même pour les deux systèmes. On a donc:

$$dF_d = (c^2 / c^n)\ dF_g$$

L'expression entre parenthèses étant une constante, lorsqu'on additionne toutes les **dF** pour obtenir la force totale **F** entre deux cercles, on obtient nécessairement:

$$F_d = (c^2 / c^n)\ F_g$$

F_d représente la force de répulsion entre les deux cercles de droite et F_g symbolise la force de répulsion entre les deux cercles de gauche. On constate dès lors que si $n = 2$, alors $F_d = F_g$.

Ainsi, dans un appareil tel que celui de la **figure 4**, **si la force dF entre deux éléments de courant varie comme $1/r^2$**, le cercle du centre devrait toujours se placer dans la position qui correspond à deux systèmes semblables entre les cercles de droite et ceux de gauche. Malheureusement, à la fin de son mémoire, **Ampère** avoue qu'il n'a pas construit cet appareil et qu'il a utilisé cette démonstration pour montrer de quelle manière on pouvait déduire la variation en $1/r^2$!

Selon lui, cette variation en $1/r^2$ est de toute façon démontrée par le fait qu'il arrive, en la postulant, à retrouver, par le calcul, la loi de **Coulomb** pour les forces entre les pôles magnétiques des barreaux aimantés **(épisode 1-10 du volume 1)** ainsi que la loi de **Biot** et **Savart** **(épisode 2-3)** pour la force entre un courant et un pôle magnétique.

Or, ces deux lois ont été déduites à partir d'expériences réelles, et **Ampère**, qui conçoit les aimants comme étant le siège de courants circulaires autour de l'axe joignant leurs pôles, peut calculer de quelle manière ces courants interagissent, en utilisant sa loi pour la force entre les éléments de courant.

Si **Ampère** avait construit l'appareil de la **figure 4**, il aurait probablement échoué dans sa tentative de démonstration, car les forces en cause sont très faibles, les cercles de courant sont

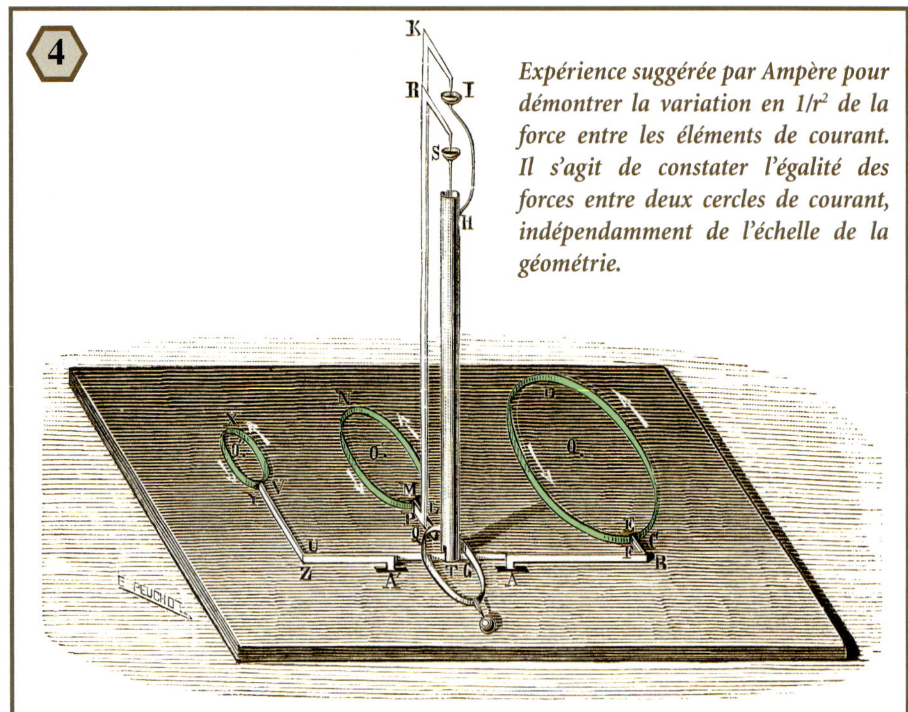

Expérience suggérée par Ampère pour démontrer la variation en $1/r^2$ de la force entre les éléments de courant. Il s'agit de constater l'égalité des forces entre deux cercles de courant, indépendamment de l'échelle de la géométrie.

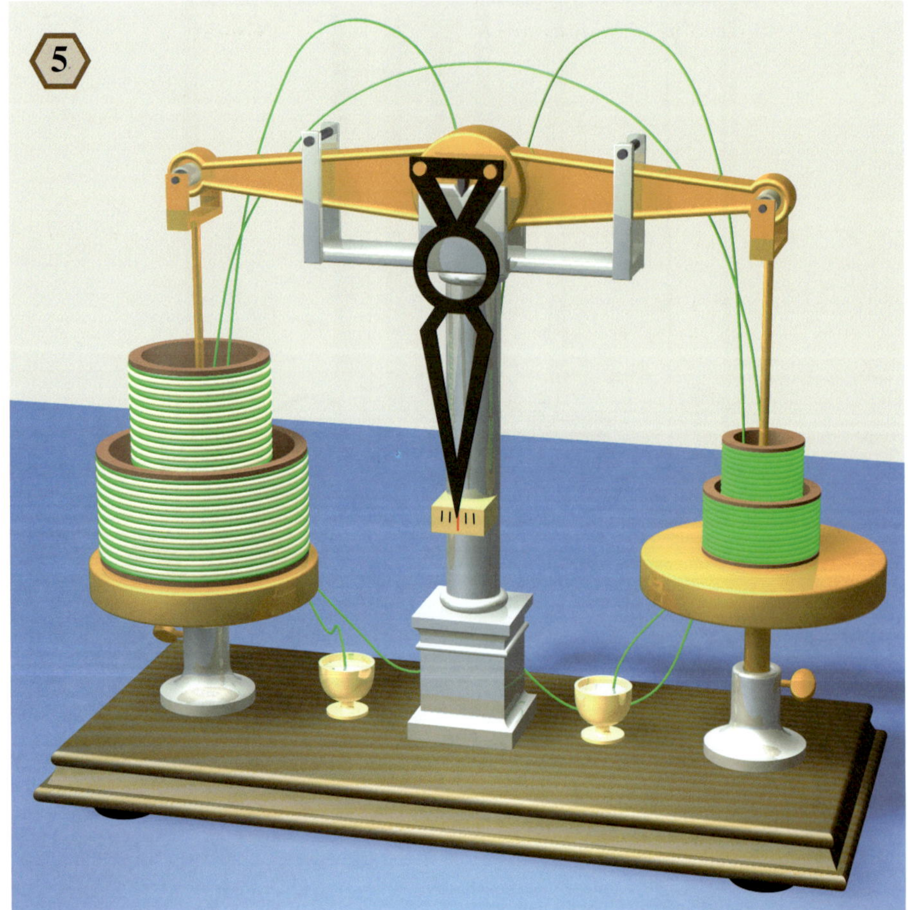

Expérience pour comparer les forces de répulsion entre deux solénoïdes lorsqu'on varie les dimensions et les distances dans une même proportion, pour un même courant et un même nombre de tours de fil. Cette variante a été conçue dans le même esprit que les appareils d'Ampère, avec du matériel d'époque, dont les gobelets de mercure pour effectuer les connexions (à ne pas faire en raison de la toxicité du mercure). Une version plus moderne de cette expérience a été réalisée par R. A. R. Tricker [3] avec succès, et constitue l'équivalent de l'expérience de la figure 4. Les résultats montrent que les forces entre les éléments de courant varient bien comme $1/r^2$.

loin l'un de l'autre et seule la portion de chaque cercle la plus près du cercle voisin interagit de façon importante avec celui-ci. On a donc intérêt à rapprocher les cercles, à les disposer de façon concentrique et à augmenter leur nombre pour amplifier les forces. Ainsi, une expérience comme celle illustrée sur la **figure 5** optimise les chances de réussite avec du matériel disponible du temps d'**Ampère**. Comme nous le verrons plus loin, une variante plus moderne de cette expérience a été réalisée et les résultats démontrent effectivement que les forces entre les éléments de courant varient en $\mathbf{1/r^2}$.

Dans l'expérience de la **figure 5**, on trouve deux paires de solénoïdes, dont la paire de gauche est une copie de celle de droite, mais deux fois plus grande. Le nombre de tours de fil des solénoïdes de gauche est le même que pour ceux de droite (dans les solénoïdes de gauche, le fil a été enroulé côte à côte avec une ficelle pour obtenir le même nombre de tours de fil). Le même fil parcourt successivement les quatre solénoïdes et fait en sorte qu'on a le même courant partout.

Les solénoïdes de chacune des paires sont disposés de manière à se repousser l'un l'autre. Un poids non magnétique est placé à l'intérieur du petit solénoïde suspendu pour équilibrer la balance alors qu'aucun courant ne circule. L'expérience se déroulerait ainsi. On positionne d'abord le gros solénoïde de gauche à une hauteur donnée, on connecte la pile électrique et on ajuste la hauteur du gros solénoïde de droite jusqu'à ce que le balancier soit équilibré de nouveau. On constaterait alors que les deux paires de solénoïdes forment deux systèmes dont la géométrie est identique à un facteur d'échelle près, et que pour cette géométrie, les forces sont égales à gauche et à droite.

Au début des années 1820, lorsque **Ampère** a fait ses expériences, il n'y avait pas d'appareils pour mesurer le courant avec précision, et le courant des piles électriques de l'époque variait beaucoup dans le temps. Ajoutons à cela la faiblesse des forces entre les courants et on comprend pourquoi **Ampère** a opté pour des *expériences d'équilibre*, où il faisait circuler le même courant dans deux circuits dont les forces étaient égales et opposées. Ainsi, même si le courant variait, les forces s'annulaient toujours l'une l'autre. Il en est de même pour l'expérience de la **figure 5**.

Aujourd'hui, on a à notre disposition des ampèremètres précis pour mesurer le courant et des sources de courant très stables. On peut donc effectuer une expérience similaire à celle de la **figure 5**, en mesurant la force d'attraction entre deux solénoïdes et en répétant la mesure avec l'autre paire de solénoïdes. Il suffit de s'assurer que le courant électrique reste le même lors des deux mesures. C'est ce qu'a fait **R. A. R Tricker**, en 1965, avec une balance similaire à celle de la **figure 5**. À la place des solénoïdes de droite, il a utilisé un plateau avec des petits poids étalons pour mesurer la force entre les solénoïdes de gauche, en mode attraction. Il a ainsi confirmé que les forces sont les mêmes pour les deux paires de solénoïdes dans la même géométrie.

Niveau 5

Les courants sinueux et la fonction $g(\theta_1, \theta_2, \omega)$

L'observation expérimentale du comportement des courants sinueux **(figure 2)** permet à **Ampère** de remplacer les éléments de courant par des éléments de courant sinueux rectilignes, comme ceux qui sont en rose et en bleu pâle sur la **figure 6**. L'astuce consiste à construire ces replis à partir de petits bouts droits dans la direction de chacun des trois axes **X**, **Y** et **Z** du système de coordonnées illustré. Les coordonnées **X** et **Y** sont dans le plan de l'élément de courant rouge et **Z** est perpendiculaire à ce plan.

Dans la limite où les éléments de courant sont infiniment petits, les petits bouts dans une même direction deviennent infiniment rapprochés et, la différence de distance avec l'autre élément, tend vers zéro. On peut alors remplacer les bouts rectilignes de la **figure 6** par les projections des éléments de courant suivant les trois axes du système de coordonnées **XYZ**, comme sur la **figure 7**.

Regardons maintenant comment interagit la composante $\mathbf{dy_1}$ du premier élément de courant avec chacune des trois composantes du deuxième élément de courant. La force entre $\mathbf{dy_1}$ et $\mathbf{dz_2}$ est nulle, car ils sont perpendiculaires, de la même manière que peuvent l'être les deux fils de l'appareil de la **figure 1**, et dans un tel cas la force est nulle, comme

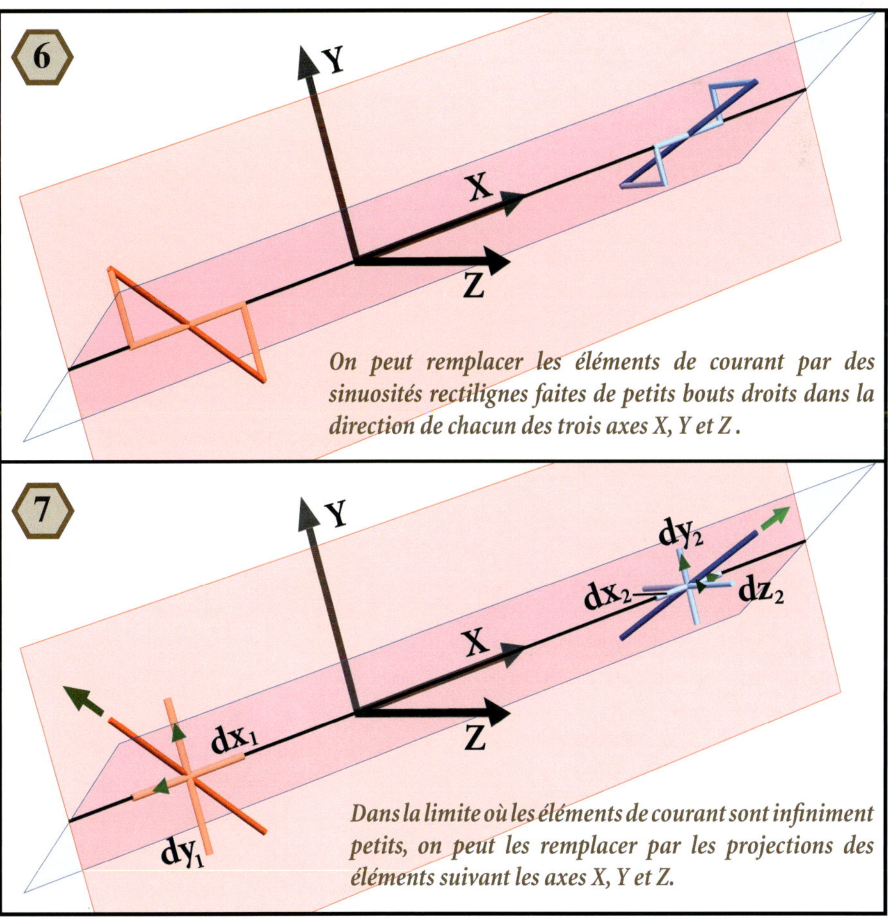

On peut remplacer les éléments de courant par des sinuosités rectilignes faites de petits bouts droits dans la direction de chacun des trois axes X, Y et Z.

Dans la limite où les éléments de courant sont infiniment petits, on peut les remplacer par les projections des éléments suivant les axes X, Y et Z.

nous l'avons vu. La force entre $\mathbf{dy_1}$ et $\mathbf{dx_2}$ est également nulle, pour des raisons de symétrie. En effet, ayant observé que les forces s'inversaient en inversant le sens du courant, **Ampère** se dit que si en inversant le sens du courant dans un élément, la symétrie veut que la force reste la même, alors cette force doit être nulle. Or, c'est le cas de $\mathbf{dy_1}$ par rapport à $\mathbf{dx_2}$. En inversant le courant dans $\mathbf{dy_1}$, la symétrie impose que la force soit la même et que, par conséquent, elle soit nulle.

Il résulte de ces considérations que seules les composantes non perpendiculaires entre elles interagissent. L'interaction entre les deux éléments de courant rouge et bleu foncé, sur la **figure 7**, se résumera donc à l'interaction entre $\mathbf{dx_1}$ et $\mathbf{dx_2}$ ainsi qu'entre $\mathbf{dy_1}$ et $\mathbf{dy_2}$.

Pour la force entre deux éléments situés sur deux lignes parallèles et dans le même sens, comme $\mathbf{dy_1}$ et $\mathbf{dy_2}$, **Ampère** pose **g=1**, d'où la force qui est donnée par:

$$dF_{dy} = \frac{i_1 i_2 dy_1 dy_2}{r^2}$$

Pour deux éléments de courant alignés, comme $\mathbf{dx_1}$ et $\mathbf{dx_2}$, et dans le même sens, il pose:

$$dF_{dx} = k\,\frac{i_1 i_2 dx_1 dx_2}{r^2}$$

où **k** est une constante à déterminer. Finalement, il additionne les deux dernières équations et exprime les composantes $\mathbf{dx_1}$ et $\mathbf{dy_1}$ en termes de $\mathbf{dl_1}$ et de l'angle θ_1, et les composantes $\mathbf{dx_2}$ et $\mathbf{dy_2}$ en termes de $\mathbf{dl_2}$ et des angles θ_2 et ω **(figure 3)**. Il obtient ainsi pour sa loi entre deux éléments de courant $\mathbf{dl_1}$ et $\mathbf{dl_2}$ faisant des angles quelconques entre eux:

$$dF = \frac{i_1 i_2 dl_1 dl_2}{r^2}\,(\sin\theta_1 \sin\theta_2 \cos\omega + k \cos\theta_1 \cos\theta_2)$$

Pour trouver **k**, **Ampère** tire profit du fait que la force sur un élément de courant exercée par un circuit fermé extérieur est toujours perpendiculaire à cet élément (prochain paragraphe). Ainsi, en intégrant par rapport à $\mathbf{dl_2}$ sur un circuit fermé, il trouve la force résultante sur l'élément $\mathbf{dl_1}$ et pose que la composante parallèle à $\mathbf{dl_1}$ est égale à zéro. Or cette intégrale s'annule lorsque

$$k = -1/2$$

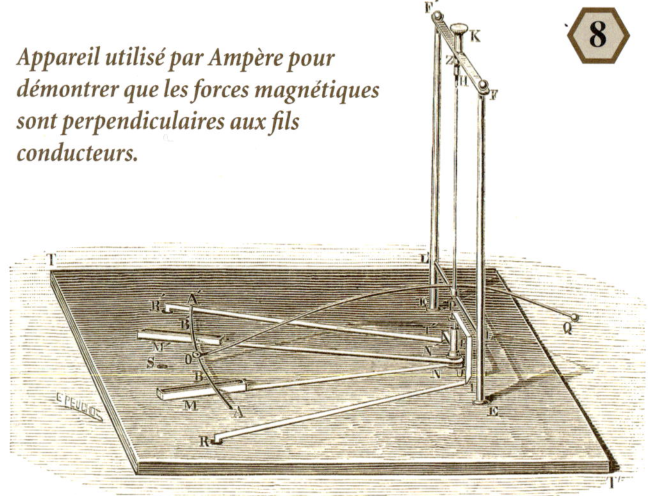

Appareil utilisé par Ampère pour démontrer que les forces magnétiques sont perpendiculaires aux fils conducteurs.

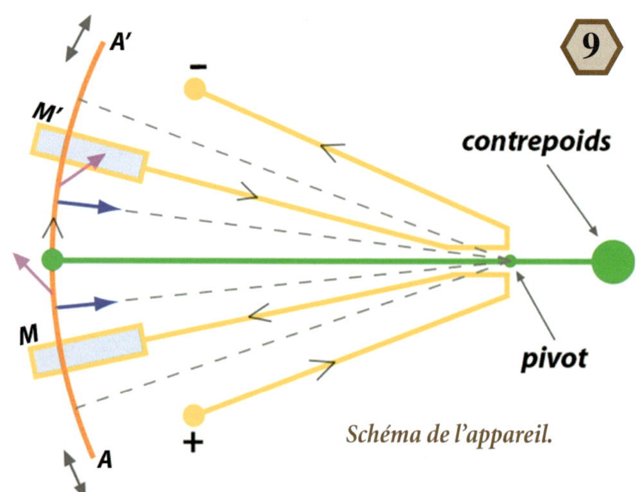

Schéma de l'appareil.

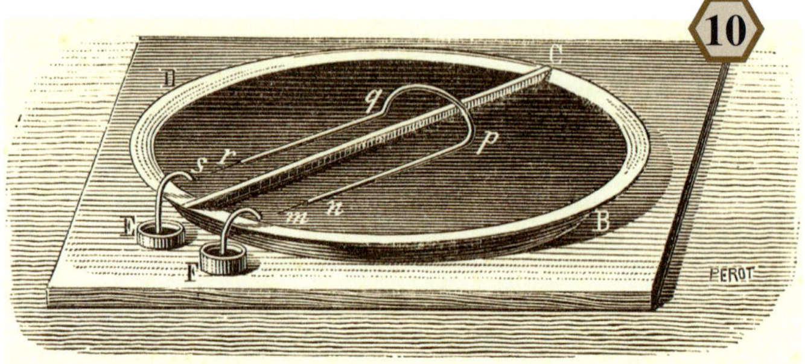

Appareil d'Ampère montrant la répulsion entre les portions consécutives d'un courant.

Une force toujours perpendiculaire

La **figure 8** montre l'appareil qu'**Ampère** a utilisé pour démontrer que les forces exercées par un circuit fermé sur un courant électrique sont toujours perpendiculaires au fil.

Son fonctionnement est schématisé sur la **figure 9**. On connecte d'abord les deux bornes d'une pile électrique aux deux bornes de l'appareil, identifiées par un + et un –. Le courant circule dans les branches en jaune et dans l'arc de cercle orangé. Ce dernier est libre de se déplacer autour d'un pivot situé à son centre de courbure, grâce au bras en vert. Le contact électrique entre l'arc orangé et les deux portions jaunes du circuit est assuré grâce à deux petits augets M et M' remplis de mercure (qui s'élève légèrement au-dessus des bords des augets).

Ampère approche de l'arc de cercle des aimants et des courants intenses. Mais aucune force magnétique n'arrive à faire bouger l'arc de cercle. Il en conclut que les forces magnétiques exercées par un circuit fermé sur un courant sont toujours perpendiculaires au fil, comme les flèches bleues, et jamais à angle, comme les flèches magenta.

Il arrive toutefois à faire bouger l'arc de cercle lorsqu'il le met à angle de telle manière que son centre de courbure ne coïncide plus avec le pivot, ce qui démontre que ce ne sont pas les forces de frottement qui empêchent l'arc métallique de bouger.

Répulsion entre deux portions consécutives

La valeur négative trouvée pour la constante **k** implique que deux portions consécutives d'un courant devraient se repousser. **Ampère** a vite fait de mettre au point une expérience qui peut vérifier cette prédiction. La **figure 10** nous montre l'appareil qu'il a imaginé à cette fin, dans lequel il fait circuler un courant entre les bornes **E** et **F**, en y connectant une pile électrique.

L'appareil comporte deux bains de mercure séparés par un muret isolant (le plat est lui-même isolant). Un fil de cuivre *npqr* isolé (sauf à ses extrémités) qui flotte sur le mercure, permet au courant de traverser le muret. La répulsion devient manifeste lorsque ce fil recourbé, qui chevauche le muret, se met à le longer en s'éloignant des bornes **E** et **F**, lorsqu'on établit le courant.

La loi de Laplace-Ampère

Après avoir obtenu sa loi entre deux éléments de courant, **Ampère** évalue la force élémentaire résultante $\mathbf{dF_r}$, produite par l'ensemble des éléments de courant d'un premier circuit sur un élément de courant $\mathbf{dl_2}$ d'un deuxième circuit, parcouru par un courant $\mathbf{i_2}$.

Cette force résultante est produite par la somme des forces élémentaires **dF** exercées par tous les éléments de courant $\mathbf{dl_1}$ du premier circuit, parcouru par un courant $\mathbf{i_1}$. En intégrant ces forces élémentaires, il démontre qu'on peut exprimer la force résultante $\mathbf{dF_r}$, sur l'élément de courant $\mathbf{dl_2}$, à l'aide d'une entité vectorielle **D** qu'il appelle la *directrice* :

$$\mathbf{dF_r = (\tfrac{1}{2}\, i_1 D)\,(i_2 dl_2)\, \sin\varepsilon}$$

où ε est l'angle entre l'élément de courant $\mathbf{dl_2}$ et la directrice **D**. Il démontre que la force $\mathbf{dF_r}$ est toujours perpendiculaire à cette directrice **D** et à l'élément de courant $\mathbf{dl_2}$. L'expression dans la première parenthèse est en fait, à une constante près, l'expression du champ magnétique **B** produit par le circuit dans lequel circule le courant $\mathbf{i_1}$. En remplaçant cette parenthèse par **B**, on obtient la *loi de Laplace*,

$$\vec{\mathbf{dF}} = \mathbf{i}\,\vec{\mathbf{dl}} \times \vec{\mathbf{B}}$$

Dans cette dernière expression, les indices ont été supprimés et on utilise le produit vectoriel.

C'est **Ampère** qui a démontré le premier cette loi. Toutefois, sa formule pour la directrice **D** (donc **B**) est plus compliquée que celle de **Biot-Savart** **(épisode 2-3)**. Or, **Ampère** a lui-même démontré que son équation pour calculer **D** donne le même résultat que l'équation de **Biot-Savart**. Les scientifiques ont donc laissé tomber son équation pour déterminer le champ magnétique et ont utilisé depuis celle de **Biot-Savart**. Et, comme c'est **Laplace** qui a aidé ces derniers à formuler leur équation, on comprend pourquoi on parle de la *loi de Laplace*.

Mais, à notre avis, ce n'est pas rendre justice à **Ampère** et c'est pourquoi, dans l'**épisode précédent** et dans le titre de cette section, nous parlons de la *loi de Laplace-Ampère*.

Le principe cardinal de l'électricité

Le développement de la loi d'**Ampère** au sujet des forces entre deux éléments de courant revêt une importance fondamentale dans le développement de l'électrodynamique. **Maxwell** dira même de cette loi qu'elle est « *le principe cardinal de l'électricité* », et qu'**Ampère** est « *le Newton de l'électricité* ».

Des expériences plus faciles à reproduire

La diffusion des découvertes d'**Ampère** s'est avérée délicate, en raison du nombre et de la complexité de ses appareils. Pour pallier cette situation, **Gaspard De la Rive** conçoit, en 1821, le cerceau-pile électrique flottant de la **figure 11**, construit à partir d'une bande de cuivre et d'une bande de zinc reliées à leur partie supérieure. Le cerceau flotte sur de l'eau acidulée grâce à un disque de liège. Ce dispositif permet aux gens de l'époque d'expérimenter plus facilement les phénomènes découverts par **Ampère**, dont l'orientation d'un cercle de courant dans le champ magnétique terrestre, et la répulsion ou l'attraction de ce cercle par un aimant, selon le pôle présenté et le côté du cerceau.

11

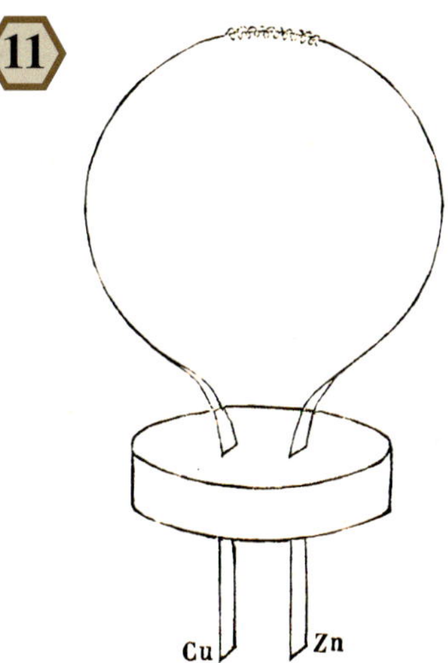

Cerceau-pile électrique flottant.

Pour en savoir plus

1. *De l'action exercée sur un courant électrique par un autre courant, le globe terrestre ou un aimant*, André-Marie AMPÈRE, dans *Collection de mémoires relatifs à la physique*, publiée par la Société française de physique, tome 2, Gauthier-Villars, Paris, 1885, p. 7 à 54 (particulièrement les pages 44 à 47). Ce mémoire renferme le résumé des lectures faites par AMPÈRE à l'Académie des sciences de Paris les 18 et 25 septembre, le 9, 16 et 30 octobre et le 6 novembre 1820.
2. *Théorie mathématique des phénomènes électrodynamiques uniquement déduite de l'expérience*, André-Marie AMPÈRE, Éditions Jacques Gabay, Paris 1990. Réimpression du mémoire fondamental d'André-Marie AMPÈRE paru en 1827 dans les Mémoires de l'Académie Royale des Sciences de l'Institut de France, année 1823, tome VI, p. 175 à 388 (niveau universitaire).
3. *Early Electrodynamics*, R. A. R. TRICKER, Pergamon Press, London, 1965.

Épisode 2-8 NIVEAU 1 | L'ÉLECTROAIMANTATION ET LES ÉLECTROAIMANTS

De 1820 à 1827

Un peu d'histoire

C'est **François Arago** qui a fait connaître l'expérience d'**Oersted** à l'Académie des sciences de Paris, en septembre 1820. Ce physicien français de renom devait lui-même faire une découverte intéressante.

Attraction de la limaille de fer

Arago observe, en effet, que la limaille de fer se colle à un fil conducteur dans lequel circule un courant électrique en provenance d'une pile de **Volta**. Il constate également que les particules se détachent du fil aussitôt qu'on le déconnecte de la pile.

Pour s'assurer que ce n'était pas là un phénomène d'attraction de corps légers par un objet électrisé, il substitue à la limaille de fer des particules non magnétiques pour constater que l'attraction n'avait plus lieu.

Notre savant français comprend que l'attraction de la limaille de fer est causée par une aimantation induite des particules **(volume 1, épisode 1-6)**.

L'électroaimantation

Il réussit même à aimanter une aiguille à coudre (en acier) de façon permanente, en la disposant en croix par rapport au fil. À la séance du 25 septembre 1820 de l'Académie des sciences, **Arago** discute de ses observations avec **Ampère**, qui lui suggère d'utiliser un solénoïde de courant pour aimanter une tige d'acier, en la plaçant à l'intérieur du solénoïde **(figure 2)**. Selon **Ampère**, l'aimantation devrait être plus intense en procédant de la sorte, ce qu'ils vérifient ensemble. Cela est dû au champ de force magnétique qui est plus intense au centre d'un solénoïde, puisque les forces produites par chacune des spires sur un pôle magnétique s'additionnent.

1

François Arago (1786-1853)

2

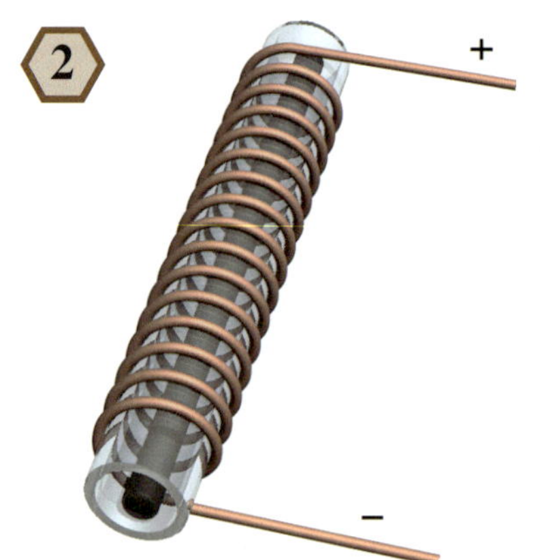

Arago aimante des tiges d'acier en les plaçant au centre d'un solénoïde de courant.

On vérifiera peu de temps après que l'électricité statique peut également aimanter une aiguille d'acier, lorsqu'on décharge une *bouteille de Leyde* **(volume 1, épisode 2-8)** à travers le solénoïde.

Arago aimante également des tiges de fer doux. Toutefois, les tiges de fer (contrairement aux tiges d'acier) perdent la presque totalité de leur aimantation lorsqu'on coupe le courant. Une tige de fer entourée d'un fil électrique constitue donc un aimant que l'on peut activer ou désactiver, à volonté, en établissant ou en interrompant le courant dans le fil. C'est ce que l'on appellera un *électroaimant*.

Des électroaimants puissants

En 1825, **William Sturgeon** fabrique un électroaimant avec une barre de fer recourbée, afin que les deux pôles magnétiques soient côte à côte. Ainsi, les deux pôles peuvent attirer une même plaque de fer, ce qui augmente la force d'attraction. Il avait fait faire 16 tours à son fil conducteur, autour de la barre.

Mais c'est l'Américain **Joseph Henry** qui fabrique le premier des électroaimants puissants, en 1827. Il comprend qu'il faut augmenter le nombre de tours de fil sans que les spires se touchent. Car si elles se touchent, le courant passe directement d'une spire à l'autre sans circuler autour de la barre de fer. Sa solution consiste à isoler les fils avec des rubans de soie (initialement ceux des robes de sa femme). C'est ainsi qu'il construit des électroaimants de plus en plus puissants **(figure 3)**, jusqu'à en obtenir un capable de soulever 935 kg, en 1831. L'un d'eux fut même exploité commercialement pour séparer le fer du minerai broyé.

3

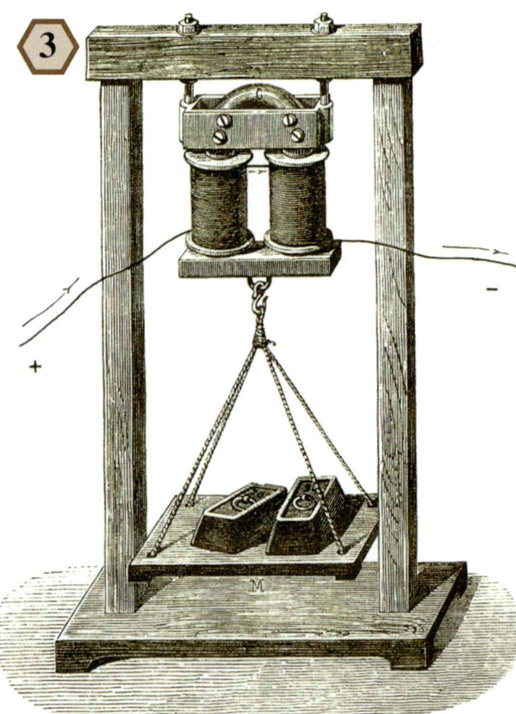

Électroaimant semblable à ceux de Henry.

Au laboratoire

Dans la présente séance de laboratoire, je te propose de fabriquer deux solénoïdes de fil électrique, ayant sensiblement la même longueur et le même diamètre. L'un est enroulé autour d'un tube de plastique (figure 4), alors que l'autre est enroulé autour d'un boulon en fer (figure 5).

En guise de tube de plastique, prends la structure cylindrique extérieure d'un stylo vide. Utilise du fil de cuivre isolé, servant aux travaux d'électronique. Le diamètre du cuivre devrait être de 0,7 mm (calibre 22 AWG). Pour réaliser tes solénoïdes, enroule deux rangées de 75 tours autour de la carcasse du stylo et fais de même avec le boulon en fer. Attache les deux bouts de fil ensemble en terminant tes solénoïdes et dénude les extrémités sur 1,5 cm environ.

Comme source de courant, utilise les deux piles D et le porte-piles de l'**épisode 2-1**. Tu raccorderas tes solénoïdes aux piles à l'aide de deux fils de connexion avec pinces alligator.

N'oublie pas de **n'établir le contact avec les piles que pendant 1 à 2 secondes** pour éviter que les piles surchauffent (courant fort). Un contact prolongé pourrait les endommager.

Pour ta première expérience, compare la force des deux solénoïdes en plaçant alternativement un bout de chacun d'eux à environ 12 cm de ta «boussole pratique» **(volume 1, épisode1-1)**, alors que tu établis le contact avec la pile. Tu constateras que le solénoïde enroulé autour du boulon de fer agit beaucoup plus fortement sur les aiguilles aimantées de la boussole.

Ensuite, emploie ton électroaimant (solénoïde autour du boulon) pour lever des objets en fer de plus en plus lourds (gros clou, cuiller) pendant 1 à 2 secondes. Tu verras qu'en coupant le courant, la force magnétique cesse aussitôt et l'objet tombe.

Finalement, répète l'expérience d'**Arago** en aimantant une petite tige d'acier constituée d'un trombone déplié. Insère cette tige à l'intérieur de la carcasse de stylo (figure 4) et fais circuler un courant pendant 1 à 2 secondes. Vérifie que la tige a bien été aimantée en l'approchant de la boussole.

Matériel requis

- 2 piles D et le porte-piles de l'épisode 2-1
- 2 fils de connexion avec pinces alligator
- la « boussole pratique » de l'épisode 1-1 du volume 1
- un stylo en plastique vide
- 7 m de fil électrique isolé, dont le cuivre a 0,7 mm de diamètre (calibre 22 AWG) pour les travaux en électronique
- un boulon en fer de 15 cm de long et de 7 à 9 mm de diamètre, avec deux écrous
- quelques trombones en fer
- divers objets en fer

Avec ce solénoïde, tu peux aimanter un trombone déplié. Vérifie les pôles à l'aide de la boussole, après l'aimantation.

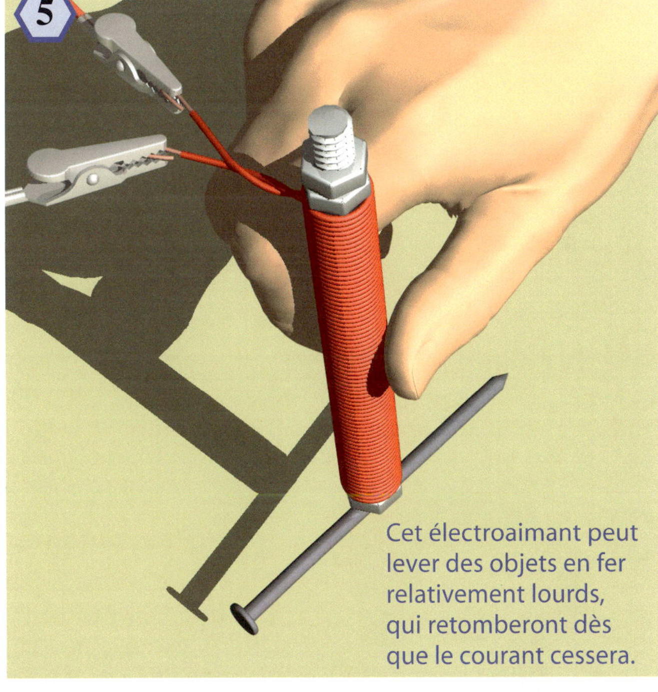

Cet électroaimant peut lever des objets en fer relativement lourds, qui retomberont dès que le courant cessera.

Pour en savoir plus

1. *Expériences relatives à l'aimantation du fer et de l'acier par l'action du courant voltaïque*, François ARAGO, *Annales de Chimie et de Physique*, vol. 15, 1820, p. 93 à 102. Reproduit dans *Collection de mémoires relatifs à la physique*, publiée par la *Société française de physique*, tome 2, Gauthier-Villars, Paris, 1885, p. 55 à 61. Extrait reproduit également, en anglais, dans *A Source Book in Physics*, William Francis MAGIE, McGraw-Hill Book Company, New York, 1935, p. 443 à 445.
2. *Scientific Writings of Joseph Henry*, Joseph HENRY, tome 1, *Smithsonian Institution*, Washington, 1886.
3. *Joseph Henry's Contributions to the Electromagnet and the Electric Motor*, Roger SHERMAN, 1999, archives en ligne de la *Smithsonian Institution*: www.si.edu/archives/ihd/jhp/joseph21.htm.

Épisode 2-9 DES « COURANTS MOLÉCULAIRES » DANS LES AIMANTS

NIVEAU 2

De 1820 à 1822

Un peu d'histoire

Ampère est convaincu que le magnétisme d'un aimant est le résultat de courants circulant à l'intérieur de celui-ci, autour de l'axe qui joint ses pôles magnétiques **(épisode 2-4)**.

Ça devrait chauffer

Mais **Augustin Fresnel (figure 1)**, un autre physicien français célèbre de l'époque, fait remarquer à **Ampère** que ces courants électriques devraient chauffer les aimants, comme le fait un courant intense qu'on fait circuler dans un fil de fer, à l'aide d'une pile électrique **(épisode 1-6)**.

Or, les courants dans les aimants doivent être très intenses puisque même en faisant passer des courants très intenses dans un solénoïde de cuivre (qui devient très chaud), on n'obtient pas le niveau de magnétisme d'un barreau aimanté.

Mais, malgré cette évidence de la grande intensité des courants dans les aimants, ceux-ci demeurent toujours froids. Pour **Fresnel**, les courants dans les aimants ne sont donc pas semblables à ceux qui circulent dans les fils conducteurs.

Fresnel aimante des hélices

Fresnel se demande même si les courants circulent vraiment autour de l'axe des aimants. Pour vérifier, à l'automne 1820, il aimante des hélices de fil d'acier, en utilisant la même méthode que **Arago** et **Ampère** **(épisode 2-8)**. Cette expérience est illustrée sur la **figure 2**.

Augustin Fresnel (1788-1827)

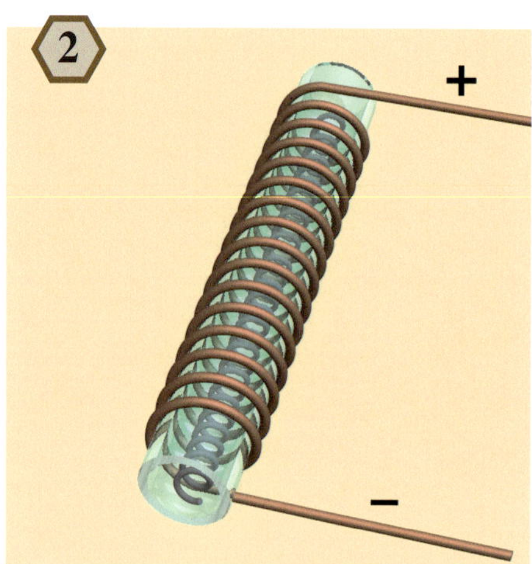

Fresnel aimante des hélices d'acier.

Une fois aimantées, ces hélices d'acier ont un comportement semblable à un barreau aimanté. Elles présentent un pôle Nord magnétique à un bout et un pôle Sud à l'autre. Toutefois, il ne peut y avoir de courant qui circule autour de l'axe de l'hélice puisque les deux extrémités de celle-ci ne sont pas en contact.

De même, comme nous le dit **Fresnel** [1], en aimantant un tuyau d'acier dans la direction de son axe, celui-ci demeure aimanté, même après qu'on l'ait fendu longitudinalement, alors que les courants ne peuvent plus circuler en rond autour de l'axe du tuyau.

Des courants moléculaires

Les évidences en faveur de la théorie d'**Ampère** sont pourtant trop nombreuses, et **Fresnel** se dit que tout doit se passer « comme si » un courant circulait autour de l'aimant.

Pour expliquer ces contradictions apparentes, il imagine qu'un aimant est constitué d'une multitude de molécules et que de petits courants circulent autour de chacune d'elles, dans le même sens, comme sur la **figure 3**. En examinant de près cette figure, on constate que les courants moléculaires juxtaposés sont en sens contraire l'un de l'autre. Ceci a pour conséquence d'annuler leurs actions magnétiques. Seules les portions de courant à la surface de l'aimant ne sont pas annulées.

Tout se passe donc comme s'il existait vraiment un courant qui encercle le barreau aimanté, sans toutefois que l'électricité qui circule autour des molécules magnétiques quitte les molécules.

Pour ce qui est de l'absence de chaleur dégagée dans l'aimant par les courants moléculaires, **Fresnel** affirme qu'on connaît trop peu de chose (à l'époque) sur la constitution de la matière et qu'il est tout à fait possible que les courants à l'intérieur des molécules se comportent différemment des courants dans les fils conducteurs.

On sait aujourd'hui que le magnétisme des aimants est produit par les *électrons*, ces particules électriques négatives qui gravitent autour du noyau des atomes. C'est en tournant sur eux-mêmes que ces électrons génèrent l'équivalent des courants moléculaires de **Fresnel**. Cette rotation de l'électron, qu'on appelle le *spin*, ne génère effectivement pas de chaleur.

Fresnel avait donc vu juste et on ne peut qu'admirer la vision très pénétrante de ce grand savant, qui a

L'ensemble des courants moléculaires est équivalent à un courant circulant à la surface de l'aimant.

laissé sa marque principalement par ses découvertes sur la lumière.

Les arguments de **Fresnel** en faveur des courants moléculaires sont très convaincants et **Ampère** adopte les vues de son confrère en janvier 1821.

Du fil autour d'un aimant

Ampère avait bien tenté de démontrer la réalité des courants qui devaient circuler autour des aimants. Il considère l'aimantation d'un barreau de fer qu'on met à l'intérieur d'un solénoïde de courant, et se dit que le courant électrique dans le solénoïde fait apparaître d'autres courants dans le barreau de fer.

Mais si c'est le cas, les courants dans un aimant devraient également pouvoir induire un courant dans un fil conducteur qui l'entoure, et dont les deux bouts sont connectés ensemble. Il tente l'expérience, à l'automne 1820, et place une portion de son fil près de l'aiguille d'une boussole pour détecter la présence éventuelle d'un courant [2]. Mais rien ne se passe, le courant n'est pas induit dans le fil!

Un cerceau suspendu

Alors, **Ampère** se demande si un courant dans un fil conducteur peut induire un courant dans un autre fil conducteur.

Pour élucider la question, il fait construire l'appareil illustré sur la **figure 4**. Il s'agit d'une bobine constituée de plusieurs tours d'un long fil de cuivre, isolé par du ruban de soie enroulé autour de lui. Les deux extrémités du fil sont connectées à une pile électrique. Un cerceau de cuivre est suspendu à une potence par un fil très fin, de manière à être concentrique à la bobine de fil conducteur isolé.

Ampère essaie de mettre en évidence l'apparition d'un courant dans le cerceau à l'aide d'un aimant permanent (non représenté sur la **figure 4**).

4

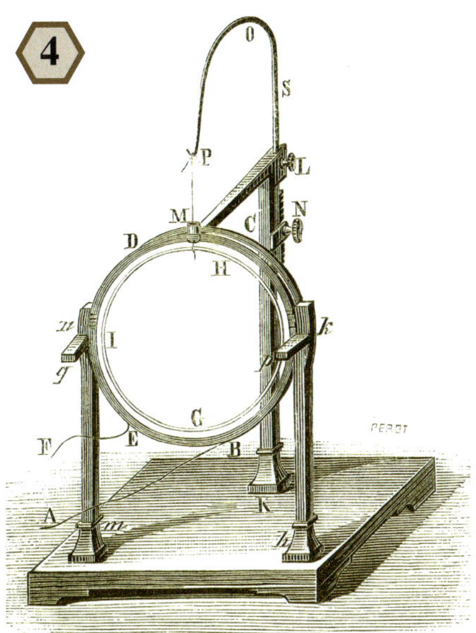

Appareil d'Ampère pour étudier l'induction d'un courant par un autre courant.

5

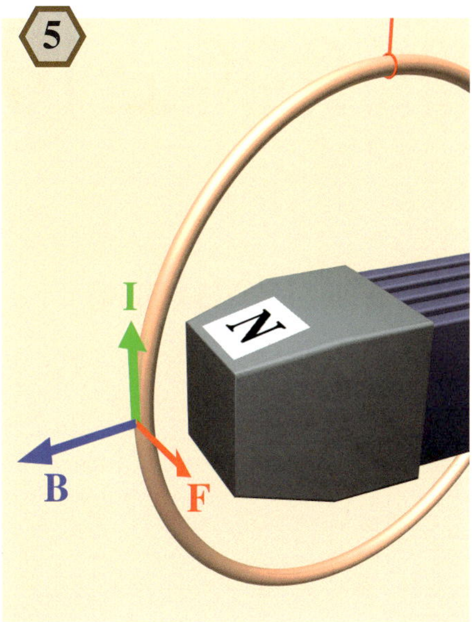

Lorsqu'un courant parcourt le cerceau de cuivre, l'aimant le fait dévier.

Reporte-toi à la **figure 5** et à l'**épisode 2-6** pour comprendre le principe utilisé. Le vecteur champ magnétique **B** de l'aimant, au niveau du cerceau et en face du pôle Nord magnétique de l'aimant, est dans la direction de la flèche bleue. S'il apparaît un courant **I** dans le cerceau, dans la direction de la flèche verte, la règle de la main droite (**figure 3** de l'**épisode 2-6**) nous indique que la force **F** sur le cerceau sera dans la direction de la flèche rouge. Le cerceau devrait donc tourner autour de son axe de suspension.

Ampère a tenté cette expérience en juillet 1821 et n'a pu, alors, détecter de courant dans le cerceau. Il l'essaie à nouveau un an plus tard *avec un* aimant plus puissant, à Genève, lors d'une visite qu'il rend au professeur **De la Rive**. Cette fois le cerceau tourne, mais la rotation n'est que passagère; elle survient au début, lorsqu'il établit le courant, et à la fin, lorsqu'il l'interrompt. Mais, le reste du temps, alors que le courant de la pile circule dans la bobine de fil, l'aimant n'agit pas sur le cerceau. Les courants induits dans le cerceau ne sont pas maintenus.

Les courants moléculaires déjà là

Ampère en conclut, comme **Fresnel**, que des courants permanents ne sont pas induits dans un barreau de fer qu'on aimante. Ce sont plutôt les courants moléculaires qui sont toujours présents dans le fer et qui s'alignent dans le même sens lorsqu'on aimante le barreau. Dans l'état non aimanté, ces courants vont dans toutes les directions et leurs effets magnétiques s'annulent.

Une découverte ratée

Curieusement, **Ampère** n'a pas réalisé l'importance de sa découverte des courants induits passagers, probablement parce qu'il cherchait un courant continu. Il a communiqué cette découverte lors d'une séance de l'Académie, mais elle ne sera publiée qu'en 1885 [3].

C'est **Faraday** qui redécouvrira les courants induits, en 1831, et démontrera toute leur importance.

Pour en savoir plus

1. *Notes sur les courants moléculaires*, A. FRESNEL, notes inédites trouvées dans les papiers d'Ampère, appartenant à l'*Académie des sciences* et reproduites dans *Collection de mémoires relatifs à la physique* (CMRP), publiée par la *Société française de physique*, tome 2, Gauthier-Villars, Paris, 1885, p. 141 à 147.
2. Note en bas de page de la *Société française de physique*, CMRP, tome 2, Gauthier-Villars, Paris, 1885, p. 79.
3. *Notice sur quelques expériences nouvelles relatives à ... et à la production des courants électriques par influence...*, André-Marie AMPÈRE, présentée à l'*Académie Royale des Sciences* le 16 septembre 1822 et publiée pour la première fois dans CMRP, tome 2, Gauthier-Villars, Paris, 1885, p. 329 à 338.

Épisode 2-10 NIVEAU 2 | LES MATÉRIAUX CONDUCTEURS FREINENT LES AIMANTS EN MOUVEMENT

De 1822 à 1825

Un peu d'histoire

C'est le hasard et un bon sens de l'observation qui allaient être à l'origine d'une autre découverte faite par **Arago**.

Des mesures à Greenwich

En 1822, lors d'un voyage en Angleterre, **Arago** fait des mesures de l'intensité du champ magnétique terrestre avec **Humboldt (épisode 1-13 du volume 1)**. Pour ce faire, il écarte de sa position d'équilibre l'aiguille aimantée d'une boussole d'inclinaison **(figure 1)** et mesure la période des oscillations qu'elle fait lorsqu'il la relâche.

Normalement, l'aiguille peut faire quelques centaines d'oscillations avant de se stabiliser. Mais une fois, alors que la boussole était encore dans sa boîte métallique, **Arago** constate que les oscillations de l'aiguille s'amortissent plus rapidement.

Des aiguilles ralenties

Deux ans plus tard, il repense à ce phénomène curieux et décide d'entreprendre une série d'expériences pour tirer ça au clair.

Il suspend une aiguille aimantée par un fil de soie, de façon qu'elle oscille horizontalement au-dessus et très près d'une surface plane constituée par le matériau à l'essai. Il constate le même phénomène qu'il avait déjà observé et réalise que plus le matériau sous l'aiguille conduit bien l'électricité, plus l'amortissement des oscillations est important.

S'il n'y a rien sous l'aiguille, elle fait des centaines d'oscillations avant de s'arrêter. Avec une plaque de cuivre, trois ou quatre seulement! [1]

Arago en conclut que la plaque de cuivre exerce des forces qui s'opposent au déplacement de l'aiguille aimantée.

1

Boussole d'inclinaison.

2

Expérience du disque d'Arago. Lorsqu'on met en rotation le disque de cuivre sous la vitre, il entraîne l'aiguille aimantée, en équilibre sur son pivot, au-dessus de la vitre.

Un disque tournant

Il vérifie, par la suite, ce qui se passe lorsque c'est le disque qui bouge et l'aiguille aimantée qui demeure au repos. À cette fin, il fait construire un appareil semblable à celui de la **figure 2**, dans lequel une manivelle permet de mettre en rotation un disque de cuivre. Une vitre sépare le disque d'une aiguille de boussole sur son pivot.

Arago constate, en expérimentant avec cet appareil, qu'en faisant tourner le disque, l'aiguille aimantée dévie de sa position d'alignement nord-sud, dans la direction du mouvement de rotation du disque. Lorsqu'il augmente la vitesse de rotation de ce dernier, l'aiguille dépasse 90 degrés de déviation et se met à tourner avec le disque.

Ça ne peut être le résultat d'un courant d'air généré par le disque, en raison de la vitre entre les deux qui l'empêche.

Les forces entre le disque de cuivre et l'aiguille aimantée font donc en sorte de réduire leur déplacement relatif.

Des courants induits

Arago présente ses observations à l'Académie des sciences de Paris, le 7 mars 1825, sans pouvoir expliquer le phénomène.

Ni **Arago** ni les autres savants de l'époque n'ont compris que le fait de bouger un aimant au-dessus d'un disque conducteur, ou l'inverse, induit des courants électriques dans le disque, et que ce sont ces courants qui ralentissent l'aimant. **Ampère** avait pourtant amplement démontré que le magnétisme se réduit à des forces entre les courants!

C'est **Faraday**, en 1831, qui va découvrir les courants induits et expliquer les observations d'**Arago**.

Au laboratoire

Des oscillations amorties

Pour notre première expérience, nous allons reproduire, à notre façon, l'amortissement des oscillations d'une aiguille aimantée (un aimant).

Après t'être délecté(e) d'une boisson au yogourt, nettoie la bouteille de plastique et découpe-la, avec un ciseau, comme sur la figure 3. Ensuite, procure-toi un capuchon de cuivre, d'environ 40 mm de diamètre, au rayon de la plomberie d'une bonne quincaillerie, et place-le au fond de ta bouteille.

Enfin, attache ensemble deux aimants plats en forme de beignet, à l'aide d'un fil à coudre, en faisant passer le fil par le goulot avant d'attacher le deuxième aimant. Fais en sorte que l'aimant du bas puisse osciller à quelques millimètres au-dessus du fond en cuivre du capuchon, lorsque l'aimant du haut s'appuie sur le goulot de la bouteille.

Maintenant, tu n'as qu'à tourner l'aimant du bas de 90 degrés, avec ton doigt, et à le laisser aller, en comptant le nombre d'oscillations. Il devrait en faire trois ou quatre avant de s'immobiliser. Recommence sans le capuchon de cuivre. L'aimant suspendu pourra alors osciller entre 300 et 400 fois avant de s'arrêter !

Afin de t'assurer que ce phénomène n'est pas dû à l'air qui serait empêché de circuler par le capuchon de cuivre, essaie à nouveau de faire osciller l'aimant en plaçant un bout de tuyau de carton de 4 cm de diamètre, de la même hauteur que le capuchon, autour de l'aimant suspendu.

Une chute ralentie

Pour la deuxième expérience, il te faudra un petit aimant discoïdal au néodyme de 12,5 mm de diamètre et de 3 mm d'épaisseur environ. Cherche un fournisseur sur Internet en utilisant les mots *aimant* et *néodyme*, ou *magnet* et *neodymium* (en anglais). Ces aimants sont revêtus d'une couche de nickel et se reconnaissent à leur surface argentée. Ils sont beaucoup plus forts que les aimants en ferrite de la première expérience.

Tu auras besoin également d'un bout de 35 cm d'un tuyau en cuivre, pour la plomberie, dont le diamètre intérieur est d'environ 14 à 15 mm. Il faut que l'aimant puisse y pénétrer librement, sans frotter, mais que le tuyau ne soit pas trop gros.

Tiens ce bout de tuyau verticalement, au-dessus d'un tampon à récurer, comme sur la figure 4, et laisse tomber l'aimant à travers le tuyau. Tu constateras que sa chute est fortement ralentie. Tu auras même le temps d'attraper l'aimant avant qu'il ne sorte du tuyau !

Matériel requis

OSCILLATIONS AMORTIES

- **une bouteille vide, en plastique, de boisson au yogourt**
- **2 aimants plats en forme de beignet de 25 mm de diamètre**
- **du fil à coudre**
- **un capuchon en cuivre d'environ 4 cm de diamètre**
- **un tube en carton de 4 cm de diamètre environ**

CHUTE RALENTIE

- **un bout de 35 cm d'un tuyau en cuivre de 15 mm de diamètre environ**
- **un aimant au néodyme de 12,5 mm de diamètre et de 3 mm d'épaisseur**
- **un tampon à récurer**

L'aimant suspendu fait cent fois moins d'oscillations avec le capuchon en cuivre que sans le capuchon !

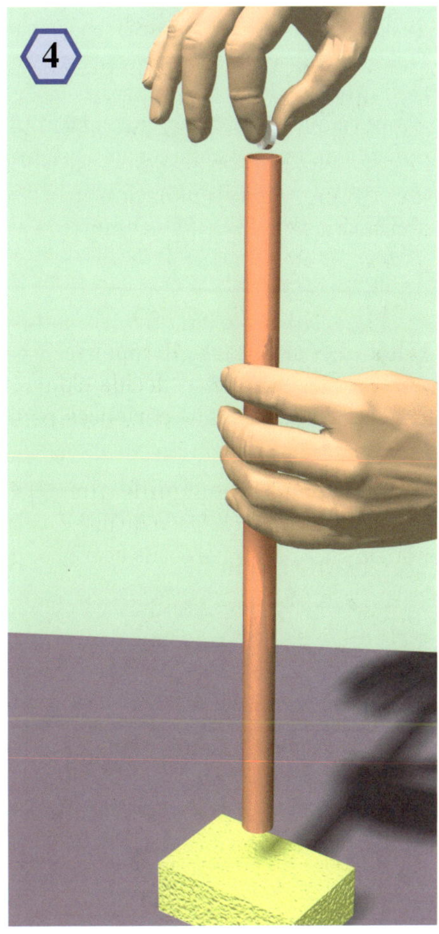

L'aimant au néodyme est très ralenti dans sa chute lorsqu'on le laisse tomber à travers un tuyau de cuivre.

Pour en savoir plus

1. *Magnétisme de rotation*, François ARAGO, dans *Annales de Chimie et de Physique*, vol. XXVIII, 1825, p. 325. Un extrait de cet article est reproduit, en anglais, dans A Source Book in Physics, William Francis MAGIE, McGraw-Hill Book Company, New York, 1935, p. 445 et 446.

Épisode 2-11 NIVEAU 2

LES PREMIERS GALVANOMÈTRES POUR DÉTECTER ET MESURER LE COURANT

De 1820 à 1837

Un peu d'histoire

Avant la découverte d'**Oersted** **(épisode 2-1)**, on évaluait l'intensité d'un courant électrique en mesurant le volume de gaz généré, en un temps donné, par l'électrolyse de l'eau **(épisode 1-3)**.

Le plus simple galvanomètre

En 1820, on dispose d'une autre méthode, soit l'angle de déviation de l'aiguille d'une boussole. Plus le courant est intense et plus l'aiguille dévie de sa direction naturelle.

La disposition d'un fil au-dessus de l'aiguille d'une boussole constitue l'instrument le plus simple pour mesurer l'intensité d'un courant. C'est **Ampère** qui a baptisé cet instrument un *galvanomètre*, en l'honneur de **Galvani** **(épisode 1-1)**. La **figure 1** nous montre comment le champ magnétique d'un courant exerce des forces perpendiculaires à l'aiguille **(épisode 2-2)**.

Pour calibrer l'appareil, on fait passer un fil très long une, deux ou trois fois au-dessus de l'aiguille, doublant ou triplant ainsi le courant. On constate alors que pour des angles de déviation inférieurs à 20 degrés environ, l'angle est proportionnel au courant.

Des bobines de fil

L'Allemand **Schweigger** a vite compris, en septembre 1820, qu'on a avantage à faire passer une partie du fil au-dessus de l'aiguille et l'autre partie en dessous. Le courant circulant en sens contraire dans ces deux parties, les forces magnétiques sur l'aiguille s'additionnent **(épisode 2-1)**. Pour multiplier l'effet, il enroule un long fil de cuivre isolé autour d'un cadre de bois **(figure 2)**. On appelait cet instrument un *multiplicateur*. La **figure 3** nous montre une version plus raffinée, développée par **Pouillet** en 1837, permettant de lire les angles de déviation.

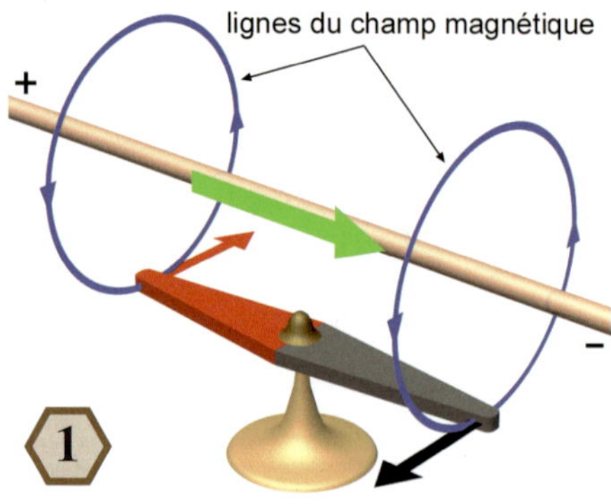

Forces magnétiques d'un courant rectiligne sur le pôle Nord (flèche rouge) et le pôle Sud (flèche noire) d'une aiguille aimantée. La flèche verte indique le sens du courant.

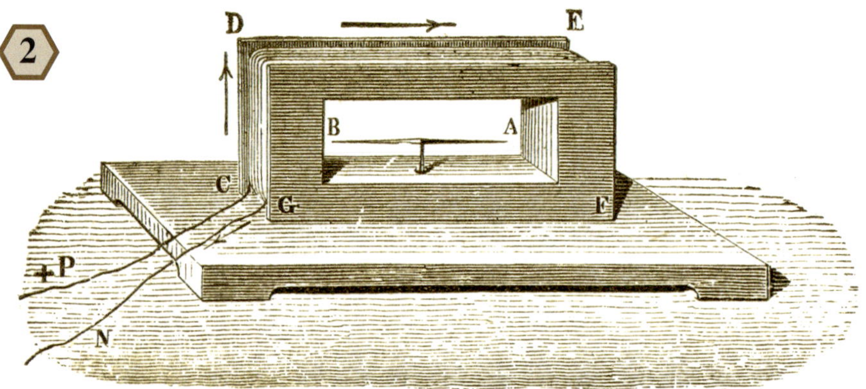

Le multiplicateur de Schweigger multiplie les forces sur une aiguille aimantée.

Deux aiguilles aimantées

En 1826, le physicien italien **Nobili** rend les galvanomètres extrêmement sensibles. Il utilise deux aiguilles aimantées, parallèles et horizontales, fixées à une tige de laiton verticale, suspendue par un fil de soie. Les deux aiguilles sont aimantées en sens contraires et espacées de quelques centimètres verticalement. L'une d'elles est aimantée légèrement plus que l'autre. L'aiguille inférieure est placée au centre d'une bobine de fil conducteur isolé, et l'aiguille supérieure, au-dessus de la bobine **(figure 4)**. Ainsi, l'action du champ magnétique terrestre pour aligner les deux aiguilles est beaucoup plus faible, et un très petit courant, circulant dans la bobine, peut désaligner les aiguilles.

Les oscillations des aiguilles aimantées sont amorties par un disque métallique placé juste sous l'aiguille supérieure **(épisode 2-10)**.

Galvanomètre de Pouillet.

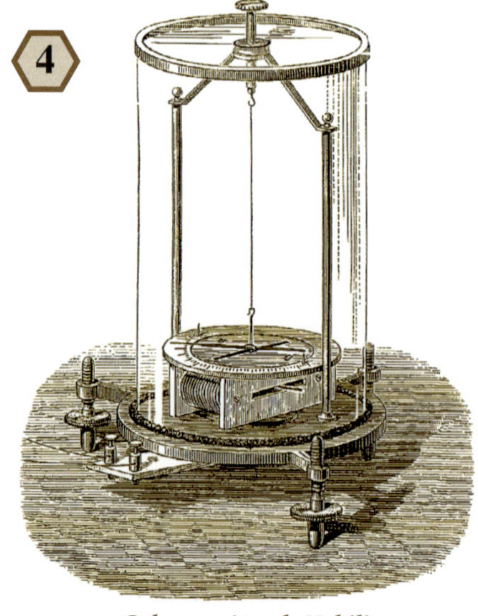

Galvanomètre de Nobili.

Au laboratoire

Dans cette séance de laboratoire, nous allons construire un «galvanomètre maison» très sensible. Il te permettra de mesurer l'efficacité de différents couples de métaux à produire de l'électricité dans une pile simple.

Construction du galvanomètre

Notre galvanomètre est inspiré de celui de **Nobili**. Il utilise des aimants suspendus à une petite potence, et placés au centre d'une bobine de fil de cuivre isolé. À la différence de **Nobili**, toutefois, nous n'emploierons pas deux aimants orientés en sens contraires, mais un seul «barreau aimanté», constitué de deux petits aimants. Pour faciliter le désalignement de ce barreau aimanté, nous allons diminuer l'effet du champ magnétique terrestre à l'aide d'*un aimant d'ajustement*. Ce principe a été utilisé dans un galvanomètre très sensible conçu par **William Thomson** en 1851 **(épisode 2-13)**.

La petite potence est obtenue à partir d'un cintre en plastique. Il te suffira de scier le cintre en trois endroits, comme sur la **figure 5**, à l'aide d'une petite scie à dents fines. La potence doit avoir environ 15 cm de hauteur. Pour la fixer à la base, demande à une personne expérimentée de pratiquer un trou dans la plaque de bois, à l'aide d'une perceuse et d'une mèche du bon diamètre. Ce trou doit être centré latéralement, et son centre, à 12 mm du bord arrière de la plaque.

Demande également à ton (ta) partenaire expérimenté(e) de percer deux petits trous pour y visser deux vis de mécanique de 3,5 cm de longueur, avec trois écrous sur chacune d'elles. Ces trous sont à 1,5 cm des côtés de la plaque de bois et à 2 cm de son bord arrière. Les vis constituent les bornes de connexion du galvanomètre.

Pour la bobine de fil, nous utiliserons une bobine vide de ruban de téflon, employé pour étancher les joints vissés (rayon plomberie d'une quincaillerie). Ces bobines sont faciles à mettre en place verticalement. Il suffit de fixer leur couvercle de plastique, en forme d'anneau, à l'aide d'une punaise à tête plate, comme sur la **figure 5**. Place le couvercle au centre de la plaque latéralement. En profondeur, assure-toi que le devant du couvercle est à 4,5 cm du bord avant de la plaque de bois. Ensuite, enroule 7 m de fil isolé dont le cuivre a 0,7 mm de diamètre environ (calibre 22 AWG) sur la bobine proprement dite. Tu trouveras ce fil chez un marchand de matériel électronique ou dans certaines quincailleries (fil de sonnettes). Laisse dépasser environ 12 cm de fil de chaque extrémité et fais un nœud avec ces deux bouts. Complète la bobine de fil du galvanomètre en l'insérant dans son couvercle, préalablement fixé à la plaque de bois.

Matériel requis

GALVANOMÈTRE :
- **une plaque de bois mou de 9 cm × 11 cm × 2 cm**
- **un cintre en plastique**
- **une bobine de ruban de téflon**
- **un manchon en cuivre pour joindre les tuyaux de 19 mm**
- **un rectangle de carton de 4,2 cm × 16 cm**
- **un couvercle de plastique**
- **2 petits aimants de 12 mm de diamètre et de 4 mm d'épaisseur**
- **un aimant de 25 mm de diamètre**
- **3 punaises à tête plate**
- **2 vis de mécanique de 3,5 cm avec 6 écrous**
- **7 mètres de fil isolé dont le cuivre a 0,7 mm de diamètre (cal. 22 AWG) pour les travaux en électronique**
- **du fil à coudre**

PILE ÉLECTRIQUE :
- **un ramequin non métallique**
- **du vinaigre**
- **un manchon en cuivre**
- **une ancre en plomb pour fixer un boulon dans du béton**
- **un raccord hexagonal en acier galvanisé (recouvert de zinc) pour les tiges filetées**
- **une douille en acier chromé pour les clés à rochet**
- **une assiette jetable en aluminium**
- **2 fils de raccordement avec pinces alligator**

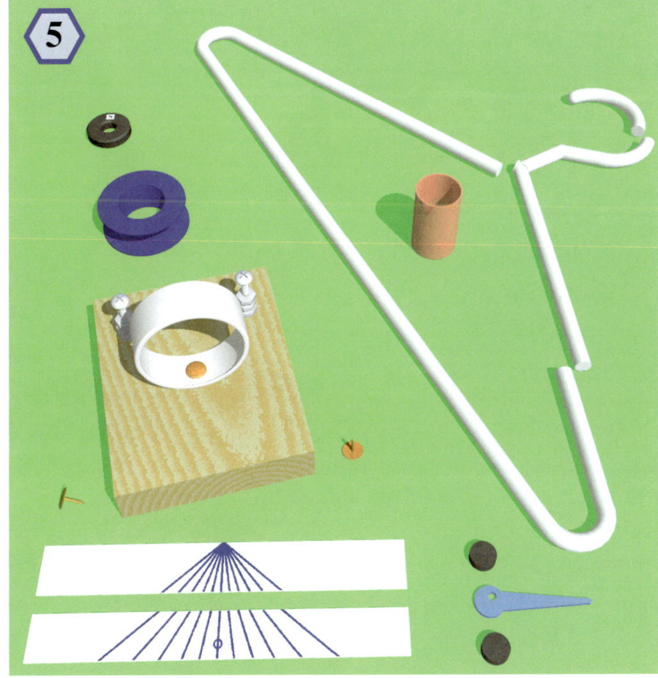

Les composants utilisés pour construire le galvanomètre.

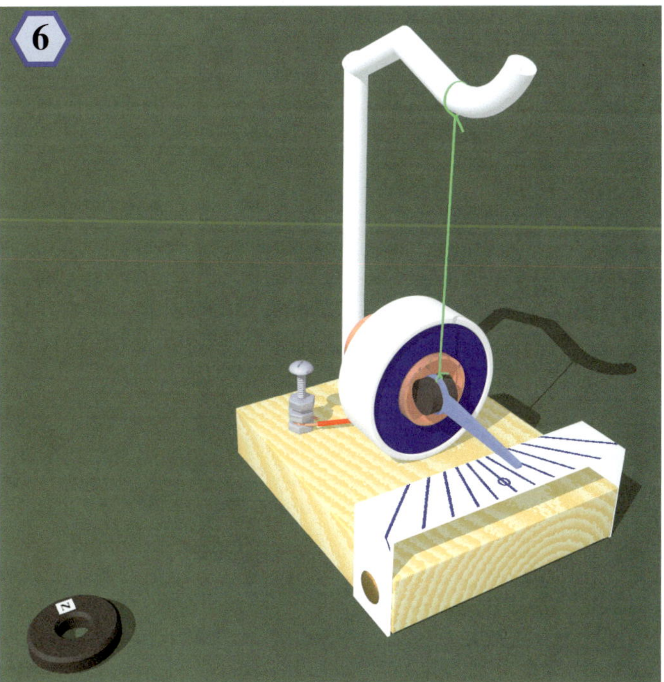

Le galvanomètre assemblé, avec son aimant d'ajustement.

Avec une paire de ciseaux, dénude le cuivre aux extrémités des deux bouts de fil, sur 15 mm environ, et établis un bon contact entre chacun de ces bouts de cuivre et les deux vis, en te servant des écrous.

Pour fixer les deux petits aimants au fil de suspension, taille une «aiguille indicatrice», de 5 cm de longueur, à même un couvercle de plastique, en lui donnant la forme illustrée en bleu sur la **figure 5**. Perces-y un trou, avec un petit clou et un marteau sur un vieux morceau de bois, à l'endroit illustré sur la figure. Ensuite, fais passer un fil à coudre dans ce trou et attache l'«aiguille» avec ce fil. Place les deux aimants de part et d'autre de la partie circulaire, comme on le voit sur la **figure 6**, avec des pôles contraires se faisant face. L'attraction mutuelle des aimants les maintiendra alors en place par simple serrage. Enfin, attache l'autre bout du fil à coudre à la potence, de manière à ce que les aimants soient sur l'axe de la bobine et que le fil passe à environ 2 mm devant la bobine. Si l'aiguille indicatrice n'est pas horizontale, déplace les aimants vers l'arrière ou vers l'avant pour l'équilibrer.

Afin d'amortir les oscillations des aimants, place au centre de la bobine un manchon de cuivre pour raccorder les tuyaux de 19 mm (3/4 de pouce) **(épisode 2-10)**. Tu trouveras ce manchon au rayon de la plomberie d'une quincaillerie.

La lecture de l'angle de déviation s'effectue grâce à une graduation dessinée sur une bande de carton, à l'aide d'un rapporteur d'angles. Les lignes sont d'abord tracées sur un rectangle de carton de 4,2 cm × 16 cm que l'on divise ensuite en deux bandes **(figure 5)**. La bande utilisée est pliée et fixée à l'aide de deux punaises **(figure 6)**.

En l'absence d'aimants ou de fer à proximité, les petits aimants suspendus s'orientent grossièrement dans la direction nord-sud, et l'aiguille pointe vers l'est ou l'ouest. Positionne le galvanomètre de manière à aligner l'aiguille avec la marque de déviation nulle **(figure 6)**.

Pour augmenter la sensibilité du galvanomètre, place un *aimant d'ajustement* de 25 mm de diamètre au nord des aimants suspendus, avec son pôle Nord en haut (le pôle Nord magnétique de l'aimant est le côté qui fait face au nord géographique lorsque tu suspends l'aimant verticalement par un fil et le laisses s'aligner). Pour connaître la bonne position de l'aimant, retire le manchon de cuivre et laisse osciller l'aiguille, après l'avoir déplacée avec ton doigt. Ce faisant, approche graduellement l'aimant d'ajustement du galvanomètre, et trouve la position où la période d'oscillation est la plus longue, tout en maintenant l'aiguille au-dessus de la ligne de déviation nulle. Remets le manchon de cuivre en place, et te voilà prêt(e).

Quels métaux pour une pile?

Verse du vinaigre dans un petit ramequin non métallique et introduis-y, deux par deux, les pièces métalliques mentionnées dans l'encadré de la page précédente, sous la rubrique «pile électrique». Ces cinq pièces sont constituées de cinq métaux différents à leur surface. Pour l'aluminium, tu n'as qu'à découper un rectangle de 5 cm × 10 cm dans le fond de l'assiette jetable et à former un rouleau en spirale, comme sur la **figure 7**.

Connecte chacune des pièces métalliques dans le ramequin à une borne de ton galvanomètre, à l'aide de deux fils munis de pinces alligator **(figure 7)**. Quelle paire de métaux génère le plus d'électricité?

Avec ton galvanomètre, vérifie l'efficacité de différents couples de métaux pour générer de l'électricité dans une pile.

Pour en savoir plus

1. *Le monde physique: Le magnétisme et l'électricité*, Amédée GUILLEMIN, Librairie Hachette et Cie, Paris, 1883.
2. *Traité élémentaire de physique*, A. GANOT, Librairie Hachette et Cie, Paris, 1884.

Épisode 2-12 NIVEAU 2 | LES GALVANOMÈTRES À CADRE MOBILE

De 1882 à 1890

Un peu d'histoire

Les premiers galvanomètres souffraient principalement de deux inconvénients. D'abord, il fallait toujours les orienter par rapport au champ magnétique terrestre. Ensuite, les instruments plus sensibles, comme celui de **Nobili**, étaient très fragiles.

Le galvanomètre Deprez-d'Arsonval

En 1882, **Marcel Deprez** et **Jacques D'Arsonval**, deux scientifiques français, unissent leurs talents pour mettre au point un nouveau type de *galvanomètre, dit à cadre mobile*, qui minimise ces inconvénients **(figure 1)**.

Ils utilisent un aimant permanent puissant, en forme de **U**, dont le champ magnétique est beaucoup plus intense que celui de la Terre. L'effet du champ magnétique terrestre devient alors négligeable. L'aimant est fixe et c'est la bobine de fil qui tourne, sous l'effet des forces magnétiques **(épisode 2-6)**.

Cette bobine est enroulée sur un cadre rectangulaire en aluminium et elle est maintenue en place par une lame métallique fine en haut et un fin ressort hélicoïdal en bas. Ces deux pièces apportent le courant à la bobine, et s'opposent à sa rotation, comme le faisait le champ magnétique terrestre pour les aiguilles aimantées des premiers galvanomètres. La réaction de torsion de ces pièces métalliques étant proportionnelle à l'angle de torsion, en doublant le courant, les forces magnétiques sont doublées et l'angle de la bobine également.

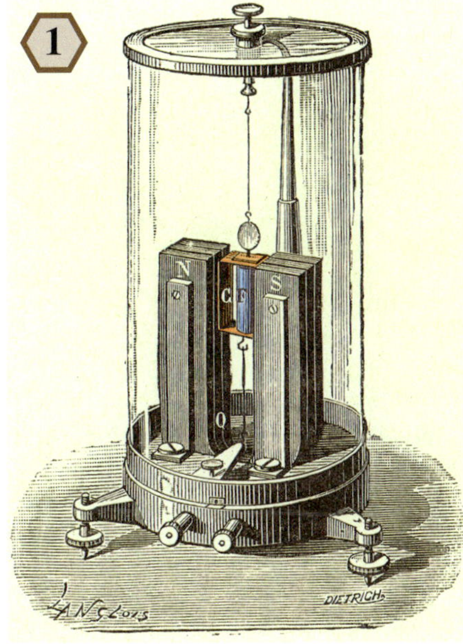

Galvanomètre Deprez-D'Arsonval (1882).

Cet angle est indiqué grâce à un petit miroir, fixé à la bobine, qui réfléchit un faisceau de lumière, issu d'une lampe, sur une règle (non visibles sur la **figure 1**). Ce faisceau agit comme une aiguille très longue.

Pour concentrer et uniformiser le champ magnétique, un cylindre de fer (en bleu sur la **figure 1**) est placé au centre de la bobine. Ce cylindre est fixé à l'aimant par une pièce de laiton située derrière l'aimant (non visible sur la figure).

Enfin, les oscillations du cadre mobile, lors de son déplacement, sont amorties par le mouvement relatif du cadre d'aluminium et de l'aimant, comme l'avait découvert **Arago (épisode 2-10)**.

Le modèle Weston

Une version encore plus pratique de ce galvanomètre a été mise au point par la compagnie américaine **Weston Electrical Instrument Corporation**, vers 1890 **(figure 2)**.

On a remplacé le miroir par une aiguille, et le système de suspension du cadre a cédé sa place à des ressorts en spirale et à des pivots à frottement négligeable utilisant des saphirs, technologie empruntée à l'industrie de l'horlogerie.

Ce type d'instruments s'est perpétué jusqu'à nos jours, et est devenu ce qu'on appelle aujourd'hui un *multimètre analogique*.

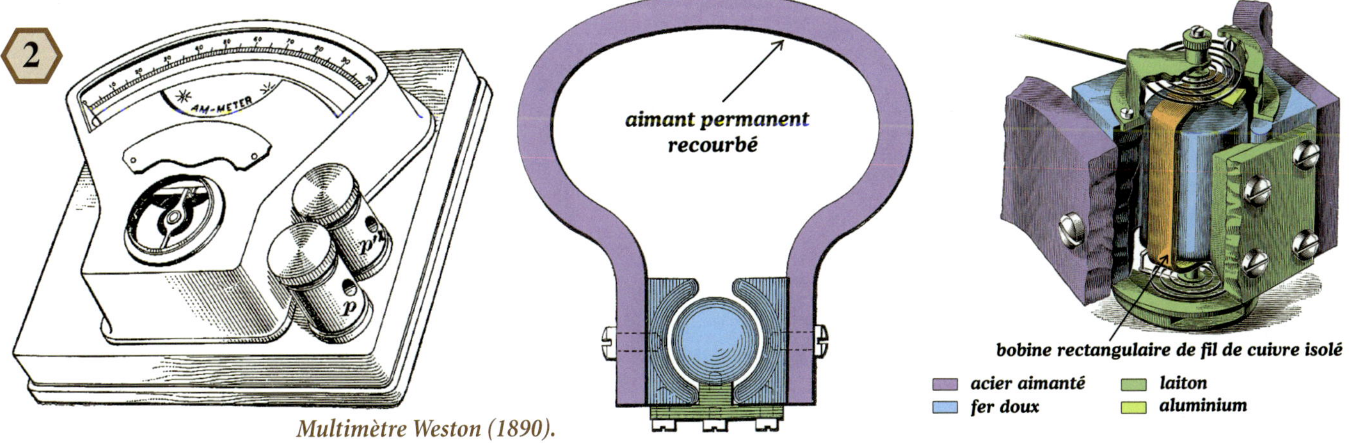

Multimètre Weston (1890).

Pour en savoir plus

1. *The Elements of Mechanical and Electrical Engineering*, THE INTERNATIONAL CORRESPONDENCE SCHOOLS, The Colliery Engineer Co, Scranton, Pennsylvanie, 1898.
2. *Application of the Weston Voltmeters and Ammeters*, revue *The Electrical World*, 26 mars 1892, p. 217 et 218.

Épisode 2-13 NIVEAU 1 | LE TÉLÉGRAPHE ÉLECTRIQUE RÉVOLUTIONNE LES COMMUNICATIONS

De 1820 à 1874

Un peu d'histoire

La découverte des forces magnétiques exercées par les courants allait rendre possible le développement du télégraphe électrique, qui a complètement révolutionné le monde des communications et constitué la principale application de l'électricité au 19e siècle.

Un des principaux acteurs de ce bouleversement est **Samuel Morse (figure 1)**, un artiste peintre qui enseigna le dessin à l'université de New York, aux États-Unis. **Morse** était hanté par l'absurdité qui avait conduit à une bataille, entre l'Angleterre et les États-Unis, en 1815 à la Nouvelle-Orléans. En effet, un traité avait été signé, en Angleterre, 15 jours avant l'incident, mais la lenteur des communications était responsable de la fâcheuse confrontation.

Les communications à l'époque

Au début du 19e siècle, les messages urgents se transmettaient souvent par des cavaliers rapides (appelés les courriers) et par bateau.

En France, les frères **Chappes** avaient mis au point, à la fin du 18e siècle, un système de télégraphie optique. Ce système, qui se répandit rapidement en Europe, consistait en un chapelet de tours, espacées en moyenne de 12 km. Un mécanisme permettait de positionner trois branches orientables à l'extrémité d'un mât. Les diverses orientations de ces trois branches constituaient un code utilisé pour transmettre les dépêches. L'opérateur observait les signaux des tours voisines à l'aide d'une lunette d'approche.

Samuel Morse (1791-1872)

Télégraphe électrique à deux aiguilles de Cooke et Wheatstone (Angleterre, 1846).

Les désavantages d'un tel système sont évidents. La transmission était lente; elle se limitait à un mot par minute environ et, de plus, il fallait transmettre les messages de jour, par temps clair. Avec le brouillard fréquent dans certains pays, comme l'Angleterre, un tel système n'était pas fonctionnel.

Les premiers télégraphes électriques à aiguilles

Ampère avait déjà mis de l'avant, dès 1820, la possibilité de réaliser un télégraphe électrique dont le signal serait donné par la déviation d'une aiguille aimantée. Plusieurs initiatives en ce sens ont vu le jour en Europe dans les années 1830. Ces systèmes utilisaient plusieurs aiguilles aimantées, chacune au centre d'une bobine de fil électrique, à la manière d'un galvanomètre **(épisode 2-11)**. Mentionnons les systèmes du baron **Schilling** en Russie (1833, 5 aiguilles), **de Gauss** et **Weber** en Allemagne (1833, 5 aiguilles), de **Richtie** et **Alexander** en Écosse (1837, 30 aiguilles) et de **Wheatstone** en Angleterre (1837, 5 aiguilles).

Le problème, c'est qu'il fallait autant de fils que d'aiguilles, ce qui n'était pas pratique. Sur la **figure 2**, tu peux voir une version améliorée à deux aiguilles, mise au point par **Cooke** et **Wheatstone** en 1846. Ce système pouvait faire dévier les deux aiguilles dans un sens ou dans l'autre, à l'aide de deux manipulateurs qui établissaient le courant dans un sens ou dans l'autre. Un code permettait d'associer chaque lettre à une séquence de positions des aiguilles.

Un autre problème des télégraphes à aiguilles était qu'ils ne laissaient pas de traces écrites. Ainsi, souvent, des erreurs se glissaient dans les transmissions, ce qui rendait le système moins efficace.

L'invention de Morse

De l'autre côté de l'Atlantique, le télégraphe conçu par **Samuel Morse**, en 1832, n'avait pas ces désavantages. Son

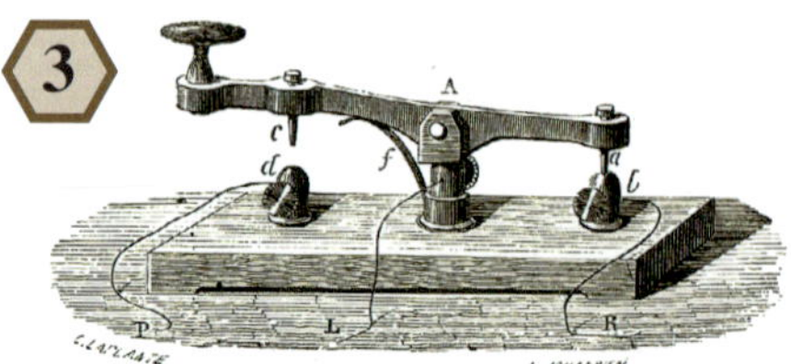
Manipulateur du télégraphe de Morse.

Récepteur du télégraphe de Morse.

idée était d'amplifier la force magnétique à l'aide d'un électroaimant, afin de pouvoir laisser une trace écrite sur une bande de papier, ce que les télégraphes à aiguilles ne pouvaient faire.

Le récepteur du télégraphe de **Morse** **(figure 4)** est constitué d'un électroaimant en fer à cheval qui attire une plaquette de fer lorsqu'il est parcouru par un courant. Cette plaquette est fixée à une extrémité d'un bras de levier, alors qu'un crayon est fixé à l'autre extrémité de ce bras, près d'une bande de papier qui défile. L'entraînement de la bande se fait par un mécanisme d'engrenages relié à un poids qui descend lentement au bout d'une corde. Ainsi, lorsque le courant excite l'électroaimant, le crayon appuie contre la bande de papier, produisant un trait. Plus le courant est maintenu longtemps dans l'électroaimant, plus le trait est long. Lorsque le courant s'arrête, un petit ressort éloigne le crayon du papier.

C'est en appuyant sur le manipulateur **(figure 3)** que le préposé met en contact une pile électrique avec l'électroaimant du récepteur d'une autre station. Le courant est acheminé, entre deux stations, le long d'un seul fil conducteur suspendu à une série de poteaux grâce à des fixations isolantes **(figure 5)**. La Terre constitue le « fil de retour ».

C'est la durée de fermeture du manipulateur qui détermine la longueur des traits sur la bande de papier de la station réceptrice. **Morse** a proposé un code qui porte son nom et dans lequel les lettres et les chiffres sont représentés par une combinaison de traits courts et longs **(figure 9)**.

La première ligne du télégraphe de **Morse** fut inaugurée en mai 1844, entre Washington et Baltimore aux États-Unis, après que le peintre inventeur ait passé plusieurs années à chercher le financement nécessaire.

Il ne faudrait pas passer sous silence l'aide technique précieuse que **Joseph Henry** a prodiguée à **Morse** dans ce projet. C'est **Henry** qui a appris à **Morse** la manière de fabriquer des électroaimants performants. Il lui a également donné l'idée du relais, qui permettait de transmettre sur des distances beaucoup plus grandes.

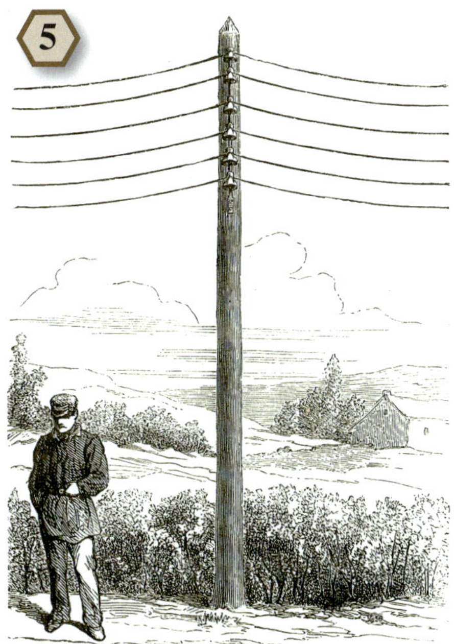

Les poteaux télégraphiques deviennent un élément familier au milieu du 19e siècle.

C'est ainsi que des dépêches pouvaient être transmises sur de grandes distances, à raison d'une dizaine de mots à la minute, 24 heures par jour, indépendamment des conditions atmosphériques. L'invention du télégraphe électrique a littéralement révolutionné les communications.

Un câble transatlantique

Mais la véritable révolution se produisit à l'été 1866, lorsque le *Great Eastern* **(figure 6)** termina de dérouler, sur le fond de l'océan, un câble télégraphique long de 3100 km, entre l'Irlande et Terre-Neuve. C'était le premier câble télégraphique transatlantique fonctionnel.

Le récepteur était un galvanomètre ultrasensible développé par **William Thomson** en 1851 **(figure 7)** et constitué d'une aiguille aimantée suspendue par un mince fil de soie au centre d'une bobine de fil **(épisode 2-11)**. Pour augmenter la sensibilité de cet instrument, un petit miroir fixé à l'aiguille aimantée réfléchit un faisceau lumineux sur une règle. Ce faisceau agit comme une très longue aiguille sans poids. Un aimant recourbé, dont la position est ajustable au-dessus du galvanomètre, permet d'ajuster très finement le champ magnétique (somme de celui de l'aimant et celui de la Terre) à une valeur très faible au niveau de l'aiguille, ce qui permet à un courant extrêmement faible de faire dévier l'aiguille aimantée, et donc le miroir. Un courant dans un sens fait dévier la tache lumineuse à droite, et un courant dans l'autre sens la fait dévier à gauche. Un côté correspond à un trait long et l'autre, à un trait court du code **Morse**.

Cette prouesse transatlantique a eu autant d'impact à l'époque que lorsque **Neil Armstrong** a posé le pied sur la Lune en 1969.

La contribution d'Edison

La demande croissante pour les services de télégraphie commandait de transmettre plus de mots à la minute sur une même ligne.

Le Great-Eastern, le plus gros navire de l'époque, installe le premier câble télégraphique transatlantique fonctionnel entre l'Amérique (Terre-Neuve) et l'Europe (Irlande), en 1866.

7

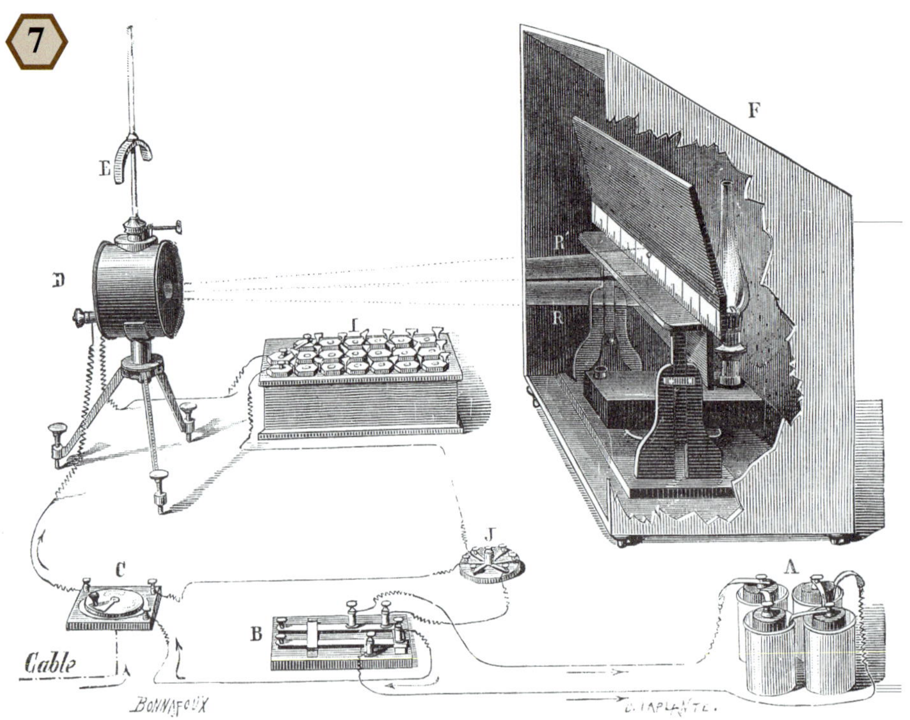

Système du télégraphe transatlantique de Brest en France, vers 1880.

Le légendaire inventeur américain **Thomas Edison** a contribué de façon significative à la solution de ce problème. Il a d'abord perfectionné, en 1873, un système automatique qui pouvait transmettre 500 mots à la minute, sur de grandes distances. Ce système utilisait des bandes de papier préalablement perforées. Puis, en 1874, il a inventé le quadruplex, qui permettait la transmission simultanée de quatre messages (deux dans chacun des deux sens d'une ligne télégraphique).

8

Salle des piles électriques de l'établissement télégraphique principal à Paris, vers 1880. Les employés nettoient les piles régulièrement (Musée de la civilisation, bibliothèque du Séminaire de Québec. « Battery Room of the Main Telegraph Office at Paris ». The Electrical World, *Vol. II, N° 9 (27 octobre 1883). N° 486.2).*

Pour en savoir plus

1. *Les merveilles de la science*, Louis FIGUIER, chez Furne, Jouvet et Cie, volume 2, 1868.
2. *Le monde physique : Le magnétisme et l'électricité*, Amédée GUILLEMIN, Librairie Hachette et Cie, Paris, 1883.
3. *A Model Battery Room*, revue *The Electrical World*, 27 octobre 1883, p. 139 et 140.
4. *Edison, l'artisan de l'avenir*, Ronald W. CLARK, Belin, Paris, 1986.

Au laboratoire

Les sons émis par un télégraphe peuvent servir à identifier les traits longs et courts du code **Morse** (**figure 9**). Nous allons donc construire un «télégraphe sonore».

Pour distinguer le début et la fin d'un «trait», il faut deux sons différents, ce que produit le télégraphe de la **figure 10**. Lorsque le courant est établi, le battant mobile de la penture est attiré par les boulons en fer (électroaimants) et un premier son est émis. En coupant le courant, l'attraction de l'élastique prend le dessus et tire le battant vers une vis butoir, ce qui émet un son différent. Pour ce faire, il est essentiel que la penture pivote facilement.

Il te faudra l'aide d'une personne expérimentée pour faire six trous dans les morceaux de bois, à l'aide d'une perceuse et de mèches appropriées. Deux trous sont nécessaires pour visser les boulons de l'électroaimant, deux autres, pour les vis de mécanique constituant les bornes, et deux trous de passage, pour les vis qui joignent les deux pièces de bois ensemble.

La longueur du bout de latte horizontal est de 8 cm. La longueur du bout de latte vertical dépend de la penture et des boulons utilisés.

Les deux boulons de l'électroaimant sont espacés de 25 mm et le fil électrique les entoure sur deux rangées complètes. Il est enroulé en sens contraire sur les deux boulons (deux pôles magnétiques contraires attirent une plaque de fer plus fortement que deux pôles semblables). Dénude les extrémités du fil et connecte les bouts de cuivre aux deux vis servant de bornes, en serrant bien le fil avec les écrous.

Utilise une vis de mécanique comme butoir. Cette vis est fixée, la tête en bas, à l'équerre métallique à l'aide de deux écrous. L'équerre est vissée à la pièce de bois verticale. Ajuste la vis butoir de manière à ce que l'espace entre les boulons et la penture soit d'environ 2 à 3 mm lorsque la penture appuie sur la vis.

Trouve un petit élastique que tu installeras comme sur la **figure 10**. Plus l'élastique est situé loin de la charnière, plus il lui sera facile d'attirer la penture vers le haut. Si l'élastique est trop long, fais-y un nœud pour le raccourcir.

Utilise ton porte-piles de l'**épisode 2-1** et deux fils de raccordement avec des pinces alligator pour envoyer du courant pendant une seconde. Si alors le battant de penture n'est pas attiré, diminue l'efficacité de l'élastique en l'approchant de la charnière. Si le battant reste collé aux boulons après que tu as coupé le courant (les boulons gardent un peu de magnétisme), éloigne l'élastique de la charnière. Tu peux également modifier la force d'attraction de l'électroaimant en déplaçant la vis butoir, afin de changer la distance entre la penture et les boulons. Après quelques ajustements, ton télégraphe devrait fonctionner à merveille.

Matériel requis

- 2 piles D et le porte-piles de l'épidode 2-1
- un morceau de latte de bois mou de 15 cm × 6,5 cm × 2 cm
- 2 boulons de 5 à 7 mm de diamètre et de 6 à 7 cm de longueur
- une penture à battants rectangulaires de 3,5 cm × 4,5 cm environ
- une équerre métallique avec des côtés de 6 à 7 cm
- 2 vis à bois à tête conique de 1,5 cm de longueur et deux de 3,5 cm de longueur
- 3 vis de mécanique de 3,5 cm à 4 cm avec huit écrous
- un petit élastique
- 2 fils de connexion avec pinces alligator
- 3,5 mètres de fil isolé dont le cuivre a 0,7 mm de diamètre (cal. 22 AWG) pour les travaux en électronique

9

A	.-	N	-.	0	-----
B	-...	O	---	1	.----
C	-.-.	P	.--.	2	..---
D	-..	Q	--.-	3	...--
E	.	R	.-.	4	....-
F	..-.	S	...	5	.....
G	--.	T	-	6	-....
H	....	U	..-	7	--...
I	..	V	...-	8	---..
J	.---	W	.--	9	----.
K	-.-	X	-..-	point	.-.-.-
L	.-..	Y	-.--	virgule	--..--
M	--	Z	--..	?	..--..

Le code Morse.

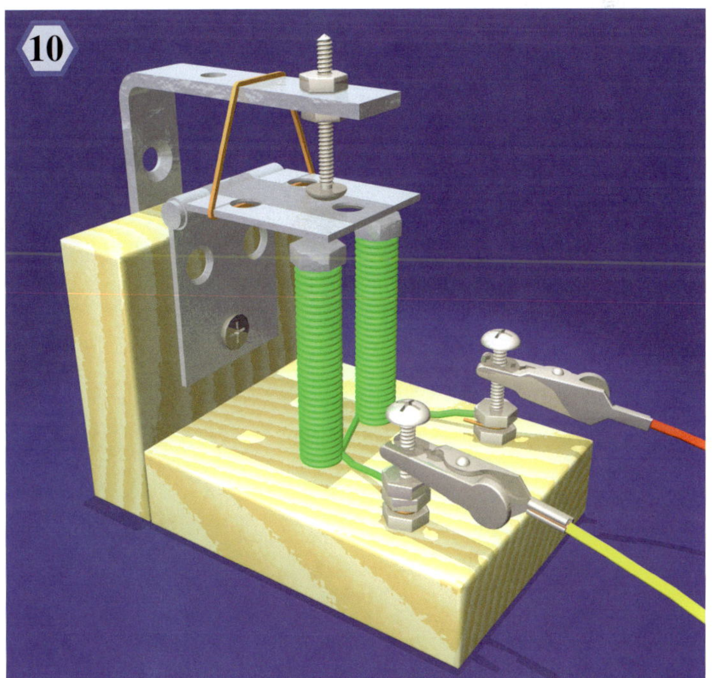

Un télégraphe à penture très efficace.

Épisode 2-14 NIVEAU 4 | LA RÉSISTANCE ÉLECTRIQUE ET LA LOI D'OHM

En 1826

Un peu d'histoire

De quelle manière la longueur et le diamètre d'un fil conducteur influencent l'intensité du courant électrique qui y circule? C'est une question à laquelle doit répondre un ingénieur qui voudrait, par exemple, optimiser les performances d'un système télégraphique.

C'est également la question que se posait **Georg Simon Ohm (figure 1)** en 1826, lorsqu'il réalisa une série d'expériences ingénieuses qui allaient lui apporter la réponse. Ce faisant, il éclaircit et précise la notion de *résistance électrique*.

Thermoélectricité et galvanomètre à torsion

Ce physicien allemand minutieux a d'abord tenté de faire des mesures comparatives de courant sur des fils métalliques de différentes longueurs, en utilisant une pile électrique comme source de tension.

Mais il réalise rapidement que le courant produit par les piles électriques (de l'époque) fluctuait beaucoup trop pour obtenir des mesures précises.

C'est alors qu'à la suggestion du physicien **Poggendorf**, il décide d'utiliser plutôt un thermocouple **(épisode 1-8)** comme source de tension électrique. Pour obtenir un courant stable, il lui suffit alors de stabiliser la différence de température entre les deux soudures, en plongeant l'une d'elles dans de la glace concassée (0°C) et l'autre dans de l'eau bouillante (100 °C). Il choisit comme matériaux le bismuth et le cuivre.

Toutefois, un thermocouple semblable produit une tension électrique beaucoup plus faible qu'une pile électrique conventionnelle, ce qui lui donne des courants faibles dans les fils de cuivre relativement longs qu'il utilise.

Pour mesurer ces faibles courants, il ne peut utiliser, comme galvanomètre, la simple déviation d'une aiguille de boussole, car les angles de déviation sont faibles et les mesures seraient imprécises. Il conçoit donc le galvanomètre à torsion très sensible illustré sur la **figure 2**. Cette figure montre d'ailleurs son expérience au complet, avec le thermocouple, le récipient de glace concassée, celui d'eau bouillante et le fil de cuivre faisant l'objet de la mesure. Ce fil est connecté au thermocouple par l'intermédiaire de petits gobelets remplis de mercure (métal liquide). Une loupe permet de localiser précisément, sur l'échelle graduée, la position du petit barreau aimanté, ce dernier étant suspendu au fil en or de sa balance à torsion.

1

Georg Simon Ohm (1789-1854) (Musée de la civilisation, bibliothèque du Séminaire de Québec. **The Electrical World**, *Vol. VII, N° 1 (2 janvier 1886). N° 486.2).*

2

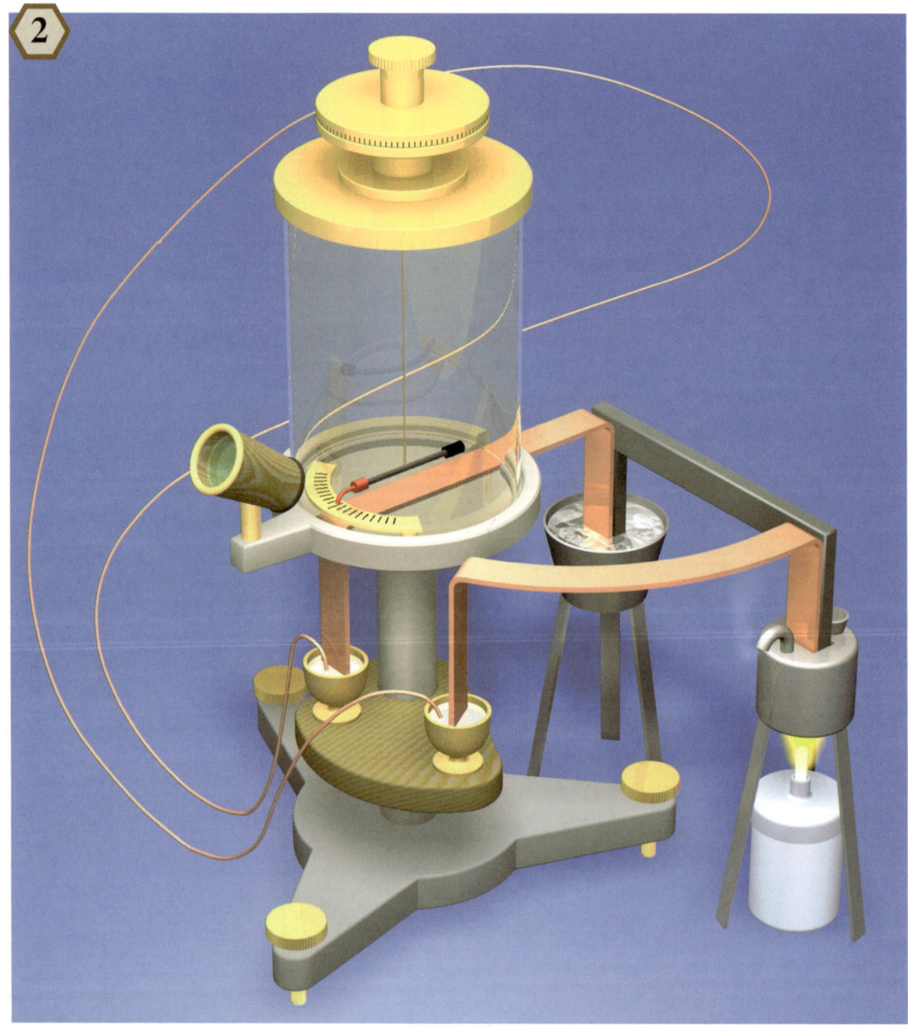

Reproduction en image de synthèse de l'appareil utilisé par Ohm. La source de tension est un thermocouple cuivre-bismuth dont une soudure est dans la glace concassée et l'autre, dans l'eau bouillante, ce qui lui permet d'avoir un courant électrique très stable.

Fonctionnement du galvanomètre

Avant de compléter le circuit avec les fils de cuivre de différentes longueurs, **Ohm** laisse le barreau aimanté s'aligner dans le champ magnétique terrestre, alors qu'aucun courant ne circule. Il s'assure ensuite que la lame de cuivre sous le barreau aimanté est parallèle au barreau et que ce dernier indique une déviation nulle sur l'échelle graduée.

Lorsque **Ohm** connecte un fil, le barreau aimanté dévie de sa position sous l'effet de la force magnétique produite par le courant qui circule. Il ramène alors le barreau aimanté dans sa position d'alignement initiale, en tordant le fil de suspension du barreau à l'aide du disque, au sommet de la balance.

Dans cette position, le champ magnétique terrestre n'exerce pas de force perpendiculaire au barreau. Seule la réaction de torsion du fil s'oppose alors à la rotation du barreau aimanté.

Ainsi, en mesurant l'angle de torsion du fil, dans cette position de déviation nulle du barreau, **Ohm** obtient une mesure de la force sur les pôles magnétiques du barreau, exercée par le courant. On sait, en effet, que la réaction de torsion du fil est proportionnelle à l'angle de torsion **(épisode 1-11 du volume 1)**.

Et puisque la force magnétique produite par le courant est elle-même proportionnelle au courant, l'angle de torsion est donc proportionnel au courant. La mesure de cet angle, à l'aide du disque gradué au sommet de la balance, constitue donc une mesure directe du courant électrique qui circule dans le circuit.

Résultats expérimentaux

Notre physicien allemand, mesure le courant électrique dans 8 fils de cuivre de 2 mm de diamètre, ayant de 2 à 130 pouces de longueur (1 po = 2,54 cm). Il fait ces mesures pour deux températures différentes de la soudure chaude de son thermocouple [100°C (eau bouillante) et 9,3°C (température du lieu)]. Ces deux conditions lui donnent deux valeurs de la tension électrique aux bornes de son thermocouple. Les mesures de **Ohm** sont représentées par les points dans le graphique de la **figure 3**.

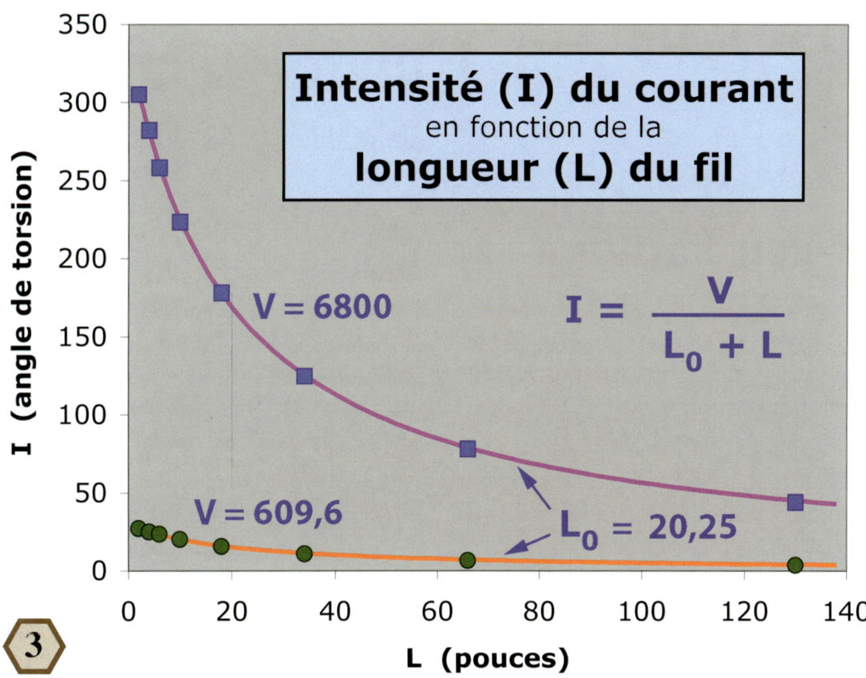

Résultats expérimentaux de Ohm. La courbe du haut a été obtenue avec la soudure chaude à 100°C et la courbe du bas, avec la soudure chaude à 9,3°C. La soudure froide était à 0°C pour les deux courbes. Les points correspondent aux valeurs expérimentales et les courbes, à l'équation de Ohm dans laquelle il a posé Lo=20,25 pour les deux courbes d'Ohm, V=609,6 pour la courbe du bas, et V=6800 pour la courbe du haut. L'unité d'angle (de torsion) utilisée par Ohm est de 1/100 de circonférence.

La loi de Ohm

Ayant les résultats de ses mesures en main, notre savant électricien cherche une relation mathématique permettant de relier l'intensité **I** du courant à la longueur **L** du fil. Il découvre alors que l'équation

$$I = \frac{V}{Lo + L}$$

correspond très précisément à ce qu'il observe, en autant qu'on donne aux paramètres **V** et **Lo** les valeurs appropriées. La **figure 3** nous présente les valeurs qu'il a trouvées et nous démontre l'excellente concordance entre ses mesures (les points) et l'équation (les courbes).

Il est intéressant de remarquer que la valeur de **Lo** est la même pour les deux courbes, qui correspondent à deux *forces excitatrices* V différentes, selon la terminologie de **Ohm**. Ce dernier associe en fait **Lo** à la résistance interne du thermocouple au passage du courant, cette résistance demeurant constante. Puisque **Lo** = 20,25, cette résistance correspond à celle d'un bout de son fil de cuivre de 20,25 po de longueur.

La *force excitatrice* de **Ohm** est ce qu'on appelle aujourd'hui la *tension électrique*, et la loi d'**Ohm** s'écrit

$$I = V / R$$

où R symbolise la résistance totale du circuit.

Résistance d'un fil

Selon les résultats de **Ohm**, *la résistance d'un fil est proportionnelle à sa longueur*. Il démontre également, par des expériences similaires, qu'*elle est inversement proportionnelle à la section du fil*. Donc, un fil dont on double le diamètre présente une résistance quatre fois plus faible.

Pour en savoir plus

1. *Journal für Chemie und Physik*, vol. 46, p. 137, 1826. Une traduction anglaise de cet article de OHM est disponible dans *A Source Book in Physics*, compilé par William Francis MAGIE, McGraw-Hill, New York, 1935, p. 465 à 472. On y retrouve des croquis et les dimensions de l'appareil de la figure 2, en plus des résultats expérimentaux.

Épisode 2-15 NIVEAU 5 | WEBER APPORTE LA PRÉCISION ET LES UNITÉS ÉLECTROMAGNÉTIQUES ABSOLUES

De 1841 à 1852

Un peu d'histoire

Les forces magnétiques entre deux courants sont beaucoup plus faibles que les forces magnétiques entre un courant et une aiguille aimantée.

Si les forces sur une aiguille aimantée sont relativement faciles à mesurer avec précision **(épisodes 2-11 et 2-14)**, mesurer avec précision les forces entre deux courants représentait un défi de taille qu'**Ampère** n'a pu relever avec les appareils dont il disposait **(épisode 2-7)**.

C'est la raison pour laquelle il a opté pour des expériences démontrant une résultante nulle des forces, dans des conditions particulières **(épisode 2-7)**, ce qui lui permettait d'éviter de les mesurer.

Malgré cela, on pouvait toujours argumenter, comme le faisait le physicien allemand **Wilhelm Weber (figure 1)**, que si certains appareils d'**Ampère** ne bougent pas **(figure 8 de l'épisode 2-7)**, ce n'est peut-être pas parce que la résultante des forces magnétiques est nulle, mais possiblement parce que les forces sont trop faibles pour vaincre le frottement des pivots et celui des fils qui doivent se déplacer dans du mercure.

1

Wilhelm Weber (1804-1891) (Musée de la civilisation, bibliothèque du Séminaire de Québec. The Electrical World, *vol. XXVI, N° 11 (14 septembre 1895). N° 486.2) et son électrodynamomètre.*

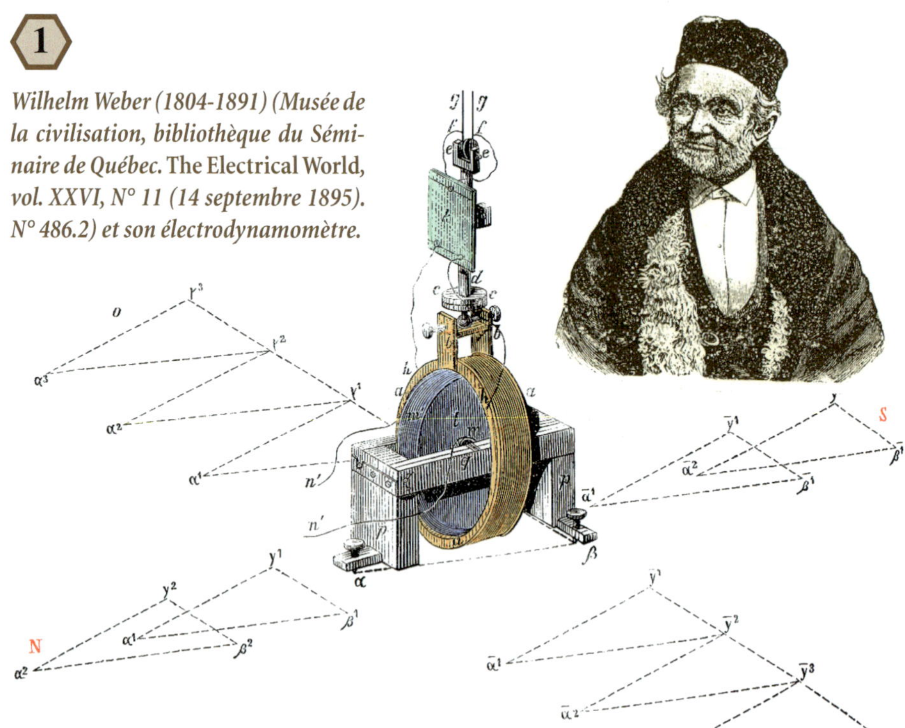

Weber valide Ampère

Weber entreprend donc, en 1846, de valider les résultats d'**Ampère** par des mesures précises des forces entre les courants.

Il construit à cet effet un *électrodynamomètre* de précision **(figure 1)**. C'est, en fait, une *balance à torsion* dont l'angle de torsion est mesuré grâce à la méthode ultraprécise développée par **Gauss**, avec lequel **Weber** avait travaillé **(épisode 1-13 du volume 1)**.

Son électrodynamomètre est constitué de deux bobines de fil fin en cuivre (isolé avec de la soie), dont l'une est fixe (bleue) et l'autre est libre de tourner (orangée). Cette dernière est suspendue par les deux extrémités du fil qui la compose, ce qui permet au courant d'y circuler sans que les extrémités du fil aient à bouger dans du mercure, éliminant ainsi le frottement des appareils d'**Ampère**.

Les bobines comportent un grand nombre de tours de fil afin de multiplier les forces qui s'exercent entre elles et de rendre négligeable l'influence du champ magnétique terrestre. Elles sont initialement perpendiculaires l'une par rapport à l'autre et, lorsqu'un courant y circule, les forces entre les courants tendent à faire tourner la bobine suspendue pour la rendre parallèle à l'autre.

Pour ce faire, la bobine suspendue doit lutter contre la réaction de torsion des deux fils de suspension, qui augmente proportionnellement à l'angle de torsion. La bobine suspendue s'immobilisera donc à un angle précis, pour lequel la réaction de torsion contrebalance les forces entre les deux bobines.

La mesure de cet angle, faites à l'aide d'une lunette d'approche et d'un miroir (en vert sur la figure), donne une mesure des forces entre les courants. Un galvanomètre de précision (non visible sur la figure) donne une mesure du courant.

Ces mesures, **Weber** les prend pour différentes positions de la bobine fixe, indiquées sur la **figure 1** par les triangles.

Il utilise des piles de **Bunsen** (inventées en 1843), plus stables que les piles employées par **Ampère**. De plus, il prend soin de noter l'intensité du courant, indiquée par le galvanomètre, pour chaque mesure effectuée avec son électrodynamomètre. Il peut ainsi compenser ses mesures pour tenir compte des variations lentes du courant.

Pour valider la loi découverte par **Ampère**, exprimant la force entre les «éléments de courant» **(épisode 2-7)**, **Weber** l'utilise pour calculer les forces entre les deux bobines et déterminer l'angle que devrait prendre la bobine suspendue.

L'accord entre ses résultats expérimentaux et ce que prévoit la loi d'**Ampère** s'avère excellent, ce qui la confirme par le fait même [1].

Unités électromagnétiques absolues

Nous avons vu dans le volume 1 comment **Gauss** a réussi à mesurer le champ magnétique terrestre en unités absolues **(volume 1, épisode 1-13)**, en l'exprimant en termes d'unités de longueur, de masse et de temps.

Weber, qui avait collaboré avec **Gauss** à ces mesures, entreprend de faire la même chose pour le courant électrique et la tension électrique.

Dans sa méthode, **Gauss** utilise un barreau aimanté et mesure en fait autant le champ magnétique terrestre que le *moment magnétique* du barreau, en unités absolues.

Par ailleurs, **Weber** connaît l'équation qui exprime la force d'un barreau aimanté sur un pôle magnétique (tirée de la loi de **Coulomb**, **volume 1, épisode 1-10**), et il la compare avec l'équation qui exprime la force d'un anneau de courant sur un pôle magnétique (tirée de la loi de **Biot-Savart**, **épisode 2-3**). Ce faisant, il démontre que les deux équations sont identiques si **on associe à l'anneau de courant un *moment magnétique* égal à la surface délimitée par l'anneau, multipliée par le courant dans l'anneau.**

Ainsi, en 1841, **Weber** introduit la première définition de l'unité électromagnétique absolue de courant :

> *Un courant dont l'intensité est d'une unité électromagnétique est le courant qui, circulant dans un circuit plan de surface unitaire, exerce le même effet qu'un barreau aimanté dont le moment magnétique est 1* [2].

Il faut ajouter que les distances pour les effets doivent être beaucoup plus grandes que les dimensions du barreau et du circuit de courant. De plus, le circuit de courant et le barreau aimanté doivent avoir leurs centres qui coïncident et être orientés comme sur la **figure 2**.

En ce qui concerne l'unité électromagnétique absolue de tension, **Weber** a recours, pour la définir, au phénomène

2

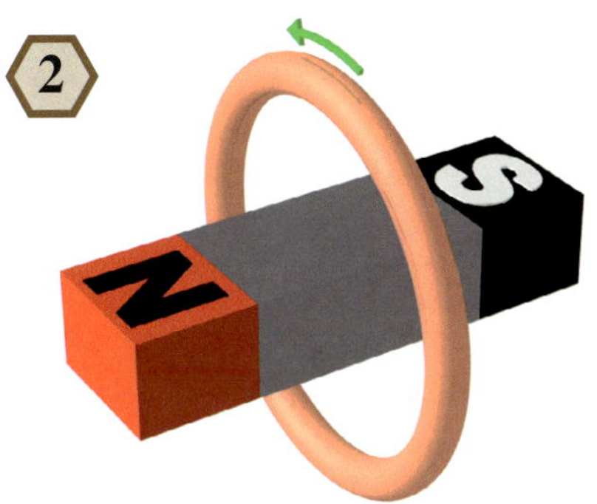

Un anneau de courant dont l'axe coïncide avec celui d'un barreau aimanté produit les mêmes effets sur l'aiguille d'une boussole, à de grandes distances, si le sens du courant (flèche) et les pôles du barreau sont dans la disposition de la figure.

d'induction électromagnétique, découvert par **Faraday** en 1831.

Ce phénomène, qui sera abordé dans le **volume 3**, fait apparaître un courant induit dans une bobine de fil conducteur lorsqu'on la fait tourner dans un champ magnétique.

Weber fait une étude quantitative de ce phénomène à l'aide de son électrodynamomètre **(figure 1)**. Pour ce faire, il met en contact les deux extrémités de la bobine suspendue et observe l'amortissement des oscillations dû au courant induit dans cette bobine mobile par la bobine fixe, dans laquelle il fait circuler un courant à l'aide de piles électriques. Il démontre ainsi que la *force électromotrice* induite (tension induite) dans la bobine suspendue est proportionnelle à sa vitesse angulaire.

En 1852, **Weber** définit l'unité électromagnétique absolue de force électromotrice (tension) :

> *La force électromotrice qu'une unité de mesure du magnétisme terrestre exerce sur un conducteur fermé, si ce dernier est tourné de manière à ce que la surface de sa projection sur un plan normal à la direction du magnétisme terrestre augmente ou décroît, durant une unité de temps, d'une unité de surface* [2].

Pour mieux visualiser, réfère-toi à la **figure 3**, où la direction du champ magnétique terrestre est indiquée par la ligne pointillée XY. Le conducteur fermé est la bobine que l'on peut tourner avec la manivelle. La force électromotrice induite est proportionnelle au taux de variation de la surface de la projection de la bobine sur le plan du cadre rectangulaire. Le courant induit est mesuré par un galvanomètre.

3

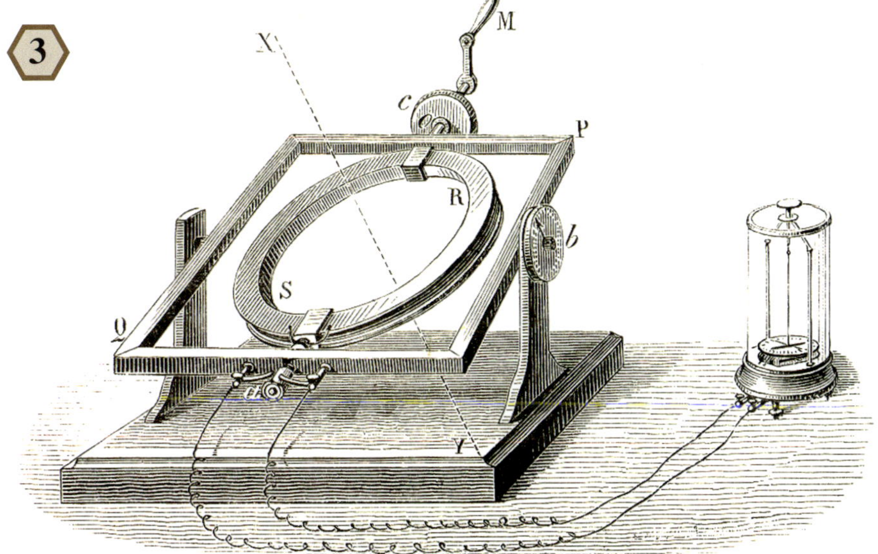

Appareil servant à démontrer l'induction d'un courant dans une bobine de fil qui tourne autour d'un axe perpendiculaire à la direction du champ magnétique terrestre (XY).

Pour en savoir plus

1. *Elektrodynamische Maasbestimmungen, WilhelmWEBER, Leipzig, Weidmann'sche Buchhadlung*, 1846. Une traduction française de ce mémoire, intitulée *Mesures Électrodynamiques*, est disponible dans le tome III de la *Collection de mémoires relatifs à la physique*, publiée par la *Société française de physique*, Gauthier-Villars, Paris, 1887, p. 289 à 402.
2. *Gauss and Weber's Creation of the Absolute System of Units in Physics*, par Andre KOCH TORRES ASSIS, Karin REICH et Karl Heinrich WIEDERKEHR, dans *21st Century Science & Technology*, automne 2002, p. 40 à 48.
3. *Electrodynamics from Ampère to Einstein*, Olivier DARRIGOL, Oxford University Press, New York, 2000.

Épisode 2-16 NIVEAU 2 | AMPÈRES ET VOLTS

De 1881 à aujourd'hui

Un peu d'histoire

Dans le dernier quart du 19e siècle, les applications industrielles de l'électricité ont pris un essor considérable (centrales électriques, moteurs, éclairage, télégraphe, téléphone, électroplacage...). Ces nouvelles technologies ont vite traversé les frontières et donné lieu à un commerce international.

Il devenait dès lors important que tout le monde parle le même langage. C'est ainsi qu'on a mis en place les *Conférences internationales de l'électricité*, dont la première s'est tenue à Paris en 1881.

C'est lors de cette conférence de Paris qu'ont été adoptées les unités absolues de l'*ampère* pour le courant et du *volt* pour la tension. Ces unités étaient dites absolues parce qu'elles étaient définies en termes d'unités de longueur, de masse et de temps.

Mais ces définitions de 1881 présentaient un problème pratique du fait qu'elles n'étaient pas facilement reproductibles en dehors de laboratoires très spécialisés, comme celui de **Weber** dont nous avons parlé à l'épisode précédent.

1

Compteur d'électricité utilisé par Edison en 1882 et fonctionnant par électrolyse.

Les unités internationales de 1893

C'est ainsi qu'à la quatrième *Conférence internationale de l'électricité*, à Chicago en 1893, les électriciens ont introduit des définitions équivalentes plus pratiques qu'on a appelées les *unités internationales.*

Pour l'unité de courant, on a utilisé la loi de l'électrolyse, découverte par **Faraday** en 1833 **(épisode 1-3)**, qui dit que *la quantité de matière décomposée par électrolyse est proportionnelle à la quantité d'électricité qui traverse le liquide et ne dépend de rien d'autre.* La définition de l'*ampère international* qu'on en a tirée s'énonce comme suit :

> *Le courant constant qui déposerait 1,118 milligramme d'argent par seconde à partir d'une solution de nitrate d'argent dans de l'eau.*

L'électrolyse avait d'ailleurs déjà été utilisée par **Edison** pour les compteurs d'électricité **(figure 1)** chez les clients de sa première centrale électrique, en 1882. L'employé pesait les électrodes des cellules d'électrolyse chaque mois pour déterminer la consommation.

En ce qui concerne la tension, on savait qu'en doublant les couples de métaux dans une pile électrique, on double la tension. On savait également que certains couples donnent une tension plus élevée que d'autres. Pour obtenir un *étalon* de tension, il fallait toutefois disposer d'une pile dont la tension demeure très stable. Or, la pile électrique au zinc et au mercure que **Josiah Latimer Clark** avait inventée, en 1872, répondait à ce critère.

On a donc défini le *volt international* en posant que

> *la tension aux bornes d'un couple de Clark, à 15°C, est de 1,434 volt,*

de manière à ce que le *volt international* égale l'unité de tension définie en 1881, dans la limite des erreurs expérimentales de l'époque.

En 1908, on adoptera la pile **Weston (figure 2)** comme nouvel étalon de tension, *car cette pile*, inventée en 1893, démontrait une tension encore plus stable dans le temps.

Les unités d'aujourd'hui

Avec l'augmentation de la précision des instruments de mesure, les définitions «pratiques» de 1893 ont cédé le pas, en 1948, à de nouvelles définitions. Ainsi, l'ampère a été défini à nouveau en fonction des unités absolues de longueur, de masse et de temps, par la mesure des forces entre les courants (comme en 1881).

Ces changements de définitions, qui évoluent sans cesse [1, 2, 3], ont toujours pour but d'augmenter la précision dans la définition de l'ampère et du volt.

2

Pile Weston, au cadmium/mercure, adoptée comme étalon de tension en 1908.

Pour en savoir plus

1. Site Internet de la *Commission électrotechnique internationale (IEC)*: www.iec.ch.
2. Site Internet du *Bureau international des poids et mesures (BIPM)*: www.bipm.org.
3. Site Internet de *Sizes inc.* : www.sizes.com.

Épisode 2-17 NIVEAU 4

LES RÉSISTANCES EN SÉRIE OU EN PARALLÈLE, ET L'OHM COMME UNITÉ

De 1826 à aujourd'hui

Un peu d'histoire

La notion de résistance électrique, clarifiée et quantifiée par **Ohm** **(épisode 2-14)**, allait permettre de comprendre pourquoi les électroaimants fabriqués par **Henry** **(épisode 2-8)** étaient plus puissants lorsqu'il utilisait plusieurs enroulements de fil conducteur connectés ensemble de la bonne façon.

En série ou en parallèle

Dans sa quête pour obtenir des électroaimants toujours plus puissants, **Joseph Henry** essaie systématiquement différentes longueurs de fils connectés de différentes façons. Il découvre ainsi qu'en connectant les fils en parallèle, comme sur la **figure 1**, il obtient un électroaimant plus puissant que s'il les avait connectés en série, comme sur la **figure 2**.

Pour comprendre, il faut se rappeler que selon les travaux de **Ohm** de 1826, *la résistance R d'un fil au passage d'un courant électrique est proportionnelle à la longueur L du fil et inversement proportionnelle à la surface S de sa section* **(épisode 2-14)**, ce qui s'exprime par

$$R = \rho\ (L / S)$$

où ρ est une constante, appelée *résistivité*, qui dépend du matériau.

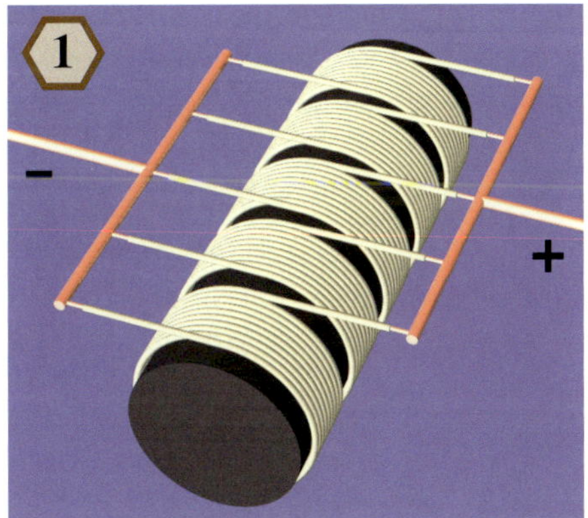

Électroaimant constitué de cinq enroulements connectés en parallèle.

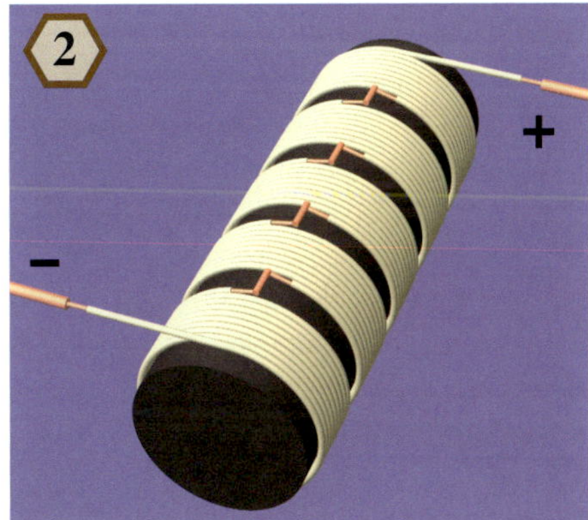

Électroaimant constitué de cinq enroulements connectés en série.

Lorsqu'on met les cinq enroulements en série (bout à bout), leurs longueurs L_1, L_2, L_3, L_4 et L_5 s'additionnent. On aura donc pour la résistance totale **R** :

$$R = \rho\ [(L_1+L_2+L_3+L_4+L_5) / S],$$

que l'on peut également écrire sous la forme

$$R = R_1+R_2+R_3+R_4+R_5$$

On comprend dès lors que les résistances des enroulements s'additionnent lorsqu'on les connecte en série.

Si, maintenant, on met les fils côte à côte (**en parallèle**), on obtient un fil dont la section est la somme des sections individuelles S_1, S_2, S_3, S_4 et S_5 **(figure 3)**, et l'expression de la résistance totale **R** devient

$$R = \rho\ [L / (S_1+S_2+S_3+S_4+S_5)]$$

où **L** est la longueur d'un enroulement. On peut également écrire cette dernière relation sous la forme

$$1/R = (1/\rho)(S_1+S_2+S_3+S_4+S_5) / L_1$$

ou encore

$$1/R = 1/R_1+1/R_2+1/R_3+1/R_4+1/R_5$$

et on constate cette fois que lorsque les fils sont connectés en parallèle, ce sont les inverses des résistances qui s'additionnent.

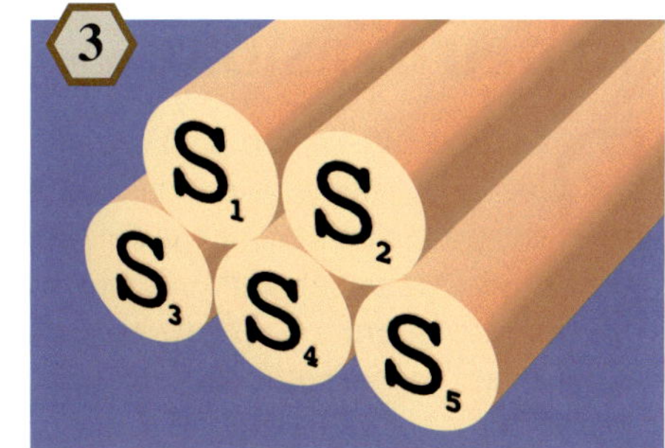

La section totale d'un fil constitué de plusieurs fils côte à côte est la somme des sections de chaque fil.

Pour fixer les idées, assumons que les cinq enroulements sont identiques et que leur résistance est R_1. La résistance totale en série sera alors $R_s=5R_1$, alors que la résistance totale en parallèle sera beaucoup plus faible, soit $R_p=R_1/5$.

On comprend donc pourquoi les électroaimants de **Henry** étaient si performants.

L'unité de résistance, l'ohm

Au 19e siècle, on exprimait la résistance électrique par une longueur de fil télégraphique équivalente. L'*ohm* a été introduit en 1864 comme unité de résistance [un mille (1,6 km) de fil télégraphique correspondait à 10 ohms]. En 1881, l'*ohm* a été défini comme étant

> *La résistance électrique d'une colonne de mercure de 1 mm² de section et de 106,3 cm de hauteur, à 0°C.*

Aujourd'hui, on utilise la loi d'**Ohm** **(épisode 2-14)**,

$$R = V / I,$$

pour définir l'*ohm* en fonction du *volt* et de l'*ampère* **(épisode précédent)**. Lorsque entre deux points d'un circuit on applique une tension **V** de 1 volt et qu'il y apparaît un courant **I** de 1 ampère, la résistance **R** entre ces deux points est de 1 ohm.

Pour en savoir plus

1. *Joseph Henry's Contributions to the Electromagnet and the Electric Motor*, Roger Sherman, 1999, archives en ligne de la Smithsonian Institution : www.si.edu/archives/ihd/jhp/joseph21.htm.
2. Site Internet de la *Commission électrotechnique internationale (IEC)*: www.iec.ch/zone/si/si_history.htm.

Épisode 2-18 NIVEAU 4 | JOULE ÉTUDIE LA CHALEUR PRODUITE PAR LES COURANTS ÉLECTRIQUES

De 1841 à 1850

Un peu d'histoire

Dès les premières expériences avec les piles électriques, on a vite constaté que le courant qu'elles produisaient dans des fils conducteurs échauffait ces derniers, jusqu'à les faire fondre éventuellement **(épisode 1-6)**.

On n'a pas tardé non plus à constater que la chaleur dégagée était plus importante, pour un courant donné, si le fil conduisait moins bien l'électricité (plus grande résistance). Mais cette «chaleur électrique» dépendait-elle uniquement de la résistance des fils, ou dépendait-elle également du matériau et de la grosseur du fil? Voilà les questions que se posait **James Prescott Joule (figure 1)**.

Expériences de Joule

Pour y répondre, ce grand physicien britannique entreprend une série d'expériences, en 1841 [1], alors qu'il n'a que 23 ans. Il mesure l'élévation de température d'un volume d'eau dans lequel il insère divers fils conducteurs, enroulés en spirale autour d'un tube de verre **(figure 2)**.

1

James Prescott Joule (1818-1889) (Musée de la civilisation, bibliothèque du Séminaire de Québec. Cosmos, Tome XIV, N° 252 (23 nov. 1889). N° 471.4).

Afin de pouvoir comparer la chaleur dégagée par les différents fils, pour un même courant, **Joule** dispose deux vases d'eau en série avec dans l'un d'eux toujours le même fil de référence, et dans l'autre différents fils, à tour de rôle. Ainsi, le même courant passe dans les deux fils. Le circuit est complété par un galvanomètre **(épisode 2-11)** et une pile électrique.

Au début de l'expérience, les deux vases d'eau sont à la température de la pièce. Après avoir laissé le courant circuler pendant une heure, il brasse l'eau avec une plume et mesure sa température avec un thermomètre de précision. Les élévations de température varient de 1,3°F à 6°F (de 0,7°C à 3,3°C).

Ayant comparé la résistance électrique des fils au préalable, **Joule** constate que l'**élévation de température de l'eau est proportionnelle à la résistance des fils et ne dépend pas de leur nature, ni de leur épaisseur ou de leur forme.**

Dans une deuxième série d'expériences, il n'utilise qu'un vase d'eau et un fil de cuivre, et il fait varier le courant électrique d'une expérience à l'autre, en employant des piles de différentes tensions (possédant un nombre différent de couples métalliques).

Notre jeune physicien vérifie ainsi que l'**élévation de température est proportionnelle au carré du courant électrique.**

2

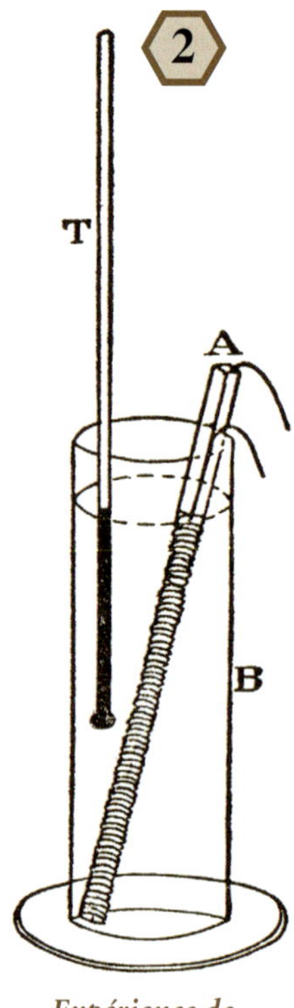

Expérience de Joule de 1841.

La chaleur, c'est de l'énergie

Dans les années 1840, **Joule** réalise plusieurs expériences dans le but de mieux comprendre ce qu'est la chaleur. Il en vient à la conclusion que la chaleur représente de l'énergie sous la forme de mouvement, de vibration des molécules de la matière. Dans sa célèbre expérience de 1850 [2], où il établit l'équivalence entre la chaleur et l'énergie mécanique, il détermine même que pour élever la température d'une livre d'eau (453 millilitres) de 1°F (0,55°C), il faut dépenser une énergie mécanique correspondant à la chute d'un poids de 772 livres (350 kilogrammes) d'une hauteur de 1 pied (30,48 cm), ce qui est très près des valeurs mesurées aujourd'hui.

La loi de Joule

Aujourd'hui, les unités d'énergie sont les *joules*, en son honneur. La vitesse à laquelle on dépense l'énergie est ce qu'on appelle la puissance, dont les unités sont des *watts*. Les expériences de **Joule** sur la chaleur dégagée par les courants nous donnent donc la loi

$$\mathbf{P = R\,I^2}$$

où **P** est la puissance (en watts) dissipée en chaleur dans une résistance **R** (en ohms) traversée par un courant **I** (en ampères).

Pour en savoir plus

1. *On the Heat Evolved by Metallic Conductors of Electricity and in the Cells of a Battery During Electrolysis*, James P. JOULE, *Philosophical Magazine*, vol. 19, 1841, p. 260. Un extrait de cet article est reproduit dans *A Source Book in Physics*, William Francis MAGIE, McGraw-Hill Book Company, New York, 1935, p. 524 à 528.
2. *On the Mechanical Equivalent of Heat*, James P. JOULE, *Philosophical transactions of the Royal Society*, vol. 140, 1850, p. 61 à 82. Cet article est également reproduit dans *The World of the Atom*, volume 1, édité par Henry A. Boorse et Lloyd Motz, Basic Books Inc., New York, 1966, p. 245 à 257.

Épisode 2-19
NIVEAU 2

LES PREMIERS MOTEURS ÉLECTRIQUES

De 1821 à 1873

Un peu d'histoire

Selon le dictionnaire, le mot « moteur » signifie un appareil qui transforme en énergie mécanique (énergie de mouvement) une autre forme d'énergie, comme l'énergie électrique, entre autres. Ainsi, l'appareil imaginé par **Faraday**, en 1821 **(épisode 2-2)**, quoique très peu pratique, constitue en fait le premier moteur électrique.

La roue de Barlow

C'est **Peter Barlow**, un physicien britannique, qui conçut le deuxième type de moteur, en 1822. Il s'agit de la « roue de Barlow » représentée sur la **figure 1**.

Cette roue métallique, dont la périphérie est constituée d'une série de pointes, est parcourue par un courant électrique entre son centre et les pointes de la roue qui plongent dans un petit bain de mercure (pointes en vert sur la **figure 1**). Ce bain (que l'on ne voit pas) est situé sur la base de l'appareil, entre les deux pôles magnétiques d'un aimant permanent recourbé. Le bain de mercure et le centre de la roue sont reliés chacun à l'une des deux bornes de l'appareil. Un courant en provenance d'une pile électrique, connectée à ces bornes, circule donc dans les pointes vertes. Le sens du courant dépend de la manière dont la pile est connectée. Les deux pôles de l'aimant recourbé sont l'un en face de l'autre, et les lignes de son champ magnétique **(épisode 2-6)** sortent de son pôle Nord pour entrer dans son pôle Sud, en traversant les pointes vertes de la roue.

En utilisant la règle décrivant la force exercée par un champ magnétique sur un courant **(figure 3 de l'épisode 2-6)**, on démontre aisément que les forces sur les courants qui circulent dans les pointes vertes sont tangentielles à la roue, et par conséquent tendent à la faire tourner.

La roue de **Barlow** était plus un appareil de démonstration qu'un appareil utile. Les forces en jeu sont beaucoup trop faibles.

2

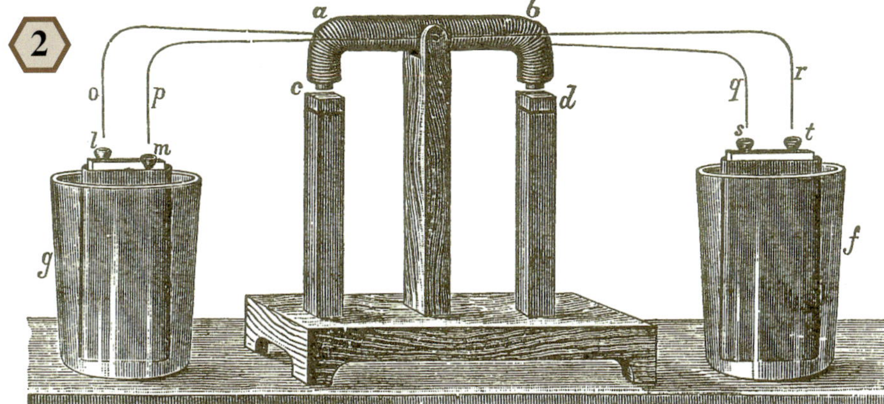

Moteur de Joseph Henry (1831). L'électroaimant ab a 17,5 cm de longueur (Musée de la civilisation, bibliothèque du Séminaire de Québec. Henry, Joseph. Scientific Writings of Joseph Henry, *Smithsonian Institution, Washington, 1886, Tome 1. N° 186.2).*

1

Roue de Barlow (1822) (Musée de la civilisation, bibliothèque du Séminaire de Québec. Boulard, J., Production et application de l'électricité. *Paris, Publications du Journal* Le génie civil, *1882. N° 187.3).*

Le moteur de Henry

La prochaine étape dans l'évolution des moteurs électriques, c'est l'Américain **Joseph Henry** qui l'introduit en 1831. Son moteur, que l'on voit sur la **figure 2**, utilise deux barreaux aimantés verticaux et un électroaimant horizontal **(épisode 2-8)**, libre de basculer autour d'une tige qui le traverse en plein centre. Les deux bouts de cet électroaimant sont recourbés vers le bas, juste au-dessus des barreaux aimantés. Les extrémités supérieures de ces barreaux présentent des pôles magnétiques Nord. Par ailleurs, lorsqu'on fait circuler un courant dans l'électroaimant, il y aura toujours un pôle Nord à un bout de l'électroaimant et un pôle Sud à l'autre. Par conséquent, l'interaction entre l'électroaimant et les deux barreaux aimantés fera toujours en sorte que l'un des bouts de l'électroaimant sera attiré par l'un des barreaux aimantés, alors que l'autre bout de l'électroaimant sera repoussé par l'autre barreau aimanté. L'électroaimant basculera donc vers la gauche ou vers la droite, selon le sens du courant qui le parcourt.

L'un des deux bouts du fil de l'électroaimant est soudé au centre du fil *pq* **(figure 2)**, et l'autre bout est soudé au centre du fil *or*. Lorsqu'on met en contact les extrémités *o* et *p* de ces fils avec les bornes *l* et *m* de la pile de gauche, le courant circule dans l'électroaimant de manière à ce qu'il bascule vers la droite. Le contact avec la pile de gauche est alors coupé, et il s'établit avec la pile de droite, qui, elle, fait basculer l'électroaimant vers la gauche, et ainsi de suite. Les bornes des piles sont, en fait, constituées par des gobelets remplis de mercure (métal liquide).

Le moteur de **Henry** incorporait les deux principaux éléments qui allaient constituer la base des moteurs électriques des quarante années qui suivirent. Ces deux éléments sont l'*électroaimant* et le *commutateur*. Ce dernier permet d'inverser (ou de distribuer) le courant, de manière à produire un mouvement continu du moteur.

Le moteur de Jacobi

En 1838, le physicien allemand **Moritz von Jacobi**, qui s'était installé en Russie, construit le moteur électrique rotatif illustré sur la **figure 3**, grâce à une aide financière de l'empereur **Nicolas**.

Le moteur est constitué de deux séries identiques de huit électroaimants, disposés à la périphérie de deux cercles de même diamètre. L'une des séries est fixée sur un cadre rectangulaire fixe (on appelle cette partie fixe d'un moteur rotatif le *stator*), alors que la deuxième série, qui fait face à la première, est disposée sur un disque relié à un axe libre de tourner (on appelle cette partie mobile d'un moteur rotatif le *rotor*).

Dans chacune des deux séries, les extrémités libres des électroaimants ont des pôles magnétiques alternativement Nord et Sud. Les pôles magnétiques demeurent toujours les mêmes dans la série fixe, mais s'inversent dans la série mobile, chaque fois que les électroaimants des deux séries sont alignés. De cette façon, l'attraction qui existait entre les électroaimants fixes et ceux qui sont mobiles se transforme en répulsion, ce qui permet au mouvement circulaire de s'entretenir. L'inversion du courant dans les électroaimants mobiles s'effectue grâce au commutateur fixé sur l'axe du rotor, et qui est en contact avec les piles électriques.

Moteur à bascule conçu par le Français Bourbouze dans les années 1840. Le moteur utilise des électroaimants creux qui attirent alternativement deux fourches en fer.

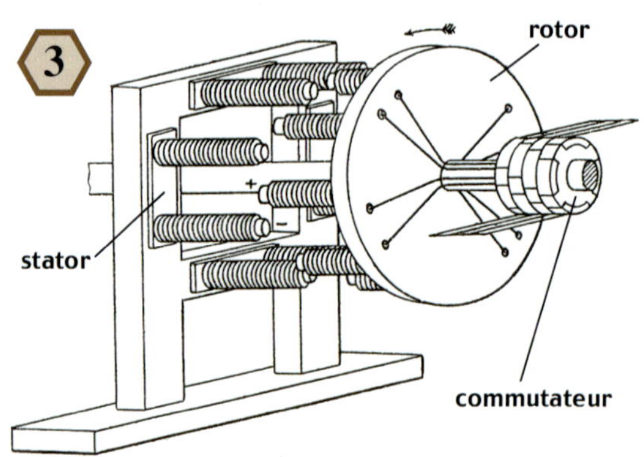

Moteur rotatif de Jacobi (1839) (Musée de la civilisation, bibliothèque du Séminaire de Québec. Boulard, J., **Production et application de l'électricité.** *Paris, Publications du Journal* **Le génie civil**, *1882. N° 187.3).*

En 1839, **Jacobi** installe deux moteurs semblables sur une chaloupe, pour actionner une roue à aubes de chaque côté. Il utilise une pile de **Grove (épisode 1-11)** composée de 128 couples de plaques de zinc et de platine, dont la surface totale était d'environ trois mètres carrés. Le dégagement gazeux produit par la pile était si intense qu'il incommodait au plus haut point les opérateurs. La puissance estimée du moteur n'était que de 3/4 de cheval-vapeur, pour un courant capable de chauffer au rouge deux mètres de fil de platine de un millimètre de diamètre.

Un si faible effet mécanique produit par un courant pourtant aussi considérable fit conclure à **Jacobi** que l'électromagnétisme ne pouvait donner lieu à aucun emploi utile comme agent moteur.

La vapeur difficile à battre

Il faut bien réaliser que l'« agent moteur » utilisé à l'époque était la machine à vapeur, qui, elle, pouvait être très puissante et beaucoup plus facile d'utilisation et d'entretien. Il suffisait de mettre du charbon dans la chaudière et de l'alimenter en eau. Les piles électriques, par contre, nécessitaient de nettoyer régulièrement les plaques métalliques et de changer au besoin l'acide. De plus, elles dégageaient des gaz toxiques.

D'ailleurs, on n'a pas tardé à s'inspirer des machines à vapeur pour réaliser des moteurs électriques **(figure 4)**, avec des mouvements de va-et-vient imitant les pistons d'une machine à vapeur.

En réalité, c'est le fait même d'utiliser des électroaimants qui rendait ces moteurs si peu efficaces, car la force entre deux pôles magnétiques décroît rapidement avec la distance. Il fallait trouver autre chose, une configuration qui soit plus efficace.

Pour en savoir plus

1. *Les merveilles de la science*, Louis FIGUIER, chez Furne, Jouvet et Cie, volume 2, 1868.
2. *Le monde physique: Le magnétisme et l'électricité*, Amédée GUILLEMIN, Librairie Hachette et Cie, Paris, 1883.
3. *Scientific Writings of Joseph Henry, Joseph HENRY*, tome 1, Smithsonian Institution, Washington, 1886.
4. *Production et applications de l'électricité*, J. BOULARD, Publications du journal *Le Génie civil*, Paris, 1882.

Épisode 2-20 NIVEAU 1 LES MOTEURS ÉLECTRIQUES À COURANT CONTINU DE GRAMME ET DE SIEMENS

De 1871 à 1873

Un peu d'histoire

Pour obtenir un moteur électrique performant, il fallait imaginer une façon de faire qui permette de maintenir à leur maximum les forces magnétiques entre le stator et le rotor, tout au long de la rotation de ce dernier.

Il a fallu 50 ans

Il est étonnant de constater qu'il a fallu une cinquantaine d'années après les découvertes d'**Ampère** avant que les ingénieurs mettent au point des moteurs électriques performants. Pourtant, toutes les connaissances requises étaient disponibles dès que **Henry** eut démontré, en 1827, la possibilité de produire des champs magnétiques intenses, à l'aide de fils de cuivre isolés et entourés autour de pièces en fer **(épisode 2-8)**.

Une découverte fortuite

Ce qui est encore plus déconcertant, c'est le fait que la découverte de moteurs électriques performants a été, pour ainsi dire, accidentelle. En effet, c'est en développant des génératrices d'électricité à courant continu qu'on a réalisé que ce type de génératrices (appelées dynamos) fonctionnait tout aussi bien comme moteur, lorsqu'on les utilisait à l'envers.

2

Werner von Siemens (1816-1892)

Ces dynamos produisent du courant à l'aide de champs magnétiques, selon le principe d'induction électromagnétique découvert par **Faraday**, en 1831. Cette découverte et ses applications feront l'objet d'un chapitre du prochain volume.

Comme nous le verrons dans ce chapitre, deux types de dynamos vont voir le jour : la dynamo du Belge **Zénobe Théophile Gramme**, en 1869, avec un rotor en forme d'anneau **(figure 1)**, et celle de l'Allemand **Werner von Siemens** **(figure 2)**, en 1872, avec un rotor en forme de cylindre **(figure 3)**. Ce dernier est l'un des fondateurs de la célèbre compagnie allemande qui porte son nom.

Gramme, en 1871, et **Siemens**, en 1872, réalisent que leurs dynamos sont réversibles et constituent également des moteurs performants, lorsqu'on les alimente avec le courant continu d'une pile électrique.

Dans le fonctionnement normal de ces dynamos, on fait tourner leur rotor à l'aide d'une manivelle ou d'une courroie reliée à une machine à vapeur. Des courants électriques sont alors générés dans les fils isolés qui entourent le rotor. Ces courants sont collectés par des lames métalliques, les balais **(figure 4)**, qui assurent un contact glissant avec les segments du commutateur, eux-mêmes soudés aux fils du rotor.

Lorsqu'on inverse le fonctionnement, pour obtenir un moteur, on fait circuler du courant dans les fils du rotor, à travers les balais, et le rotor se met à tourner, sous l'effet des forces magnétiques.

1

Dynamo/moteur à courant continu de Gramme (milieu des années 1870). L'armature du rotor est en forme d'anneau.

3

Dynamo/moteur à courant continu de Siemens (milieu des années 1870). L'armature du rotor est en forme de cylindre.

Principe de fonctionnement

Reporte-toi à la **figure 4** pour comprendre le fonctionnement de la machine de **Siemens**, dans son mode moteur. La fonction du stator est de générer un champ magnétique intense au niveau du rotor. Pour ce faire, on utilise une structure en fer sur laquelle on bobine des fils électriques tous reliés ensemble. Le sens d'enroulement du fil, dans les quatre bobines bleues, est tel qu'un courant électrique puisse y circuler dans la direction des flèches vertes. La structure en fer du stator canalise et concentre les lignes du champ magnétique (lignes noires) au niveau du rotor. Le cylindre en fer du rotor augmente encore davantage cette concentration du champ magnétique en son sein.

Ce cylindre en fer est entouré de plusieurs enroulements de fils isolés, indépendants les uns des autres. Pour des raisons de clarté, un seul de ces enroulements est représenté sur la **figure 4**. Chacune des extrémités du fil de chaque enroulement est connectée à un segment métallique du commutateur. Ces segments sont situés en périphérie d'une bague isolante (en jaune), elle-même fixée sur l'axe du rotor. Les deux segments d'un même enroulement sont diamétralement opposés, et tous les segments sont isolés les uns des autres.

On fait circuler un courant dans les enroulements du rotor à l'aide de deux lames métalliques (les balais) qui maintiennent un contact glissant avec les segments du commutateur. En connectant le balai inférieur à la borne positive d'une pile électrique et le balai supérieur à la borne négative, un courant **I** circule, dans l'enroulement du rotor, dans le sens indiqué par les flèches vertes.

Les portions de ce fil qui sont parallèles à l'axe du rotor sont perpendiculaires au champ magnétique **B** (flèches bleues) et subissent une force magnétique **F** maximale, indiquée par les flèches rouges **(épisode 2-6)**. Ces forces magnétiques étant tangentielles au rotor et dans des sens opposés au-dessus et en dessous du rotor, ce

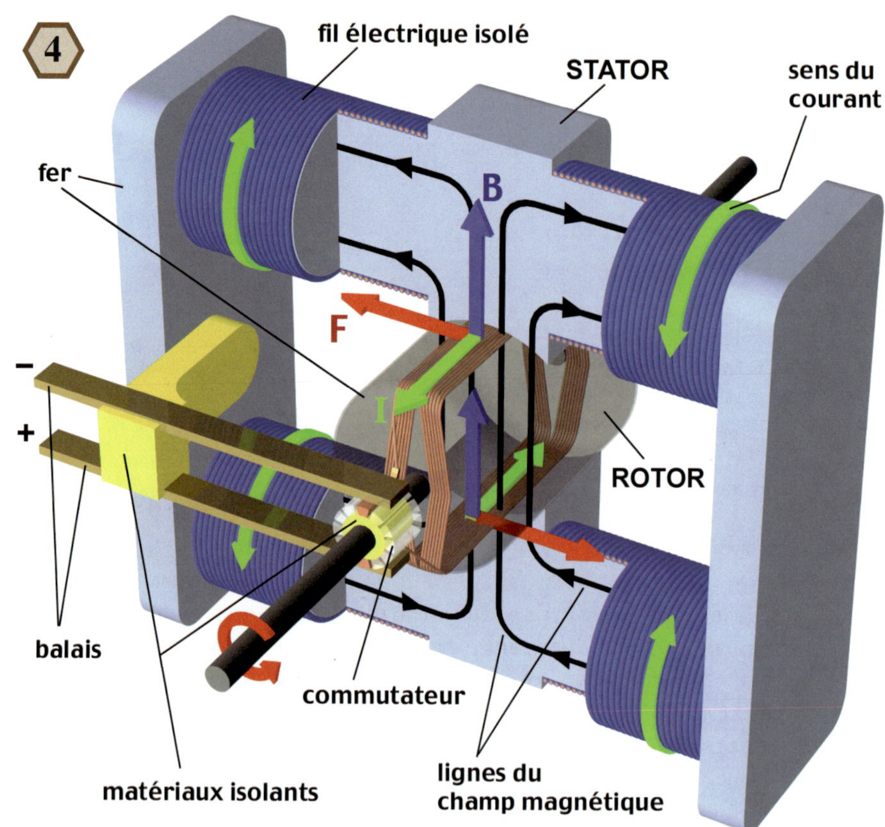

Schéma illustrant le fonctionnement d'un moteur à courant continu du type Siemens.

dernier est mis en rotation. Lorsque le contact est rompu avec un enroulement, du fait de la rotation, il s'établit avec l'enroulement suivant et ainsi de suite.

Le rotor cylindrique de **Siemens** a traversé le temps et on le retrouve, encore aujourd'hui, dans beaucoup de moteurs électriques, sous plusieurs variantes.

Eurêka à Vienne, en 1873

Voici une anecdote très savoureuse qui s'est déroulée à l'exposition de **Vienne**, en 1873.

Hippolyte Fontaine, l'associé de **Gramme**, y faisait alors la démonstration de deux machines **Gramme**. L'une d'elles était actionnée par un moteur à essence et agissait comme une dynamo, fournissant du courant continu à une lampe à arc **(épisode 1-7)**. La deuxième machine, identique à la première, fonctionnait comme un moteur et actionnait une pompe à eau; le courant lui était fourni par une grosse pile électrique.

Or, un ingénieur français du nom de **Charles Felix**, voyant cette démonstration, tint à M. **Fontaine** à peu près ces propos: «Puisque vous avez une première machine qui produit de l'électricité, et une seconde qui en consomme, pourquoi ne pas faire passer l'électricité de la première dans la seconde, et supprimer votre pile? [1]» L'expérience fut tentée sur-le-champ et fonctionna à merveille.

C'est exactement ce qui manquait pour que les moteurs électriques puissent prendre leur essor. Il fallait une source d'électricité pratique et plus économique que les piles électriques. Une chute d'eau ou une machine à vapeur pouvaient, dès lors, actionner une dynamo et fournir l'électricité nécessaire au moteur. Une deuxième révolution industrielle allait rapidement s'ensuivre.

Pour en savoir plus

1. *Les merveilles de la science*, Louis FIGUIER, chez Furne, Jouvet et Cie, volume 2, 1868.
2. *Le monde physique: Le magnétisme et l'électricité*, Amédée GUILLEMIN, Librairie Hachette et Cie, Paris, 1883.
3. *A History of Electric Light & Power*, Brian BOWERS, Peter Peregrinus Ltd & Science Museum, Londres, 1982.

Au laboratoire

Le moteur que nous allons construire dans la présente séance est sûrement le plus simple qu'on puisse imaginer **(figure 5)**. Son origine remonte aux années 1960*.

Procure-toi un morceau de latte de bois mou de 6,5 cm × 9 cm × 2 cm, qui servira de base au moteur. La structure métallique du stator est constituée de deux bouts de fil de cuivre de 1,5 à 2 mm de diamètre, pliés comme sur la **figure 5** et vissés dans la plaque de bois à l'aide de quatre petites vis à bois. Utilise le fil de mise à la terre d'un câble pour l'électrification des maisons, que tu trouveras dans une quincaillerie. Il te suffit de découper la gaine du câble avec un ciseau pour dégager ce fil de cuivre, qui n'est pas entouré d'un isolant. Tu as besoin d'une longueur de 26 cm, que tu couperas en deux bouts de 13 cm à l'aide d'une pince coupante. Plie chacun des bouts en deux en les enroulant autour d'un clou pour former les boucles qui recevront l'axe du rotor. La distance entre les deux supports verticaux en cuivre est de 5 cm.

Le stator du moteur est constitué par deux aimants en ferrite de 25 mm de diamètre et de 6 mm d'épaisseur qu'il te suffit de déposer au centre de la plaque de bois.

Pour le rotor, utilise un mètre de fil de cuivre isolé. Le diamètre du cuivre devrait être de 0,7 mm (calibre 22 AWG). Tu trouveras ce fil chez un marchand de composants pour l'électronique. Fabrique une boucle avec ce fil en enroulant huit à dix tours autour d'un objet cylindrique d'environ 25 mm de diamètre. Attache la boucle de fil à l'aide du fil lui-même, à deux endroits diamétralement opposés, en t'inspirant de l'illustration de la bobine sur la **figure 5**. Donne-lui ensuite une forme ovale en l'aplatissant.

Complète le rotor en dénudant 15 mm du fil de cuivre à chaque extrémité, à l'aide d'un petit couteau. Ces deux bouts dénudés servent d'axe à ton rotor et doivent être bien alignés et centrés par rapport à la boucle de fil pour bien fonctionner.

À ce stade, si tu connectes le moteur à une batterie, en utilisant le porte-piles de l'**épisode 2-1** et deux fils de connexion, ton moteur ne devrait pas fonctionner. En effet, le courant circule en sens contraires dans la partie supérieure et la partie inférieure de la boucle de fil, et le champ magnétique des aimants est toujours dans le même sens. On devrait donc avoir des forces magnétiques tantôt dans un sens et tantôt dans l'autre, ce qui ne permet pas une rotation continue du rotor.

Le secret consiste à empêcher le courant de circuler pendant la moitié d'un tour, en appliquant du vernis à ongles (isolant) à l'une des extrémités dénudées du fil constituant le rotor. Le vernis, en rouge sur la **figure 5**, est appliqué sur la moitié supérieure du fil de cuivre lorsque la boucle est dans un plan vertical. Il est important de laisser sécher le vernis pendant 30 minutes avant d'utiliser le rotor.

Matériel requis

- un bout de latte de bois de 6,5 cm × 9 cm × 2 cm et quatre vis à bois de 1,5 cm
- 2 aimants de 25 mm de diamètre et de 6 mm d'épaisseur
- 26 cm de câble pour l'électrification des maisons, avec un fil de mise à la terre (diamètre des fils de cuivre de 1,5 à 2 mm, de calibre 12 ou 14 AWG)
- 1 mètre de fil isolé dont le cuivre a 0,7 mm de diamètre (cal. 22 AWG), pour les travaux en électronique
- 2 piles D de 1,5 volt avec le porte-piles de l'épisode 2-1
- 2 fils de connexion avec pinces alligator
- du vernis à ongles

Dans un moteur commercial, on inverse plutôt le courant à chaque demi-tour, grâce à un commutateur semblable à celui de la **figure 4**.

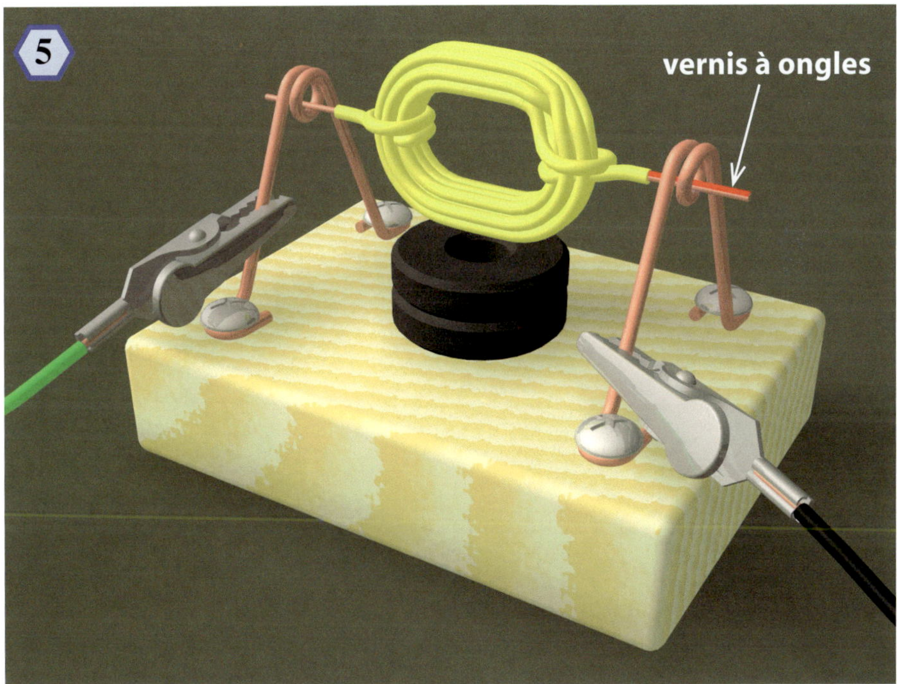

Un moteur dans sa plus simple expression, dont le secret réside dans le vernis à ongles.

* Les inventeurs de ce moteur minimaliste sont un groupe de scientifiques et de pédagogues qui ont travaillé pour « *Education Development Center Inc.* » au Massachusetts, dans les années 1960. Leur livre *Batteries and Bulbs 2* publié chez McGraw-Hill, en 1971, dans le cadre de leur programme « *Elementary Science Study* », comporte (à la page 89) la description d'un moteur semblable à celui de la figure 5 du présent épisode. Voir également la revue *The Physics Teacher*, mars 1985, p. 172.

Épisode 2-21 NIVEAU 2 | LES PREMIÈRES APPLICATIONS COMMERCIALES DES MOTEURS ÉLECTRIQUES

De 1880 à 1900

Un peu d'histoire

L'arrivée des moteurs électriques performants, dans le dernier quart du 19e siècle, se fait dans un monde dominé par la machine à vapeur.

La machine à vapeur

Depuis la fin du 18e siècle, après les perfectionnements apportés par l'ingénieur britannique **James Watt**, la machine à vapeur était devenue la machine à tout faire. Elle fut à l'origine de la révolution industrielle et on estime qu'en 1870, toutes les machines à vapeur installées en Angleterre produisaient des travaux qui auraient exigé la force de 30 millions d'hommes!

On les utilisait pour pomper l'eau autant dans les mines que dans les édifices, pour actionner des machines-outils dans les ateliers, pour propulser les navires et les trains, pour faire fonctionner les grues et les ascenseurs, etc.

Malgré les nombreux services qu'elles ont rendus, ces machines ont toutefois des limitations importantes. Elles sont très encombrantes et polluent l'atmosphère, en raison du charbon qu'on doit brûler pour produire la vapeur. Il est impensable, par exemple, d'utiliser une machine à vapeur au fond d'une mine ou dans un tunnel, car l'air qui s'y trouve deviendrait rapidement irrespirable.

La plupart des établissements ne disposaient que d'une seule machine puissante **(figure 1)**. La force était alors répartie sur les multiples équipements à l'aide de courroies en cuir, de câbles en acier et d'arbres de transmission munis de poulies. La flexibilité d'un tel système était donc limitée.

Pour augmenter la flexibilité dans la transmission de la force, les ingénieurs du 19e siècle mettent au point des systèmes pneumatiques et hydrauliques fonctionnant avec de l'air ou de l'eau sous pression. Dans ces systèmes, la machine à vapeur actionnait une pompe (à air ou à eau) et la force était transmise par le fluide sous pression, dans des tuyaux.

1

Installation typique pour l'opération d'une machine à vapeur dans un établissement du 19e siècle.

On a utilisé des systèmes hydrauliques sur les docks pour faire fonctionner les grues qui chargeaient et déchargeaient les navires. Des systèmes pneumatiques ont été employés dans les mines pour faire fonctionner certaines machines-outils. Mais ces deux technologies ont également leurs limitations. La force se perd rapidement avec la distance et le rendement devient vite trop faible. Il fallait toujours que la machine à vapeur soit à proximité.

C'est dans ce contexte qu'arrivent sur le marché les moteurs électriques de **Gramme** et de **Siemens**, vers la fin des années 1870.

Les moteurs électriques dans les mines

Pour toutes les raisons mentionnées plus haut, il n'est pas surprenant que l'industrie minière ait été la première à profiter des moteurs électriques. D'autant plus que la compagnie de **Werner von Siemens (épisode précédent)** était propriétaire d'une mine de cuivre depuis 1863.

Dans les années 1880, on voit donc apparaître des petites locomotives électriques pour transporter les minerais extraits dans les galeries des mines **(figure 2)**. L'électricité est produite par une génératrice située à l'extérieur de la mine et actionnée par une machine à vapeur. La force motrice est dès lors transmise par des fils de cuivre à des distances beaucoup plus grandes, sans les pertes de rendement rencontrées avec les systèmes pneumatiques. Plusieurs machines-outils vont ainsi profiter des avantages de l'électricité **(figure 3)** et rendre le travail des mineurs plus facile.

Les moteurs électriques dans les transports

Les intervenants dans le domaine des transports ont vite compris également tout l'intérêt des moteurs électriques. La circulation dans les rues de l'époque était plutôt lente, en raison des voitures à cheval qui circulaient partout. Dans les grandes villes, on a donc mis en place des tramways pour le transport public. Les premiers étaient tirés par des chevaux. Ensuite, on a utilisé les machines à vapeur pour tirer les tramways à l'aide de câbles d'acier disposés sous la chaussée, dans des canalisations aménagées à cet effet. Une fente dans la chaussée, tout au long du trajet, permettait au tramway de s'agripper au câble et d'être entraîné par lui. La machine à vapeur était située dans un édifice spécialement aménagé et tirait sur les câbles souterrains, grâce à un système de poulies. Un tel système coûtait très cher à installer.

Petite locomotive électrique, construite en 1889 par Jeffrey Manufacturing de Columbus, aux États-Unis, pour traîner les chariots de minerais dans une mine (Musée de la civilisation, bibliothèque du Séminaire de Québec. « Jeffrey Mining Motor with Gas Pipe Conductor ». The Electrical World, *Vol. XVI, N°12 (20 septembre 1890). N° 486.2).*

Utilisation d'une foreuse électrique dans une mine, vers 1884, pour faire les trous servant à introduire les explosifs. Il s'agit d'un moteur Gramme (épisode 2-20) (Musée de la civilisation, bibliothèque du Séminaire de Québec. «Application of Electricity to Tunneling». Scientific American, *Vol. L, N° 3 (19 janvier 1884). N° 469.2).*

Métro électrique de Boston, inauguré en septembre 1897 (Musée de la civilisation, bibliothèque du Séminaire de Québec. « The Boston Street Car Subway – One of the Stations ». Scientific American, *Vol. LXXIII, N° 9, (31 août 1895). N° 469.2).*

Le tramway électrique est vite apparu comme étant la solution idéale pour le transport en commun. Il suffisait d'installer un fil électrique le long du parcours et des trolleys sur les tramways pour maintenir un contact glissant avec le fil. Ce système permettait aux moteurs d'être alimentés en électricité **(figure 5)**, à partir d'une centrale électrique située en périphérie de la ville.

Malgré l'aide précieuse apportée par les tramways au transport en commun, la circulation restait encore problématique dans les très grandes villes. C'est ainsi que l'idée du métro a fait son chemin dans les années 1890. Des voies souterraines dédiées uniquement au transport en commun permettaient aux wagons électriques de circuler plus rapidement, sans polluer les tunnels **(figure 4)**.

Par ailleurs, l'automobile électrique a vu le jour en même temps que les tramways électriques, grâce au perfectionnement des batteries au plomb, comme nous l'avons vu à l'**épisode 1-13**.

La compagnie **Electric Vehicle** de New York, inaugurée en 1898, avait une centaine de taxis électriques semblables à celui de la **figure 6**. Une station de recharge des batteries, alimentée par une centrale électrique à proximité, pouvait remplacer l'ensemble des batteries d'un taxi en quelques minutes **(figure 4 de l'épisode 1-13)**.

Toutefois, les automobiles à essence, qui ont également vu le jour à la fin du 19e siècle, ont supplanté les automobiles électriques, au début du 20e siècle, en raison de leur plus grande autonomie et de la rapidité pour faire le plein. Les batteries, elles, prenaient plusieurs heures pour être rechargées.

Les moteurs électriques dans les édifices et les ateliers

La force mécanique était également requise dans les édifices à plusieurs étages. Il fallait faire fonctionner les

Tramway électrique de la ville de New York dans les années 1890 (Musée de la civilisation, bibliothèque du Séminaire de Québec. «Wheeler's Double Trolley Wire System». The Electrical World, *Vol. XVII, N° 10 (7 mars 1891). N° 486.2).*

Un taxi électrique à New York, en 1898 (Musée de la civilisation, bibliothèque du Séminaire de Québec. «View of the Hansom». The Electrical World, *Vol. XXXII, N° 10 (3 septembre 1898). N° 486.2).*

ascenseurs et pomper l'eau jusqu'au dernier étage. Avant les années 1890, les grands hôtels ou les édifices à bureaux devaient nécessairement avoir une machine à vapeur au sous-sol pour accomplir ces tâches. Il en était de même pour les ateliers et les usines, dans lesquels la force mécanique était requise pour opérer les multiples machines-outils qu'on y trouvait.

Dans les années 1890, des centrales électriques d'envergure sont apparues. Il est alors devenu possible de s'abonner à une compagnie d'électricité et d'obtenir du courant pour faire fonctionner des moteurs puissants. À partir de là, l'industrie des moteurs électriques s'est rapidement accrue, car on n'avait plus à équiper les édifices et les ateliers avec de coûteuses machines à vapeur.

C'est ainsi qu'on a vu se multiplier, entre autres, les ascenseurs électriques **(figure 7)**, les pompes à eau électriques **(figure 8)**, les ventilateurs électriques **(figure 9)** et les machines à coudre électriques **(figure 10)**. Bien d'autres appareils domestiques utilisant des moteurs électriques sont apparus par la suite.

Courants continus et alternatifs

Les premiers moteurs fonctionnaient avec du courant continu, car les premières centrales électriques fournissaient un courant qui circulait toujours dans le même sens. Par la suite, les ingénieurs ont adopté le courant alternatif, qui change de sens de 50 à 60 fois par seconde, afin de transmettre l'électricité sur de plus grandes distances.

Bien qu'on ait conçu d'autres types de moteurs pour fonctionner avec le courant alternatif (comme nous le verrons dans le prochain volume), le moteur à courant continu schématisé sur la **figure 4 de l'épisode 2-20** fonctionne également en courant alternatif. En effet, le sens du courant s'inverse simultanément dans le rotor et le stator, et les forces magnétiques restent toujours dans la même direction. C'est pourquoi on appelle ce type de moteur un *moteur universel*.

9

Ventilateur électrique de 1890 (Musée de la civilisation, bibliothèque du Séminaire de Québec. « Kimball's Fan Outfit ». The Electrical World, *Vol. XVII, N° 17 (25 avril 1891). N° 486.2).*

10

Machine à coudre électrique (1890) (Musée de la civilisation, bibliothèque du Séminaire de Québec. «Petit moteur électrique Griscom». Les Merveilles de la Science *ou* Description des inventions scientifiques depuis 1870. *Paris, Vol. 2, N° 536,4).*

7

Ascenseur électrique des années 1890 (Musée de la civilisation, bibliothèque du Séminaire de Québec. « Otis Elevator ». The Electrical World, *Vol. XVI, N° 1 (5 juillet 1890). N° 486.2).*

8

Pompe à eau électrique des années 1890 (Musée de la civilisation, bibliothèque du Séminaire de Québec. « New Otis Electric Pump ». The Electrical World, *Vol. XIX, N° 3 (16 janvier 1892). N° 486.2).*

Pour en savoir plus

1. *Les merveilles de la science*, Louis FIGUIER, chez Furne, Jouvet et Cie, volume 2, 1868.
2. *A History of Electric Light & Power*, Brian BOWERS, Peter Peregrinus Ltd & Science Museum, Londres, 1982.
3. *Application of Electricity to Tunneling*, revue *Scientific American*, 19 janvier 1884, p. 31.
4. *The New Station of the Electric Vehicle Company*, revue *The Electrical World*, 3 septembre 1898, p. 227 à 232.
5. *The Boston Subway*, revue *Scientific American*, 31 août 1895, p. 135.

Épisode 2-22
NIVEAU 3

C'EST LE MOUVEMENT DES CHARGES ÉLECTRIQUES QUI PRODUIT LE MAGNÉTISME

En 1876

Un peu d'histoire

Tout au long du **chapitre 2**, nous avons vu que des courants électriques, circulant dans des fils conducteurs, produisent des effets magnétiques. Mais, ces effets magnétiques sont-ils produits par le mouvement des charges électriques à l'intérieur du fil conducteur, ou par une interaction inconnue entre ces charges et le conducteur?

C'est un chercheur américain, **Henry Rowland**, qui apporta la réponse à cette question, en 1876.

L'expérience de Rowland

Pour vérifier si les charges électriques génèrent un champ magnétique, lorsqu'elles sont mises en mouvement, **Rowland** électrise un disque qu'il fait tourner à grande vitesse **(figure 1)**. Il utilise un disque isolant et recouvre sa périphérie d'une mince couche d'or, dans laquelle il pratique des rainures radiales afin de forcer les charges électriques, qu'on y dépose, à tourner avec le disque.

Pour détecter la présence du champ magnétique produit par le disque chargé en rotation, **Rowland** utilise deux aiguilles aimantées fixées à une fine tige non magnétique, elle-même suspendue par un mince fil de soie. Les deux aiguilles sont aimantées en sens contraires et distantes de 18 cm. Le champ magnétique terrestre étant le même pour les deux aiguilles, son effet s'annule. Par contre, le champ magnétique produit par le disque en rotation est beaucoup plus intense au niveau de l'aiguille inférieure, ce qui devrait faire tourner le «pendule magnétique».

Un petit miroir, qui est fixé sur la tige reliant les deux aiguilles, réfléchit un faisceau lumineux, dont les déplacements traduisent la moindre déviation des aiguilles.

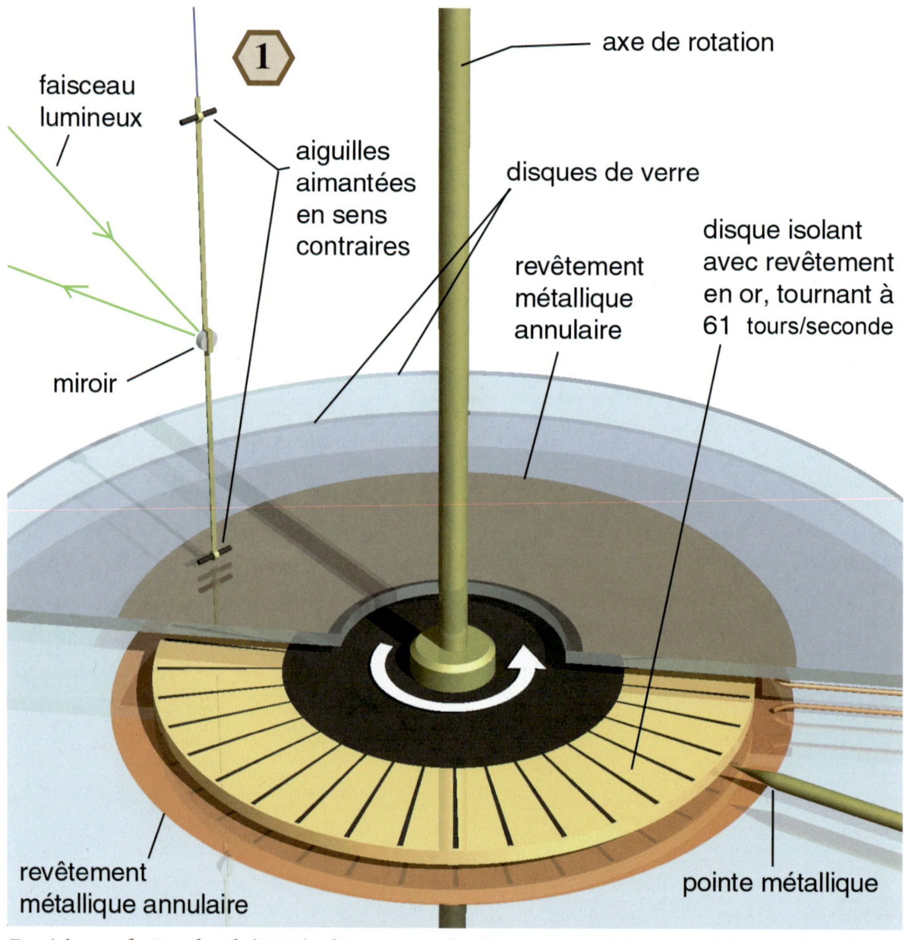

Expérience de Rowland (1876), démontrant le champ magnétique produit par des charges électrostatiques en mouvement. Le disque de verre est sectionné pour que tu puisses mieux voir.

Rowland dispose, de part et d'autre du disque en rotation, un disque en verre fixe, avec un revêtement métallique annulaire **(figure 1)** connecté à la terre. L'effet condensateur **(volume 1, épisode 2-8)** lui permet ainsi d'accumuler plus de charges sur le disque.

Il enferme ensuite son pendule magnétique à l'intérieur d'un tube de laiton (métal non magnétique), possédant une fenêtre à la hauteur du miroir. Ce tube, qui n'est pas représenté sur la **figure 1**, constitue une cage de **Faraday (volume 1, épisode 2-10)** isolant les aiguilles aimantées des forces électriques (qui ne font pas l'objet de l'expérience), de même que des courants d'air.

Il charge le disque, sans contact, à l'aide d'une pointe métallique **(épisode 2-9 du volume 1)** connectée à l'une des bornes d'une pile électrique de haute tension.

Rowland observe ainsi la présence d'un champ magnétique lorsque le disque en rotation est électrisé. Le sens du champ magnétique s'inverse lorsqu'on inverse le signe des charges sur le disque, sans interrompre le mouvement de rotation. *C'est donc bien le mouvement des charges électriques qui fait apparaître les forces magnétiques.*

Pour en savoir plus

1. *On the Magnetic Effect of Electric Convection*, Henry A. ROWLAND, *American Journal of Science*, série 3, vol. 15, 1878, p. 30. Un extrait de cet article est reproduit dans *A Source Book in Physics*, William Francis MAGIE, McGraw-Hill Book Company, New York, 1935, p. 538 à 541.

Épisode 2-23 C'EST L'ÉLECTRICITÉ NÉGATIVE QUI SE DÉPLACE DANS UN FIL CONDUCTEUR

NIVEAU 3

En 1879

Un peu d'histoire

Nous avons vu, au début de ce chapitre, que le sens du courant électrique dans un fil conducteur a été défini par **Ampère** comme étant le sens dans lequel circulerait l'électricité positive. L'électricité positive étant repoussée par la borne positive d'une pile électrique et attirée par sa borne négative, le sens du courant, dans un fil qui relie les deux bornes, va donc de la borne positive vers la borne négative.

Toutefois, il ne faut pas oublier que le sens du courant défini ainsi n'est qu'une *définition*, car on ne savait pas à l'époque si l'électricité positive circulait réellement dans les fils conducteurs. Peut-être est-ce l'électricité négative qui circule dans la direction opposée, ou les deux électricités qui circulent en même temps. En fait, la définition du sens du courant formulée par **Ampère** n'est qu'une façon de déterminer à quelle extrémité du fil conducteur se trouve la borne positive de la pile.

Hall expérimente

C'est le physicien américain **Hedwin Herbert Hall**, en 1879, qui établit expérimentalement que c'est l'électricité négative qui se déplace dans les fils conducteurs, alors que l'électricité positive reste immobile.

Pour ce faire, il met à profit la force magnétique sur les courants électriques. L'expérience qu'il effectue est schématisée sur la **figure 1**. L'idée de base est de faire circuler un courant électrique dans une bande métallique placée sur le pôle d'un électroaimant puissant **(épisode 2-8)** et de vérifier, à l'aide d'un galvanomètre **(épisode 2-11)**, quelle électricité sera déviée sur les côtés de la bande, par les forces magnétiques. Cette expérience lui est suggérée par son maître, **Henry Rowland.**

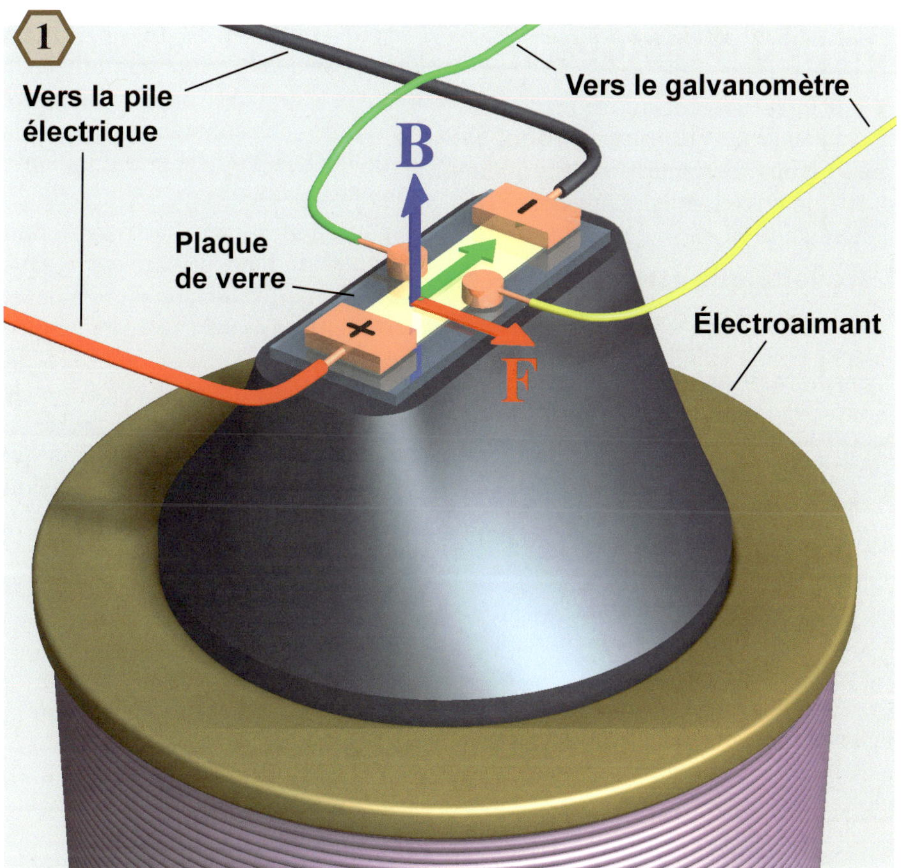

Grâce aux forces magnétiques sur l'électricité en mouvement, Hall démontre, en 1879, que ce sont les charges négatives qui circulent dans les fils conducteurs.

Hall utilise une très mince feuille d'or de 2 cm × 9 cm pour constituer sa bande, qu'il dépose sur une plaque de verre. Le fil rouge est en contact avec la borne positive d'une pile électrique et le fil noir, avec la borne négative de cette pile. Le sens du courant dans la bande est donc dans la direction de la flèche verte (selon la définition d'**Ampère**). L'électroaimant produit un champ magnétique **B** vers le haut (flèche bleue). Selon la loi de **Laplace-Ampère (épisode 2-6)**, une force magnétique **F** s'exerce sur le courant dans la direction de la flèche rouge.

Cette force s'exerce autant sur l'électricité positive que sur l'électricité négative, les poussant vers le fil jaune. Ce dernier ainsi que le fil vert sont connectés à un galvanomètre, dont l'aiguille indique le sens et l'intensité du courant dans ces fils.

Si seule l'électricité positive circulait dans la bande en or, c'est l'électricité positive qui serait poussée vers le fil jaune. Le sens de déviation de l'aiguille du galvanomètre démontre, au contraire, que c'est l'électricité négative qui est poussée vers le fil jaune. Par ailleurs, le galvanomètre ne dévierait pas si les deux électricités circulaient dans la bande et étaient toutes les deux poussées dans le fil jaune.

C'est donc seulement l'électricité négative qui circule dans les fils conducteurs.

Pour en savoir plus

1. *On a New Action of the Magnet on Electric Currents*, Hedwin Herbert HALL, *American Journal of Mathematics*, vol. 2, 1879, p. 287. Un extrait de cet article est reproduit dans *A Source Book in Physics*, William Francis MAGIE, McGraw-Hill Book Company, New York, 1935, p. 542 à 547.

Épisode 2-24 UNE FORCE MAGNÉTIQUE SUR LES PARTICULES ÉLECTRIQUES EN MOUVEMENT

NIVEAU 3

De 1821 à 1897

Un peu d'histoire

La force magnétique exercée sur un courant électrique dans un fil conducteur s'applique-t-elle à une particule électrisée en mouvement en dehors du fil?

L'arc voltaïque est dévié

L'existence d'un courant électrique intense circulant dans l'air, entre deux tiges de carbone, a été démontrée de façon spectaculaire par **Humphry Davy** lorsqu'il a découvert l'*arc voltaïque*, vers 1810 **(épisode 1-7)**.

Lorsqu'en 1821 **Davy** approche un des pôles d'un gros aimant près d'un arc voltaïque, il observe que l'arc subit une force magnétique semblable à celle exercée sur un courant dans un fil conducteur [1]. Cette force a pu être visualisée de façon très évidente lorsque des électroaimants puissants ont fait leur apparition dans les années 1830 **(figure 1)**. Les particules électrisées de l'arc subissent une force perpendiculaire à la direction de leur déplacement et aux lignes du champ magnétique. Son sens s'inverse lorsqu'on inverse le champ magnétique ou le sens du courant, comme pour le courant dans un fil conducteur **(épisode 2-6)**.

Les électrons sont déviés

Les travaux de **Julius Plücker** (1858), de **William Crookes** (1879), de **Jean Perrin** (1895) et de **Joseph John Thomson** (1897) ont conduit à la découverte de l'*électron*, une particule aux dimensions subatomiques dont la charge électrique négative a toujours la même valeur.

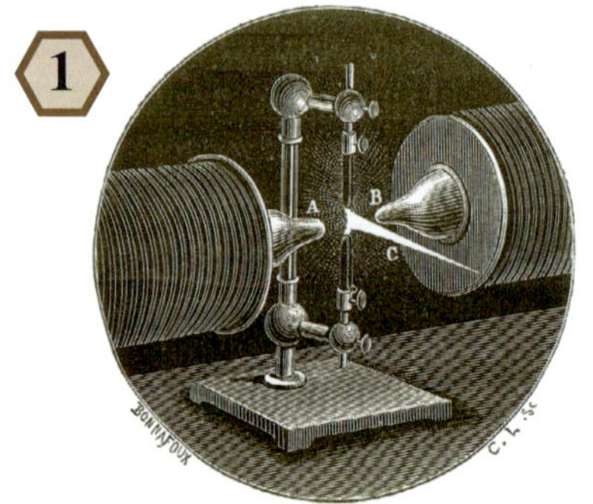

1

Déviation de l'arc voltaïque sous l'effet du champ magnétique d'un électroaimant.

Pour observer les électrons, il faut appliquer un haut voltage entre deux électrodes, à l'intérieur d'un tube de verre dont on a évacué l'air, jusqu'à une très basse pression **(figure 2)**. Les électrons sont alors arrachés de l'électrode négative, et sont projetés en ligne droite, formant un faisceau qui va frapper la paroi du tube, produisant une lueur phosphorescente verte, à l'endroit de l'impact.

Crookes a démontré, en 1879, que ces particules électrisées (les électrons) sont déviées par un champ magnétique **(figure 2)**. La force, sur les électrons, est perpendiculaire à leur déplacement et perpendiculaire au champ magnétique, comme pour le courant dans un fil conducteur.

Force magnétique de Lorentz

Ces observations sur l'arc voltaïque et les faisceaux d'électrons démontrent, sans équivoque, que les forces magnétiques agissent sur les particules électriques en mouvement.

Par ailleurs, **Hall** a démontré que c'est l'électricité négative qui se déplace dans les conducteurs **(épisode 2-23)**, et **Jean Perrin** découvre, en 1895, que les électrons, arrachés aux conducteurs par le haut voltage, portent une charge négative.

Ces faits nous conduisent à penser que le courant électrique dans les conducteurs est constitué par des électrons qui s'y déplacent. C'est ce que met de l'avant le physicien néerlandais **Hendrik Antoon Lorentz**.

Selon cette théorie, bien démontrée aujourd'hui, le courant dans un conducteur est plus grand s'il y a plus d'électrons en mouvement ou si leur vitesse est plus grande.

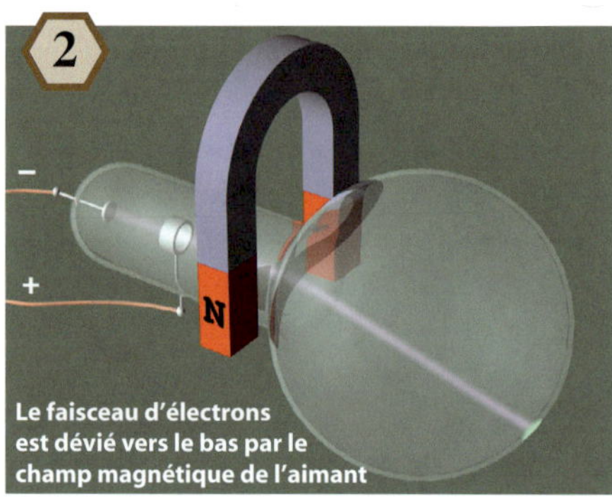

Le faisceau d'électrons est dévié vers le bas par le champ magnétique de l'aimant

Or, nous avons vu à l'**épisode 2-6** que la force magnétique est proportionnelle au courant. **Lorentz** en déduit donc, en 1895, que

> **la force magnétique F sur une particule chargée en mouvement est proportionnelle à sa vitesse V.**

Pour ce qui est de sa direction, la règle de la main droite de l'**épisode 2-6** s'applique en remplaçant la «flèche courant» **I** par la «flèche vitesse» **V** d'une particule électrique positive **(figure 3)**. Si c'est une particule négative, la force F est en sens contraire (elle sort du dos de la main au lieu de la paume).

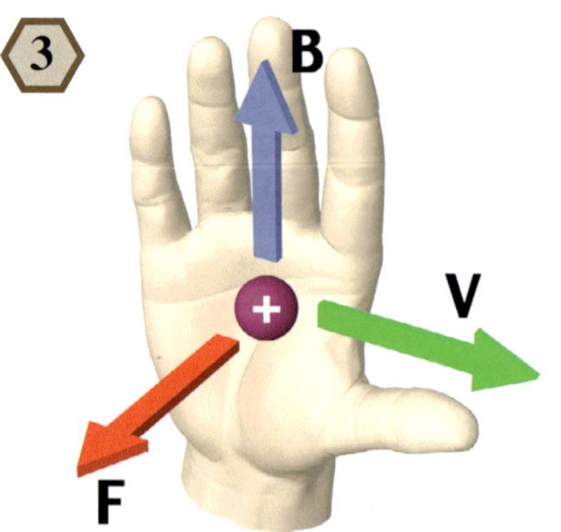

Force magnétique F sur une charge positive en mouvement à une vitesse V.

Pour en savoir plus

1. Extrait d'un mémoire de DAVY lu devant la Royal Society le 5 juin 1821: *Mémoires relatifs à la physique*, tome 2, *Société française de physique*, Gauthier-Villars, Paris, 1885, p. 74 et 75.
2. Travaux de CROOKES, de THOMSON et de LORENTZ: *The World of the Atom*, volume 1, édité par Henry A. Boorse et Lloyd Motz, Basic Books Inc., New York, 1966.

Épisode 2-25 NIVEAU 3

LES SUPRACONDUCTEURS NE CHAUFFENT PAS

De 1911 à aujourd'hui

Un peu d'histoire

Au début du 20e siècle, l'étude de la matière à de très basses températures allait révéler un phénomène électrique inattendu qu'on a appelé la *supraconductivité*.

Les technologies qui en découlent ont révolutionné l'imagerie médicale, et pourraient révolutionner les transports au 21e siècle.

Le froid de Leyde

C'est à l'Université de Leyde, en Hollande, que l'aventure commence. L'acteur principal est **Heike Kamerlingh Onnes** **(figure 1)**, un physicien-professeur tenace et entreprenant. Il bâtit à Leyde, de 1890 à 1915, le meilleur laboratoire de la planète (à l'époque) pour la recherche sur les très basses températures.

En étudiant le comportement de la matière très froide, il espère mieux comprendre les forces entre les molécules faiblement liées et pour lesquelles son maître **Van der Waals** avait établi une équation.

Pour ce qui est des électrons circulant dans les fils conducteurs, certains scientifiques se demandaient, à l'époque, si en refroidissant les fils suffisamment, les électrons n'allaient pas «geler» et perdre leur mobilité, comme l'eau lorsqu'elle se transforme en glace. Selon cette hypothèse, les conducteurs deviendraient éventuellement des isolants aux très, très basses températures. Il fallait mesurer la résistance des fils pour en savoir davantage et ainsi mieux comprendre la matière.

La température absolue

Dans la deuxième moitié du 19e siècle, à la suite des travaux de **Joule** **(épisode 2-18)**, de **Maxwell**, de **Boltzmann** et d'autres, les scientifiques comprennent que la température est en fait une mesure de la vitesse des molécules. Plus la température est élevée, plus les molécules d'un gaz ou d'un liquide se déplacent rapidement. Il en est de même pour un solide, dont

Heike Kamerlingh Onnes (1853-1926) découvre la supraconductivité en 1911 et obtient le prix Nobel de physique, en 1913, pour ses études sur la matière à de très basses températures (gracieuseté de l'Université de Leyde).

les molécules vibreront plus vite si on augmente sa température.

Avec cette nouvelle compréhension, on a été amené à définir la *température absolue*, dont le zéro correspond à une vitesse nulle des molécules. Au *zéro absolu*, les molécules sont immobiles.

Les degrés de température de cette échelle absolue sont les *degrés Kelvin (°K)*. Ces degrés ont la même grandeur que les degrés Celsius (°C), sauf que le zéro de l'échelle Kelvin correspond à −273 °C, la température la plus froide qui puisse exister.

Ça ne résiste plus

En 1908, **Kamerlingh Onnes** devient le champion des basses températures lorsqu'il réussit, le premier, à liquéfier l'hélium. Ce gaz est, de tous les gaz connus, celui qui se liquéfie à la plus basse température (4,2°K).

Ensuite, il utilise l'hélium liquide pour refroidir les matériaux qu'il étudie. En 1911, alors que son assistant mesure la résistance électrique d'un échantillon de mercure, à différentes températures, il constate qu'à 4,2°K, la résistance électrique semble tomber subitement à zéro **(figure 2)**! En 1913, il découvre que le plomb se comporte de la même manière à 7,2°K.

Si c'est le cas, se dit-il, un courant qu'on ferait circuler, à l'aide d'une pile électrique, dans un anneau de plomb sans résistance devrait continuer de circuler dans l'anneau après qu'on ait débranché la pile.

Il met en évidence la présence de ce *courant persistant* à l'aide d'une boussole qu'il place à proximité d'un anneau de plomb. Lorsqu'il injecte le courant dans l'anneau, l'aiguille aimantée est déviée. Lorsqu'il débranche la pile, grâce à un système ingénieux, l'aiguille demeure dans la même position aussi longtemps que la température de l'anneau reste en dessous de 7,2°K!

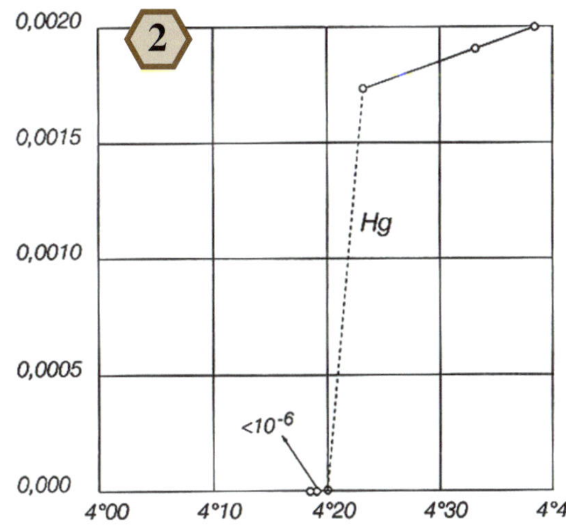

Ce graphique est tiré de la communication originale dans laquelle Kamerlingh Onnes annonçait la découverte de la supraconductivité. On y voit la courbe de la résistance électrique (ohms) d'un échantillon de mercure en fonction de la température absolue (°K). Les mesures ont été faites en 1911 par Gilles Holst, l'assistant de Kamerlingh Onnes, qui deviendra plus tard directeur des laboratoires Philips (gracieuseté de l'Université de Leyde).

La supraconductivité

Kamerlingh Onnes a donné le nom de *supraconductivité* à ce phénomène de perte de la résistance électrique en dessous d'une *température critique* T_c. Mais la résistance nulle n'est qu'un aspect de ce phénomène mystérieux. Nous en découvrirons davantage dans le troisième volume de cet ouvrage.

Mentionnons toutefois qu'il aura fallu près d'un demi-siècle avant de pouvoir comprendre ce qui se passe dans un supraconducteur! Ce sont les physiciens américains **John Bardeen**, **Leon Cooper** et **John Schrieffer** qui ont joint leurs efforts pour élaborer une théorie qu'ils mettent de l'avant en 1957. Il s'agit de la *théorie BCS* (les premières lettres du nom de ses trois auteurs).

Ils découvrent en fait que les électrons dans les supraconducteurs s'associent en paires (les *paires de Cooper*) et circulent de façon cohérente, un peu comme les soldats d'un peloton qui marchent tous au pas.

Le décrochage

Le fait qu'un fil supraconducteur ne chauffe pas pourrait nous laisser croire qu'on peut y faire circuler un courant aussi intense qu'on veut. Malheureusement, ce n'est pas le cas et **Kamerlingh Onnes** a tôt fait de découvrir que la supraconductivité «*décroche*» lorsqu'on dépasse une *densité de courant critique* J_c. Le supraconducteur redevient alors un conducteur résistif normal.

De même, un champ magnétique trop intense détruit la supraconductivité. On dit que le supraconducteur décroche au-delà du *champ critique* H_c.

Les premiers fils commerciaux

Afin de pouvoir utiliser les supraconducteurs et en faire des électroaimants très puissants, il fallait régler ces problèmes de décrochage.

Plusieurs décennies de recherche ont permis aux physiciens et aux ingénieurs d'y arriver au début des années 1960, alors que les premiers fils supraconducteurs commerciaux voient le jour. Ces fils, que l'on retrouve aujourd'hui dans plusieurs applications, sont constitués d'un alliage de niobium (Nb) et doivent être refroidis dans l'hélium liquide. Grâce à eux, **on produit dans un même volume des champs magnétiques dix fois plus intenses qu'avec un électroaimant ordinaire ou des aimants.**

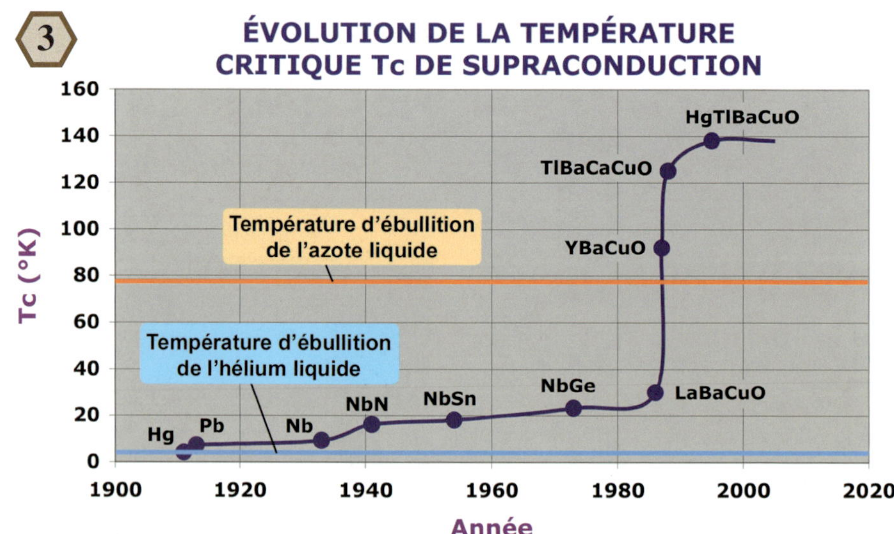

Évolution dans le temps de la température critique des divers supraconducteurs.

La « haute température »

Un frein important aux applications demeure les coûts importants reliés au système de refroidissement à l'hélium liquide.

Il y avait donc un intérêt majeur à trouver des matériaux pouvant être supraconducteurs à plus haute température. Au-delà de 77°K, il devient possible d'utiliser un refroidissement à l'azote liquide, ce qui rend la technologie plus abordable.

Cette quête des hautes températures critiques T_c **(figure 3)** a porté ses fruits lorsque **Georg Bednorz** et **Alex Müller** **(figure 5)** ont découvert, en 1986, un nouveau matériau avec une température critique de supraconductivité de 30°K, faisant partie de la famille des *cuprates*. Dans une course effrénée, les chercheurs à travers le monde ont rapidement atteint la température record de 138°K en quelques années **(figure 3)**, en essayant différents cuprates.

Plusieurs laboratoires et compagnies se sont vite mis à l'œuvre pour exploiter ces nouveaux supraconducteurs. Ils ne performent pas encore aussi bien que les alliages au niobium en ce qui a trait au décrochage, mais la deuxième génération, présentement en développement, est sur le point de les surpasser.

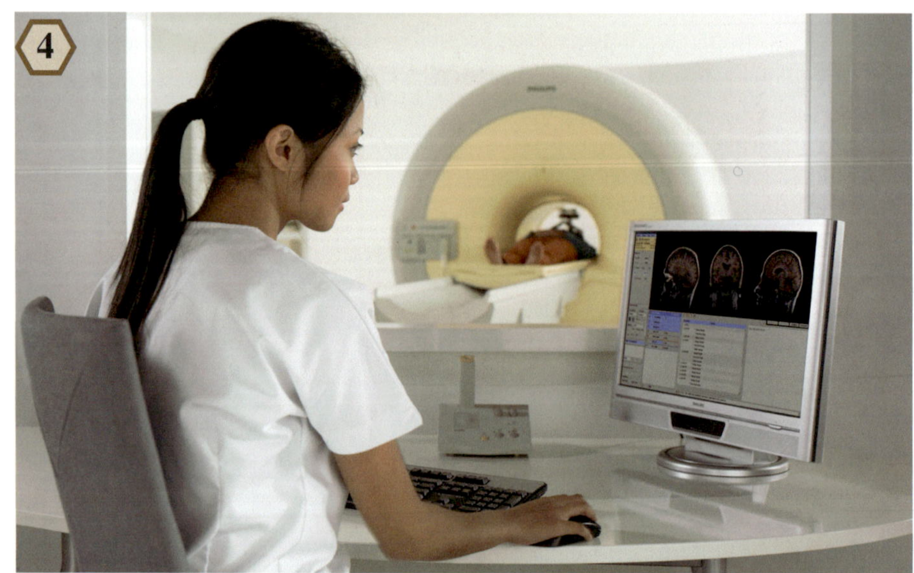

Les systèmes d'imagerie par résonance magnétique permettent de visualiser l'intérieur du corps humain grâce à un champ magnétique très intense (de 1 à 3 teslas) produit par une immense bobine supraconductrice (gracieuseté de Philips Medical Systems).

La **figure 6** nous montre un mince ruban supraconducteur HTS de la compagnie **American Superconductor**. Trois de ces rubans peuvent véhiculer autant de courant qu'un câble de 400 ampères en cuivre. Mentionnons toutefois qu'il faut intégrer les rubans supraconducteurs dans un câble qui comporte un boyau pour le liquide refroidisseur (azote liquide) et une gaine pour l'isolation thermique. En bout de ligne, on obtient quand même un câble supraconducteur qui peut véhiculer 3 à 5 fois plus de courant qu'un câble en cuivre conventionnel, pour le même volume.

Plusieurs applications

L'application la plus répandue des supraconducteurs est l'imagerie par résonance magnétique qui a pris son essor dans les années 1980. Plus de 10 000 appareils sont déjà installés dans le monde **(figure 4)**.

Par ailleurs, on utilise des électro-aimants supraconducteurs dans les immenses accélérateurs de particules des centres de reherche, afin de dévier les trajectoires des particules accélérées.

Les rubans supraconducteurs à haute température (HTS), pouvant être refroidis par des systèmes plus compacts et moins chers, permettent de construire des moteurs de haute puissance dont le volume est huit fois plus petit qu'un moteur conventionnel. La **figure 7** compare les dimensions d'un « moteur HTS » de 36,5 millions de watts, présentement en construction chez **American Superconductor**, à celles d'un moteur conventionnel. Ce moteur HTS servira à propulser un navire à hélice de la US Navy. Un moteur HTS de 5 millions de watts a déjà été construit avec succès.

Les condensateurs synchrones constituent une application en pleine émergence des supraconducteurs. Ces dispositifs, qui sont en fait de gros moteurs-générateurs, permettent de stabiliser la tension sur les lignes de transmission électriques.

Les applications se multiplieraient, bien sûr, si on découvrait la supraconductivité à température ambiante et qu'on n'avait plus à refroidir les supraconducteurs.

5

J. Georg Bednorz et K. Alex Müller, du IBM's Zurich Research Laboratory, *se sont partagé le prix Nobel de physique en1987, pour leur découverte, en 1986, de la supraconductivité à « haute température » (gracieuseté* IBM's Zurich Research Laboratory*).*

6

Trois minces rubans supraconducteurs HTS de la compagnie American Superconductor *peuvent conduire le même courant qu'un câble en cuivre de 400 ampères (gracieuseté de* American Superconductor*).*

7

Comparaison des dimensions d'un moteur supraconducteur HTS de 36,5 millions de watts (en bleu) à celles d'un moteur conventionnel de même puissance. Ce moteur HTS est en construction chez American Superconductor *(gracieuseté de* American Superconductor*).*

Pour en savoir plus

1. *La guerre du froid, Une histoire de la supraconductivité*, Jean MATRICON et Georges WAYSAND, Éditions du Seuil, Paris, 1994 (niveau universitaire).
2. *Superconductivity*, Jonathan L. MAYO, TAB Books Inc., Blue Ridge Summit, PA, 1988 (niveau 15 ans et plus).
3. *Les supraconducteurs*, Pascal TIXADOR, Hermès, Paris, 1995 (niveau universitaire).
4. *No Resistance, High-temperature superconductors start finding real world uses*, Bruce SCHECHTER, revue *Scientific American*, août 2000, p. 32 et 33.
5. *La recherche du zéro absolu*, K. MENDELSSOHN, Hachette, Paris, 1966 (niveau universitaire).
6. *Superconductor Information for the Beginner*, excellent site Internet : www.superconductors.org.

Épisode 2-26 NIVEAU 3 | LA PROPULSION MHD DANS L'EAU ET DANS L'AIR

De 1960 à 2100?

Un peu d'histoire

L'eau de mer constitue un liquide conducteur d'électricité, qui peut être mis en mouvement à l'aide de forces électriques et magnétiques. On peut même utiliser ces forces électromagnétiques pour faire avancer un navire, sans moteurs ni hélices! C'est ce qu'on appelle la propulsion **m**agnéto**h**ydro**d**ynamique, ou, en bref, la propulsion **MHD**.

Des aimants puissants

Pour obtenir des résultats significatifs, il faut cependant des aimants très puissants. C'est la raison pour laquelle les scientifiques n'ont commencé à s'intéresser sérieusement à la propulsion MHD que dans les années 1960, en raison des progrès technologiques reliés aux supraconducteurs **(épisode précédent)**. Les supraconducteurs peuvent en effet véhiculer des courants électriques beaucoup plus élevés que le cuivre, ce qui permet d'obtenir des champs magnétiques très intenses.

La **figure 1** montre le premier navire expérimental à propulsion MHD. Il s'agit de la vedette japonaise *Yamoto 1*, lancée en 1992 [1, 2]. Sa longueur est de 30 mètres et ses électroaimants produisent un champ magnétique 80 000 fois plus intense que celui à la surface de la Terre. Pourtant, sa vitesse maximale n'est que de 14 kilomètres à l'heure. Il faudra disposer d'électro-aimants cinq fois plus puissants encore avant d'envisager des applications concrètes.

La propulsion MHD présente plusieurs avantages, dont celui d'être silencieuse. Elle permettrait aussi aux sous-marins d'aller beaucoup plus vite, surtout si la propulsion de l'eau se fait le long de la paroi du bâtiment (voir la page suivante). Car cette «propulsion de paroi» facilite le déplacement de l'eau et permet au sous-marin de progresser avec moins d'efforts.

Éventuellement, peut-être dans la seconde moitié du 21e siècle, les navires commerciaux deviendront des sous-marins MHD pour bénéficier de cette plus grande facilité de déplacement. Ils pourront ainsi naviguer à grande vitesse, loin des tempêtes, et de façon plus économique.

Les tubes de propulsion MHD

Le déplacement du *Yamoto 1* est assuré par des tubes situés sous l'eau, et dans lesquels on génère des courants électriques et des champs magnétiques. Pour comprendre le principe de fonctionnement d'un tel tube, reporte-toi à la **figure 2**.

On dispose une électrode de chaque côté du tube, et on les connecte aux bornes positive et négative d'une source de tension électrique. On produit ainsi un courant électrique dans l'eau. Les porteurs d'électricité sont des atomes (ou des molécules) chargés positivement ou négativement, qu'on appelle des *ions*. Le sel dans l'eau de mer produit beaucoup d'ions. Le courant électrique sera donc constitué par les ions positifs et négatifs qui voyagent en sens contraires. Un ion positif est représenté sur la **figure 2**, et la flèche verte pointe dans la direction de sa vitesse **V**.

Deux bobines de fils supraconducteurs peuvent produire un champ magnétique **B** vertical à l'intérieur du tube (flèche bleue). Les ions positifs subissent donc une force magnétique **F** dans la direction de la flèche rouge. Pour déterminer cette direction, tu n'as qu'à utiliser la règle illustrée sur la **figure 3** de l'**épisode 2-24**. Nous venons de voir, en effet, que les particules électrisées en mouvement subissent une force magnétique tout à fait semblable à la force sur un courant dans un fil conducteur.

Pour ce qui est des ions négatifs, ils se déplacent dans le sens opposé, mais ils subissent une force magnétique dans le même sens que les ions positifs. L'eau sera donc propulsée vers l'arrière du tube.

Propulsion MHD pariétale

Il est également possible d'avoir une propulsion sans tubes, en générant,

1

La vedette Yamoto 1, *construite en 1992 par la firme japonaise Mitsubishi Heavy Industries et financée par la «*Ship and Ocean Foundation*», est le premier vaisseau à propulsion MHD au monde. Il utilise des électroaimants supraconducteurs (gracieuseté de* Ship and Ocean Foundation*).*

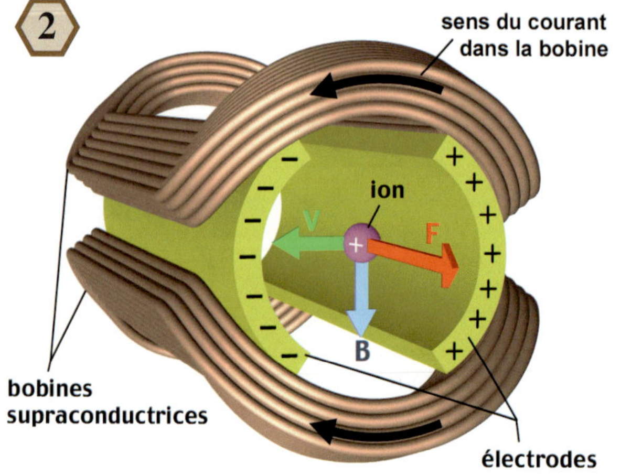

Principe de fonctionnement d'un tube de propulsion MHD.

près de la paroi du vaisseau, des champs électriques et magnétiques appropriés. On parle alors de propulsion MHD *pariétale*.

Il semble bien que le principe de la propulsion MHD pariétale ait été inventé par l'Américain **Warren Rice**, en 1961 [3], et explicité un peu plus tard par **S. Way** en 1964 [4]. Ce dernier décrit, dans ses travaux, une structure semblable à celle de la **figure 3**.

Des tiges supraconductrices sont disposées de façon à ce qu'elles soient parallèles à elles-mêmes. Le fort courant qui les parcourt change de sens d'une tige à l'autre, produisant un champ magnétique intense dont trois lignes seulement sont représentées sur la **figure 3**. Les bornes positives et négatives d'une source de tension sont connectées à une série d'électrodes parallèles, alternativement positives et négatives, situées au-dessus des tiges supraconductrices.

Les trois ions positifs qui sont représentés sont repoussés par les électrodes positives et attirés par les électrodes négatives. Les flèches vertes indiquent la direction de la vitesse qu'ils acquièrent à cause de ces forces électriques. Les flèches bleues indiquent la direction du champ magnétique. Il est alors facile d'établir la direction des forces magnétiques **F** (flèches rouges) à l'aide de la règle pour les forces de **Lorentz** que nous avons illustrée sur la **figure 3 de l'épisode 2-24**.

En disposant cette structure sur la coque d'un sous-marin, de manière à ce que les forces de **Lorentz** soient dirigées vers l'arrière, on obtient la propulsion désirée.

On pourrait même, en principe, propulser ainsi un aéronef dans l'air. La **figure 4** illustre l'écoulement de l'air autour d'un tel aéronef. L'air est aspiré sur le dessus, longe les parois, et est comprimé en dessous de l'aéronef. La diminution de la pression d'air sur le dessus et son augmentation en dessous, c'est ce qui se produit au niveau des ailes d'un avion ou des pales d'un hélicoptère. C'est ce qui permet de voler.

Sur la **figure 3**, on constate que les forces **F** sont toutes parallèles aux électrodes. Par conséquent, en les disposant selon les méridiens d'un aéronef **(figure 4)**, on obtient l'écoulement d'air désiré.

Mais, bien sûr, pour que cela puisse fonctionner, il faut ioniser l'air autour de l'aéronef, pour le rendre conducteur. On peut le faire par des décharges électriques contrôlées, à haut voltage, ou encore à l'aide de micro-ondes. Il se produirait alors un halo lumineux autour de l'engin, causé par l'ionisation d'une couche d'air.

Jean-Pierre Petit, un autre pionnier de la MHD, a publié des descriptions d'aéronefs MHD [5, 6]. Ce scientifique français a même démontré la manière d'éliminer l'onde de choc supersonique par la MHD [6].

Toutefois, pour faire voler un tel aéronef, il faudrait un générateur d'électricité avec la puissance d'une centrale électrique dans quelques mètres cubes ! Il faudrait également des supraconducteurs beaucoup plus performants que ceux dont nous disposons aujourd'hui, pour créer des champs magnétiques plus intenses.

Si ces prouesses technologiques sont réalisables, on pourrait peut-être voir de tels engins sillonner le ciel d'ici une centaine d'années ou plus. Mais qui sait à quelle vitesse la science va évoluer...

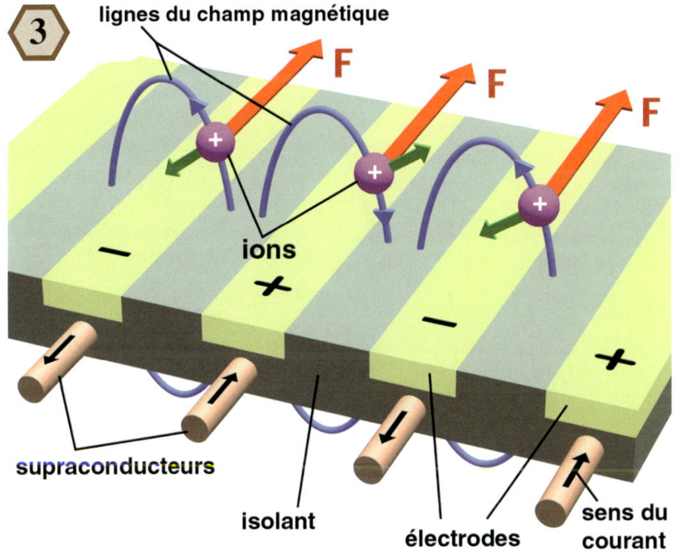

Principe de la propulsion MHD pariétale.

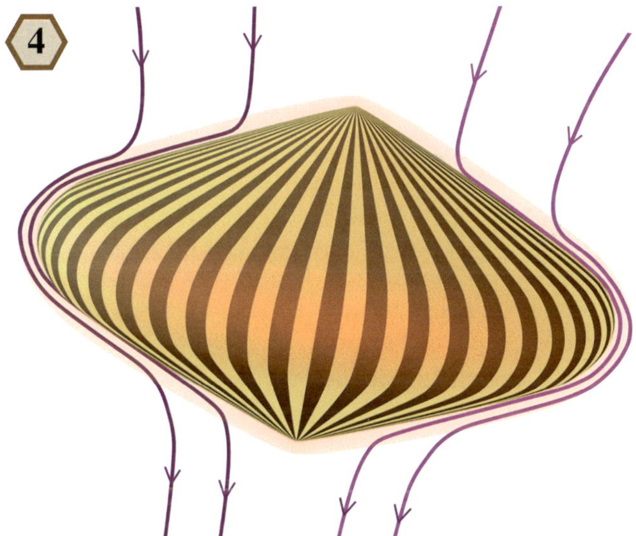

Écoulement de l'air autour d'un aéronef à propulsion MHD pariétale, fonctionnant selon le principe illustré sur la figure 3.

Pour en savoir plus

1. *Pas de moteur, pas d'hélice, pas de gouvernail*, H. GUILLEMOT, *Science &Vie*, avril 1991, p. 80 à 87 et 161.
2. *Superconductivity Goes to Sea*, D. NORMILE, *Popular Science*, November 1992, p. 80 à 85.
3. *Propulsion System*, Warren A. RICE, brevet américain # us2997013 émis le 22 août 1961. Disponible gratuitement en ligne sur le Réseau Espacenet, à l'adresse http://fr.espacenet.com/espacenet/fr/fr/e_net.htm.
4. *Propulsion of Submarines by Lorentz Forces in the Surrounding Sea*, S. WAY, comptes rendus du congrès annuel de l'*American Society of Mechanical Engineers*, du 29 novembre au 4 décembre 1964, publiés en 1965 par l'ASME.
5. *Convertisseur MHD d'un nouveau genre*, Jean-Pierre PETIT, *Comptes rendus de l'Académie des sciences de Paris*, volume 281, série B, 1975, p. 157 à 160.
6. *Le mur du silence*, Jean-Pierre PETIT, collection *Les aventures d'Anselme Lanturlu*, Éditions Belin, Paris, 1983. Cet album peut désormais être téléchargé gratuitement sur le site de Jean-Pierre Petit : www.jp-petit.com.

Au laboratoire

Nous allons reproduire les conditions à l'intérieur d'un tube de propulsion MHD **(figure 2)**, en faisant circuler un courant électrique horizontalement dans de l'eau salée, en présence d'un champ magnétique vertical, produit par un aimant. Tu pourras visualiser l'écoulement de l'eau avec un peu de colorant.

Commençons par faire un trou au centre de la plaque de bois, pour y encastrer l'aimant rectangulaire. Il faut utiliser une perceuse, et ensuite une scie à chantourner. Demande de l'aide à une personne compétente. Le dessus de l'aimant doit être au même niveau que le dessus de la plaque. S'il y a lieu, ajuste la hauteur à l'aide de morceaux de carton.

Ensuite, à l'aide de deux vis à bois, fixe un support de bois de 12 cm × 6 cm × 2 cm à la plaque de bois, comme sur la **figure 5**.

Pour fixer les électrodes, demande à la personne compétente de percer deux trous horizontaux sur les côtés du support de bois **(figure 5)** pour y visser deux vis de mécanique avec chacune deux écrous. La mèche doit avoir un diamètre inférieur à celui des vis.

En guise d'électrodes, utilise deux bouts de fil isolé, dont le cuivre a de 1,5 à 2 mm de diamètre (calibre 12 ou 14 AWG), tirés d'un câble électrique pour l'électrification des maisons (110 ou 220 volts). Demande un bout de 25 centimètres, dans une quincaillerie, avec un fil de mise à la terre.

Dégage les fils du câble, en découpant la gaine extérieure avec une paire de ciseaux. À l'une des extrémités de chacun des deux fils isolés, enlève la gaine sur 7 cm environ. Entoure les fils de cuivre, ainsi dégagés, trois fois autour des deux vis (un fil par vis), en t'aidant d'une pince à long bec. Ensuite, plie les deux fils comme sur la **figure 5** et coupe leurs extrémités libres, à 1 cm du bout de l'aimant. Enlève le revêtement isolant de ces extrémités sur 25 mm. Finalement, pour rigidifier le tout et maintenir un écart de 8 mm entre les extrémités libres des deux fils, installe une bride. Utilise le fil de mise à la terre (en cuivre, non isolé) de ton câble électrique, et entoure ce fil de cuivre trois fois autour des deux fils isolés.

Place le récipient sur la plaque de bois, et abaisse les électrodes jusqu'à ce qu'elles touchent le fond du récipient. Recouvre-les d'eau salée (une cuiller à thé de sel pour 100 ml d'eau) jusqu'à 1 mm maximum au-dessus du cuivre.

Utilise deux fils de connexion avec pinces alligator pour établir le contact entre ton porte-piles de l'**épisode 2-1** (avec deux piles D) et les électrodes que tu viens de fabriquer. Connecte l'électrode rouge à la borne positive (le papier d'aluminium).

Dépose une goutte d'encre ou de colorant alimentaire dans l'eau, près des électrodes, du côté des vis. Si la surface supérieure de l'aimant est un pôle Sud et que l'électrode rouge est positive, alors que la noire est négative, tu verras l'encre se faire propulser entre les fils, comme sur la figure.

Retourne l'aimant ou inverse les connexions, pour voir ce qui se passe.

Matériel requis

- une plaque de bois mou de 18 cm × 18 cm × 2 cm, et un morceau de 12 cm × 6 cm × 2cm
- 2 piles D et le porte-piles de l'épidode 2-1
- 2 fils de connexion avec pinces alligator
- un récipient de plastique de 15 cm × 15 cm × 5 cm environ
- un aimant en céramique de 25 mm × 50 mm × 10 mm avec les pôles sur les 2 grandes surfaces
- du colorant alimentaire
- 2 vis à bois et 2 vis de mécanique de 4 cm, avec 4 écrous
- 25 cm de câble électrique (110 ou 220 volts) comportant deux fils de cuivre de 1,5 à 2 mm de diamètre isolés (calibre 12 ou 14 AWG) et un fil de mise à la terre

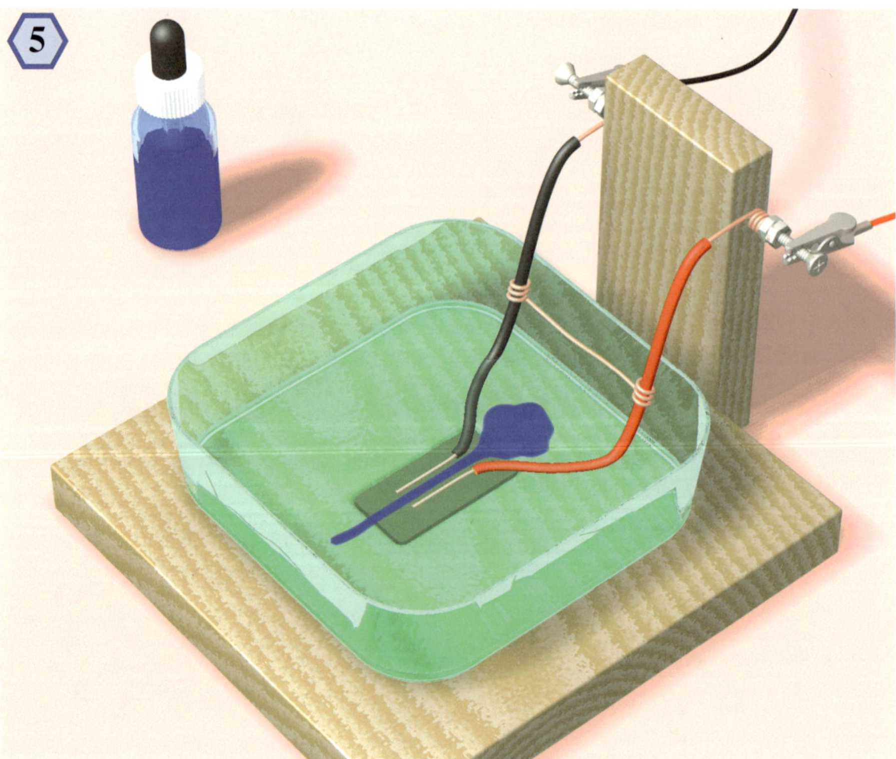

Cette expérience te permettra de visualiser les forces MHD qui agissent sur l'eau.

Épisode 2-27 LES CAPTEURS À EFFET HALL

NIVEAU 3

De 1980 à aujourd'hui

Un peu d'histoire

Hedwin **Hall** était loin d'imaginer, lorsqu'il a fait sa découverte **(épisode 2-23)**, que 100 ans plus tard, on développerait des capteurs à *effet Hall* aux multiples applications.

Effet Hall et magnétomètres

L'*effet Hall*, rappelons-le, c'est l'apparition, dans un conducteur parcouru par un courant, d'une *force électromotrice* perpendiculaire au courant, lorsqu'un champ magnétique pénètre le conducteur. Il s'agit en fait de la force de **Lorentz (épisode 2-24)** qui agit sur les charges électriques en mouvement dans le conducteur.

En mesurant cette force électromotrice, ou *tension de Hall*, on obtient une mesure du champ magnétique. C'est ce que fait un magnétomètre.

Les semi-conducteurs

Avec les métaux conducteurs, comme la feuille d'or de **Hall**, la tension de Hall est très faible. C'est avec les semi-conducteurs comme le silicium qu'on a pu obtenir, au milieu du 20e siècle, des tensions de Hall supérieures. Dès lors, on a commencé à fabriquer des capteurs pour les magnétomètres.

Mais ce n'est que dans les années 1980 que les capteurs à effet Hall sont devenus commercialisables à une plus grande échelle. Ces capteurs sont alors devenus moins chers et plus intelligents (intégration dans les capteurs de circuits de traitement des signaux). C'est en mettant à profit la technologie des microprocesseurs qu'on y est arrivé.

De multiples applications

Ainsi, on a vu apparaître de multiples applications, qui ont pris leur essor dans les années 1990.

Ce qu'il faut comprendre, c'est que ces capteurs émettent un signal électrique sans qu'on ait à les toucher. Il suffit qu'un aimant s'approche d'eux. **Le fait qu'il n'y a pas de contact signifie qu'il n'y a pas d'usure** et par conséquent ces capteurs sont d'une grande robustesse, une qualité très recherchée.

S'il y a un système d'alarme chez toi, tu trouveras un capteur dans le cadre des portes extérieures et un aimant fixé sur le côté des portes, en face des capteurs. Lorsqu'une porte s'ouvre, l'aimant s'éloigne du capteur et l'alarme se déclenche.

Tu as peut-être un capteur à effet Hall sur ton vélo, pour faire fonctionner ton odomètre. L'aimant est alors fixé sur les rayons de la roue avant et le capteur, sur la fourche. À chaque tour de roue, l'aimant passe devant le capteur et un signal est envoyé à l'odomètre, qui affiche la vitesse et la distance parcourue.

L'industrie de l'automobile est friande des capteurs à effet Hall. La **figure 1** fait voir une application très utile pour améliorer le rendement des moteurs à combustion interne, tout en mesurant le régime du moteur. En tournant, le moteur entraîne une roue en fer dentelée. Un capteur à effet Hall est fixé à la périphérie de cette roue et un aimant est collé derrière le capteur. Lorsqu'une dent en fer passe devant le capteur, elle amplifie le champ magnétique de l'aimant et le capteur le détecte. En utilisant un deuxième capteur et une protubérance particulière de la roue en fer, le microprocesseur sait exactement où sont rendus les pistons dans leur cycle. L'ordinateur de bord peut alors contrôler l'allumage des bougies et l'injection de l'essence de façon optimale, en tenant compte du régime du moteur, de sa température et de son accélération, ce qui serait impossible à faire aussi bien mécaniquement.

La **figure 2** montre une application très différente qui consiste à mesurer le courant dans un fil, sans avoir à le toucher. On utilise un anneau de fer doux fendu pour concentrer le champ magnétique du fil sur le capteur et mesurer le champ qui est proportionnel au courant.

Nous verrons, au **prochain épisode**, une autre application très importante dans les nouveaux moteurs électriques.

Aimant
N
S
Capteur à effet Hall
1

Représentation schématique de l'utilisation d'un capteur à effet Hall et d'un disque dentelé, en fer, pour synchroniser les fonctions d'un moteur.

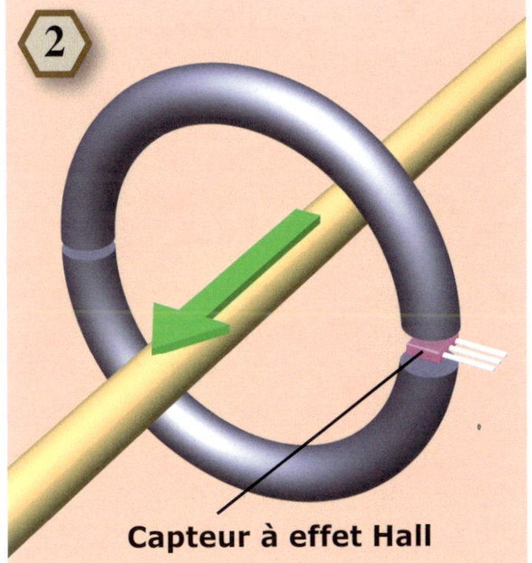

Représentation schématique de l'utilisation d'un capteur à effet Hall et d'un anneau en fer pour mesurer le courant dans un fil, par l'intermédiaire du champ magnétique produit par le courant.

Pour en savoir plus

1. *Hall Effect Sensors, Theory and Application*, Ed RAMSDEN, Advanstar Communications Inc., New York, 2001.

Épisode 2-28 NIVEAU 2 | LES MOTEURS À AIMANTS PERMANENTS ET LES PALIERS MAGNÉTIQUES

De 1960 à aujourd'hui

Un peu d'histoire

Le *moteur universel* de **Siemens**, mis au point dans les années 1870 **(épisode 2-20)**, et qui fonctionne autant en courant continu qu'en courant alternatif **(épisode 2-21)**, a peu changé depuis 125 ans.

À la fin du 19e siècle, on a réalisé qu'il n'était pas nécessaire de bobiner les fils du rotor à la surface de l'armature en fer, et qu'on pouvait les encastrer dans des rainures. Ceci permet de réduire l'espacement entre le stator et le rotor, et d'augmenter ainsi l'efficacité du moteur. On a également remplacé les lames métalliques des balais par des blocs de carbone, poussés contre le commutateur par des ressorts. Par ailleurs, les armatures en fer massif ont cédé la place à des empilements de plaquettes de fer. La **figure 1** montre un moteur universel moderne.

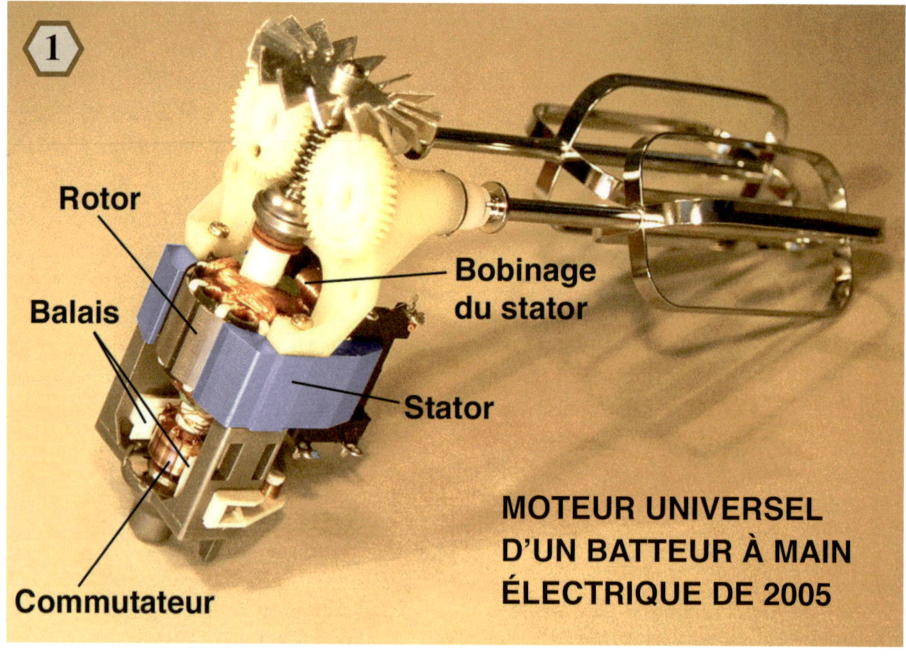

L'utilisation d'aimants permanents pour le stator

L'arrivée sur le marché des aimants en ferrite, dans les années 1950, a permis la fabrication de moteurs plus compacts et plus légers; on a remplacé les électroaimants du stator par des aimants **(figure 2)**.

C'est la plus grande résistance à la désaimantation des aimants en ferrite **(épisode 1-14 du volume 1)** qui a rendu possible ce nouveau design.

Ces moteurs à aimants permanents ne sont plus réellement universels puisqu'ils nécessitent un courant continu pour fonctionner. Avec un courant alternatif qui change de sens plusieurs fois par seconde, le champ magnétique ne s'inversant que dans le rotor, et plus du tout dans le stator, les forces sur les fils du rotor s'inversent autant de fois par seconde, empêchant ainsi le moteur de fonctionner en courant alternatif.

On peut toutefois transformer le courant alternatif en courant continu grâce à de l'électronique appropriée.

Les moteurs à aimants permanents sans balais

Le commutateur mécanique des moteurs est la cause de plusieurs inconvénients. Les balais qui frottent font du bruit et s'usent, nécessitant ainsi plus d'entretien, surtout dans les applications où le moteur doit fonctionner longtemps.

C'est le développement important de l'électronique et des capteurs de champ magnétique, dans les années 1980, qui a permis la construction de *moteurs à aimants permanents sans balais*, à des prix compétitifs. Ces nouveaux moteurs à *commutation électronique* ont pris leur essor dans les années 1990 et trouvent de plus en plus d'applications **(prochain épisode)**.

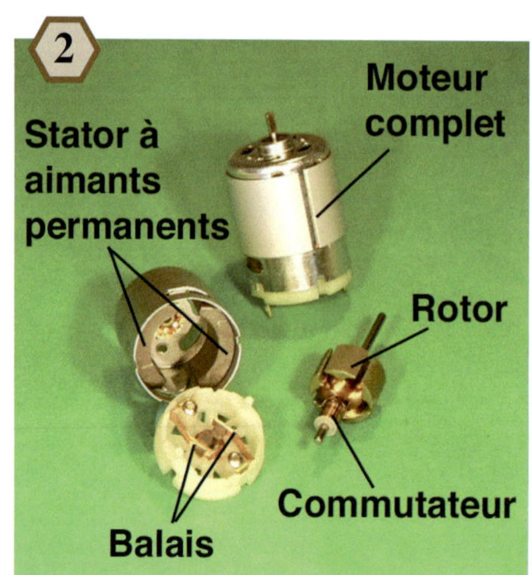

Moteur d'un tournevis électrique.

Les ventilateurs, fonctionnant généralement une bonne partie de la journée et devant être silencieux, ont constitué une des premières applications de ces nouveaux moteurs à aimants permanents sans balais.

La **figure 3** nous montre le dessin d'un tel moteur, semblable à ceux qui sont utilisés dans les ventilateurs d'ordinateur.

Dans ce moteur, c'est le rotor qui est à l'extérieur et le stator, au centre. Le rotor est constitué de quatre aimants permanents en quart de cercle, aimantés radialement. Ceux dont le pôle Nord fait face à l'axe du rotor sont de couleur verte, alors que les aimants dont le pôle Sud fait face à l'axe du rotor sont de couleur orange. Un anneau cylindrique en fer, juste derrière les aimants, permet de fermer le «circuit magnétique» et d'amplifier ainsi le champ magnétique. En réalité, les quatre quarts de cercle aimantés font partie d'une même bande magnétique souple comportant quatre sections aimantées avec leurs pôles alternativement inversés.

Le stator est constitué d'une armature en fer et d'un bobinage où le fil est enroulé alternativement en sens contraire autour des quatre protubérances. On obtient ainsi aux extrémités extérieures de l'armature de fer quatre pôles magnétiques, alternativement Nord et Sud. L'électronique de contrôle permet d'inverser le sens du courant dans le bobinage, ce qui transforme les pôles Nord en pôles Sud, et vice versa. Cette inversion est synchronisée avec le passage des aimants du rotor, de manière à entretenir un mouvement continu de rotation, à la manière d'un commutateur mécanique.

Le capteur qui détecte l'inversion du champ magnétique, lorsque les aimants défilent devant lui, est généralement un capteur à *effet Hall* **(épisode 2-27)**. Ce capteur, en mauve sur la **figure 3**, est identifié par la lettre **H**.

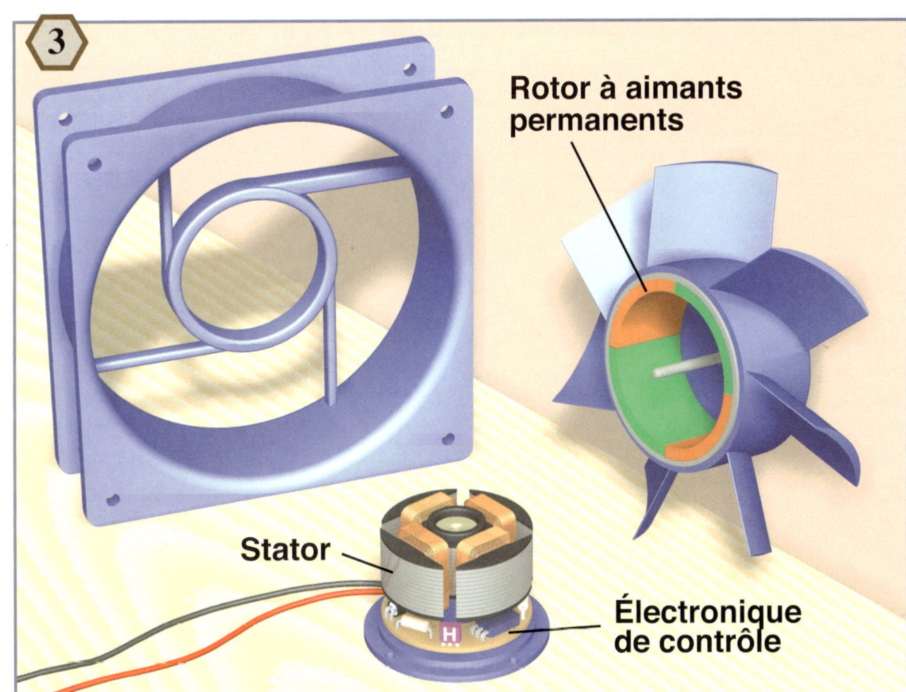

Vue éclatée d'un moteur à aimants permanents, sans balais, tel qu'on en trouve au cœur des petits ventilateurs fonctionnant avec du courant continu.

Regardons de plus près

En te référant à la **figure 4**, tu pourras mieux comprendre comment fonctionne le moteur.

En premier lieu, nous avons vu aux **épisodes 2-6 et 2-9** qu'on peut remplacer un aimant par un courant circulant à sa périphérie. C'est ce que nous avons fait sur la **figure 4**. Les boucles de courant orange correspondent aux aimants orange de la **figure 3** et les boucles vertes, aux aimants verts de cette figure. Les flèches orange et vertes indiquent le sens du courant dans ces boucles.

Les lignes bleues représentent les lignes du champ magnétique produit par les quatre bobines du stator. Les deux flèches mauves indiquent le sens du courant dans deux de ces bobines.

Il suffit maintenant d'appliquer la règle de la main droite **(figure 3 de l'épisode 2-6)** pour déterminer les forces qui agissent sur les boucles de courant vertes et orange. Puisque la force magnétique sur un courant est toujours perpendiculaire à ce courant, on voit que seules les sections verticales des boucles vertes et orange vont contribuer à faire tourner le rotor. Remarque que le sens du courant est le même dans une section verticale orange et dans la section verticale verte qui lui est juxtaposée.

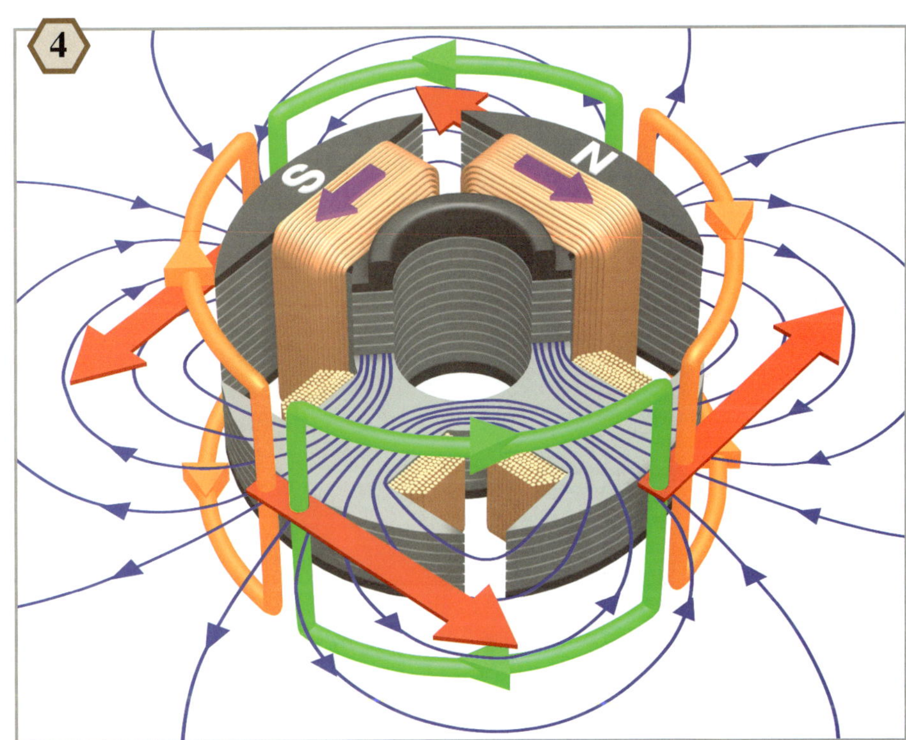

Principe de fonctionnement du moteur à aimants permanents de la figure 3.

L'application de la règle de la main droite nous montre donc que les forces magnétiques sur les sections verticales de courant sont toutes orientées pour faire tourner le rotor dans le même sens. Ces forces sont représentées par les flèches rouges sur la **figure 4**.

Les moteurs à rotor central

Lorsqu'on veut faire tourner un moteur à très grande vitesse, il est préférable que le rotor soit au centre du moteur. Il est en effet plus facile de faire tourner une masse rapidement lorsqu'elle est plus près de l'axe de rotation.

En plaçant des aimants permanents dans le rotor central et en utilisant la commutation électronique des courants dans le stator, on obtient un moteur sans balais avec une configuration inverse de celle du moteur de ventilateur de la **figure 3**.

Par ailleurs, le fait qu'aucun balai n'ait à toucher le rotor central permet d'affranchir ce dernier de tout contact avec le reste du moteur. Pour ce faire, il suffit de suspendre le rotor dans un champ magnétique à l'aide de paliers magnétiques, qui remplacent les roulements à billes conventionnels **(page suivante)**. L'efficacité du moteur est alors à son maximum puisqu'il n'y a aucune perte due aux frottements. Il en résulte un moteur compact ultraperformant, sans huile, très silencieux et presque sans vibrations.

Un tel moteur a été développé de 1993 à 2002 par **Ron Conry** et son équipe de la compagnie **Turbocor** (www.turbocor.com), en collaboration avec la **Commonwealth Scientific Industrial Research Organization** d'Australie. Il s'agit en fait d'un moteur-compresseur centrifuge pour les systèmes de climatisation d'édifices **(figures 5 et 6)**, dans lequel deux roues à ailettes, fixées au rotor, compriment le gaz réfrigérant en le poussant dans des conduits situés en périphérie des roues.

Le moteur, d'une puissance de 160 hp (horse power, 1 hp = 746 watts), peut monter en vitesse jusqu'à 48 000 rpm (révolutions par minute). Il est cinq fois plus léger que les moteurs à induction **(volume 3)**, qu'il remplace, et consomme 33 % moins d'électricité que ces derniers !

Les performances exceptionnelles des compresseurs Turbocor à aimants permanents ont valu à cette compagnie plusieurs prix d'excellence, dont celui de l'*Environmental Protection Agency* des États-Unis, en 2004. En fait, leur efficacité énergétique accrue fait en sorte que chaque compresseur Turbocor de 160 hp permet de sauver annuellement 24 tonnes métriques de CO_2, lorsqu'on considère l'émission moyenne des centrales électriques américaines.

L'économie d'énergie est due à plusieurs facteurs. Premièrement, un moteur dont le rotor est à aimants permanents n'a pas de fils conducteurs qui s'échauffent dans son rotor, d'où sa plus grande efficacité dès le départ. Ensuite, ces moteurs à aimants permanents n'ont pas besoin des engrenages utilisés dans certains moteurs pour varier la vitesse, selon la charge demandée. Les engrenages ne sont pas nécessaires, car le moteur-compresseur Turbocor est un moteur à vitesse variable très efficace sur une large plage de vitesses. L'absence de roulements à billes contribue également de façon importante à diminuer sa consommation électrique. En effet, les roulements à billes et les engrenages sont le siège de frottements qui dissipent de l'énergie sous forme de chaleur et qui rendent un système moins efficace.

Fonctionnement du moteur

Le rotor du moteur-compresseur Turbocor modèle TT-300 est illustré sur la **figure 7**, avec les deux roues à ailettes et les deux paliers magnétiques. La partie centrale du rotor est constituée d'un tube creux, fait d'un matériau non magnétique, dans lequel est inséré un aimant puissant au néodyme **(épisode 1-14 du volume 1)**. Cet aimant, de forme cylindrique, est aimanté suivant son diamètre **(figure 7)**, produisant ainsi un pôle Nord magnétique sur le dessus (en rose) et un pôle Sud en dessous (en gris).

Le stator est constitué de bobinages de fils de cuivre isolés qui forment des électroaimants conjointement avec une structure tubulaire laminée faite d'un alliage magnétique de fer. Une structure typique de stator de ce genre de moteur est représentée sur la **figure 8**. Elle comporte des encoches sur son côté intérieur pour insérer le filage de cuivre autour des protubérances qui vont agir comme pôles magnétiques.

Maintenant, pour faire fonctionner un moteur à aimants permanents comme celui de la **figure 3**, il faut que les pôles magnétiques du stator changent en synchronisme avec le passage des aimants du rotor. En fait, on peut considérer que le champ magnétique du stator, comme sur la **figure 4**, tourne par à-coups pour suivre les aimants.

Dans le moteur-compresseur Turbocor, pour éliminer les à-coups, on inverse moins brusquement le courant dans les enroulements, à l'aide de courants alternatifs sinusoïdaux. En imbriquant judicieusement sur le stator trois bobinages parcourus chacun par un courant sinusoïdal convenablement décalé par rapport aux deux autres, on

Ron Conry, l'inventeur principal du moteur-compresseur centrifuge à aimants permanents de la compagnie Danfoss Turbocor, *posant à côté de son invention (gracieuseté de* Danfoss Turbocor*).*

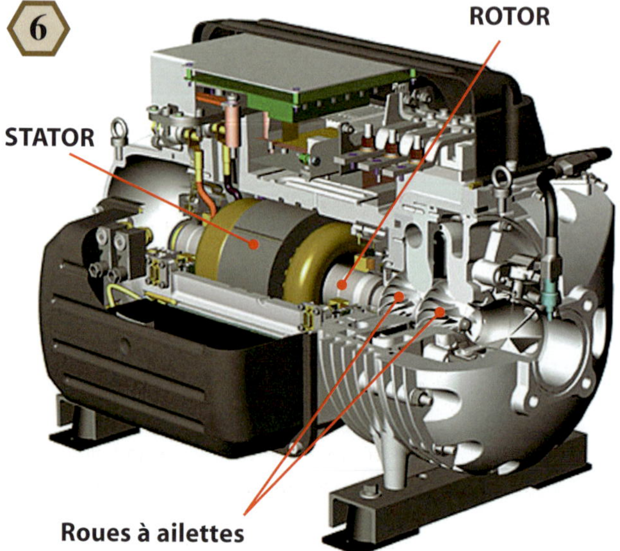

Vue intérieure du compresseur TT-300 de la compagnie Danfoss Turbocor. *Un aimant au néodyme est encastré à l'intérieur du rotor (gracieuseté de* Danfoss Turbocor*).*

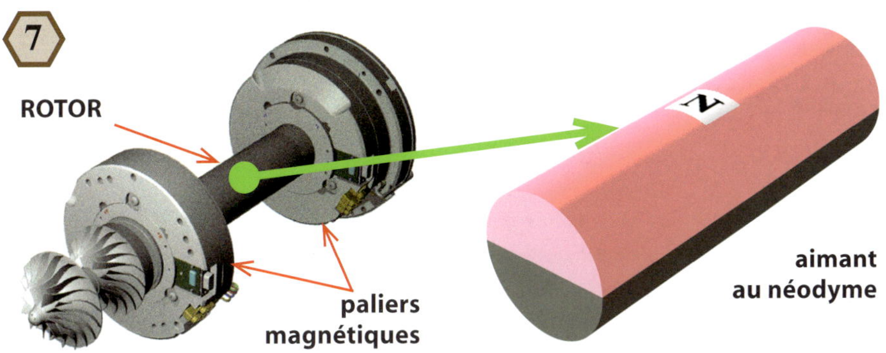

Le rotor des compresseurs Turbocor *est creux et contient un puissant aimant cylindrique au néodyme, aimanté suivant son diamètre (gracieuseté de* Danfoss Turbocor*).*

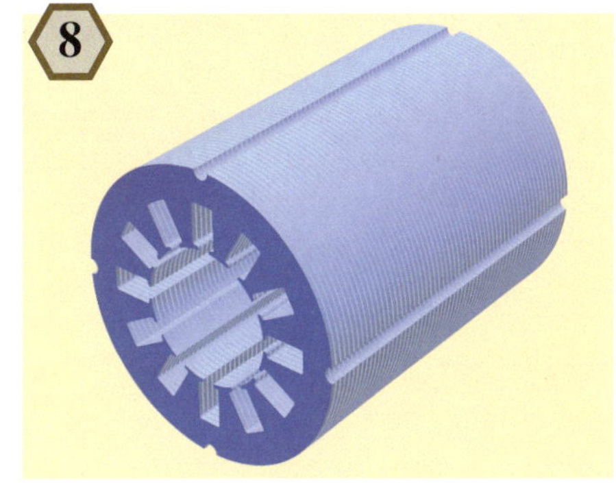

Structure laminée typique en fer doux d'un stator, sans les bobinages.

arrive à faire tourner le champ magnétique de façon continue.

Des capteurs sans contact déterminent en permanence la position angulaire du rotor et font en sorte que la rotation du champ magnétique se fasse en synchronisme avec celle des aimants. C'est ce qu'on appelle un *moteur synchrone.*

Pour augmenter la vitesse de rotation du moteur, il faut augmenter la fréquence des courants alternatifs, alors que pour faire varier les forces sur les roues à ailettes, il faut ajuster l'intensité des courants. Ces ajustements (fréquence et intensité) sont accomplis par des modules électroniques de puissance dont les performances se sont beaucoup améliorées dans les années 1990.

Les paliers magnétiques

Jusqu'à récemment, la technologie des paliers magnétiques (*magnetic bearings,* en anglais) était réservée aux projets d'envergure disposant de ressources financières importantes. C'est l'évolution rapide de l'électronique et des capteurs, dans les dix dernières années, qui a permis aux paliers magnétiques de pénétrer le marché des moteurs industriels de haut niveau, en y remplaçant les roulements à billes traditionnels.

La **figure 9** nous montre schématiquement les différents éléments des paliers magnétiques développés par **Turbocor**. Les paliers radiaux avant et arrière sont constitués chacun de quatre électroaimants, un en haut, un en bas, un à droite et un à gauche. Les portions du rotor qui passent à travers ces paliers sont faites d'un matériau magnétique que les électroaimants peuvent attirer. Par ailleurs, des anneaux de capteurs sans contact peuvent mesurer la position du rotor, horizontalement et verticalement, à environ un millième de millimètre près, et transmettre l'information au contrôleur qui actionne les électroaimants 100 000 fois par seconde pour maintenir le rotor centré. S'il est trop à droite, l'électroaimant de gauche est actionné et attire le rotor vers la gauche. S'il est trop bas, l'électroaimant du haut l'attire vers le haut, etc. En procédant de la sorte, les paliers magnétiques arrivent à maintenir la position centrée du rotor à environ un centième de millimètre près, sans contact avec le moteur ! Un système similaire ajuste la position axiale.

L'absence de frottements permet à ces moteurs de fonctionner sans huile de lubrification. Ainsi, le réfrigérant qui est comprimé par les roues à ailettes n'est pas contaminé par de l'huile, ce qui, à moyen terme, diminuerait l'efficacité du système de climatisation.

En cas de coupure du courant, les paliers et l'électronique sont alimentés par l'électricité emmagasinée dans des condensateurs, le temps que le moteur s'immobilise.

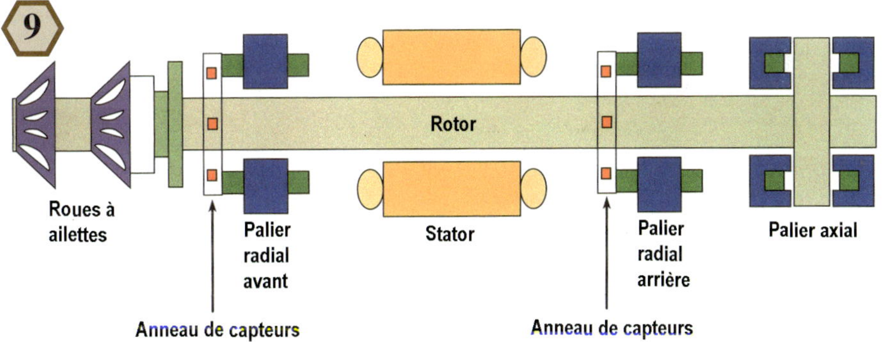

Les électroaimants des paliers magnétiques maintiennent le rotor suspendu sans contact avec le moteur, en ajustant sa position 100 000 fois par seconde, selon les signaux envoyés par les capteurs de position du rotor (gracieuseté de Danfoss Turbocor*).*

Pour en savoir plus

1. *Électrotechnique*, T. WILDI et G. SYVBILLE, quatrième édition, Presses de l'Université Laval, Québec, 2005 (livre spécialisé).
2. *Practical Electric Motor Handbook*, Irving GOTTLIEB, Newnes, Oxford, 1997 (livre spécialisé).
3. Site Internet de la compagnie Danfoss Turbocor (siège social et usine à Montréal, Canada) : www.turbocor.com.

Épisode 2-29 NIVEAU 2 | LA RÉVOLUTION IMMINENTE DES VÉHICULES ÉLECTRIQUES HYBRIDES

De 1982 à aujourd'hui

Un peu d'histoire

Le 1er décembre 1994 marque un jalon important dans l'évolution des automobiles électriques. Ce jour-là, **Pierre Couture** **(figure 1)**, un physicien visionnaire, fait une allocution historique lors d'une conférence de presse tenue par **Hydro-Québec**, pour dévoiler un prototype révolutionnaire d'automobile électrique **(figure 2)** qu'ils viennent de développer. Les moteurs-roues qui la font avancer confèrent à ce véhicule des performances inégalées. Le docteur **Couture** était l'instigateur du projet, le concepteur du moteur et le directeur de l'équipe de recherche.

Allocution de Pierre Couture

Voici donc la transcription de cette allocution, dans laquelle **Pierre Couture** décrit sa vision de l'automobile du futur, dont **Hydro-Québec** présente un premier prototype (texte transmis par **Pierre Couture**; les notes entre crochets sont de l'auteur).

« La technologie que nous vous présentons aujourd'hui est l'aboutissement d'un défi que nous nous étions lancé il y a plus d'une douzaine d'années, celui de développer un groupe de traction pour véhicule électrique qui, grâce à l'électricité, permettrait de régler les problèmes d'environnement, de pollution et de dépendance énergétique qui découlent des véhicules conventionnels.

Notre technologie possède aussi le potentiel pour régler, à la satisfaction des consommateurs, les principaux problèmes auxquels se heurte le véhicule électrique, qui sont l'autonomie et les performances.

Nous avons voulu concevoir un groupe de traction comparable ou supérieur au groupe de traction traditionnel, et les résultats préliminaires confirment nos espérances. Non seulement croyons-nous avoir mis au point une technologie dont les avantages sont très significatifs, mais nous contribuons, par nos recherches, à redéfinir la technologie des groupes de traction.

Pierre Couture

Nous avons abordé le problème sous un angle différent de celui des concepteurs d'automobiles. Nous nous sommes éloignés du point de vue mécanique, et avons adopté un point de vue de spécialistes en technologies électriques.

*Le projet a débuté en 1982. À ce moment-là, un petit groupe de trois personnes a commencé à réunir les ressources ici et là, et à travailler sur l'une des composantes qui est le moteur-roue. Vers la fin des années 1980, à la lumière des progrès réalisés, du personnel permanent a été embauché, et, en 1991, la direction d'***Hydro-Québec** *a pris la décision d'accélérer le développement du projet après en avoir évalué le potentiel.*

Nous avions l'ambition de développer une technologie compétitive. Nos critères ont été les suivants:

- *avoir une autonomie comparable au véhicule traditionnel;*
- *avoir une accélération au moins équivalente à celle des meilleurs groupes de traction actuels;*
- *ne pas augmenter le poids du véhicule;*
- *avoir une technologie compatible avec l'opération d'un véhicule à basse température;*
- *avoir une technologie compatible avec les infrastructures de distribution électrique existantes.*

Notre approche et nos critères nous ont amenés à développer un groupe de traction intégrale composé de quatre moteurs-roues électriques **[figure 3]**, *alimentés en énergie par un système hybride comprenant une batterie de puissance et un moteur-générateur pouvant recharger la batterie au besoin* **[figure 4]**.

Cette configuration hybride confère à notre groupe de traction une autonomie équivalente à ce que les consommateurs connaissent avec les véhicules actuels.

Compte tenu des habitudes de déplacement nord-américaines, les calculs nous montrent qu'environ 80 % des déplacements pourraient être faits en mode tout électrique, sans que le moteur générateur entre en action [l'autonomie de la batterie était de

L'automobile électrique dévoilée en 1994 par Hydro-Québec. Cette Chrysler Intrepid transformée possède deux moteurs-roues à l'arrière. Le prototype de 1995 était équipé de quatre moteurs-roues (archives du journal *Le Devoir*, de Montréal).

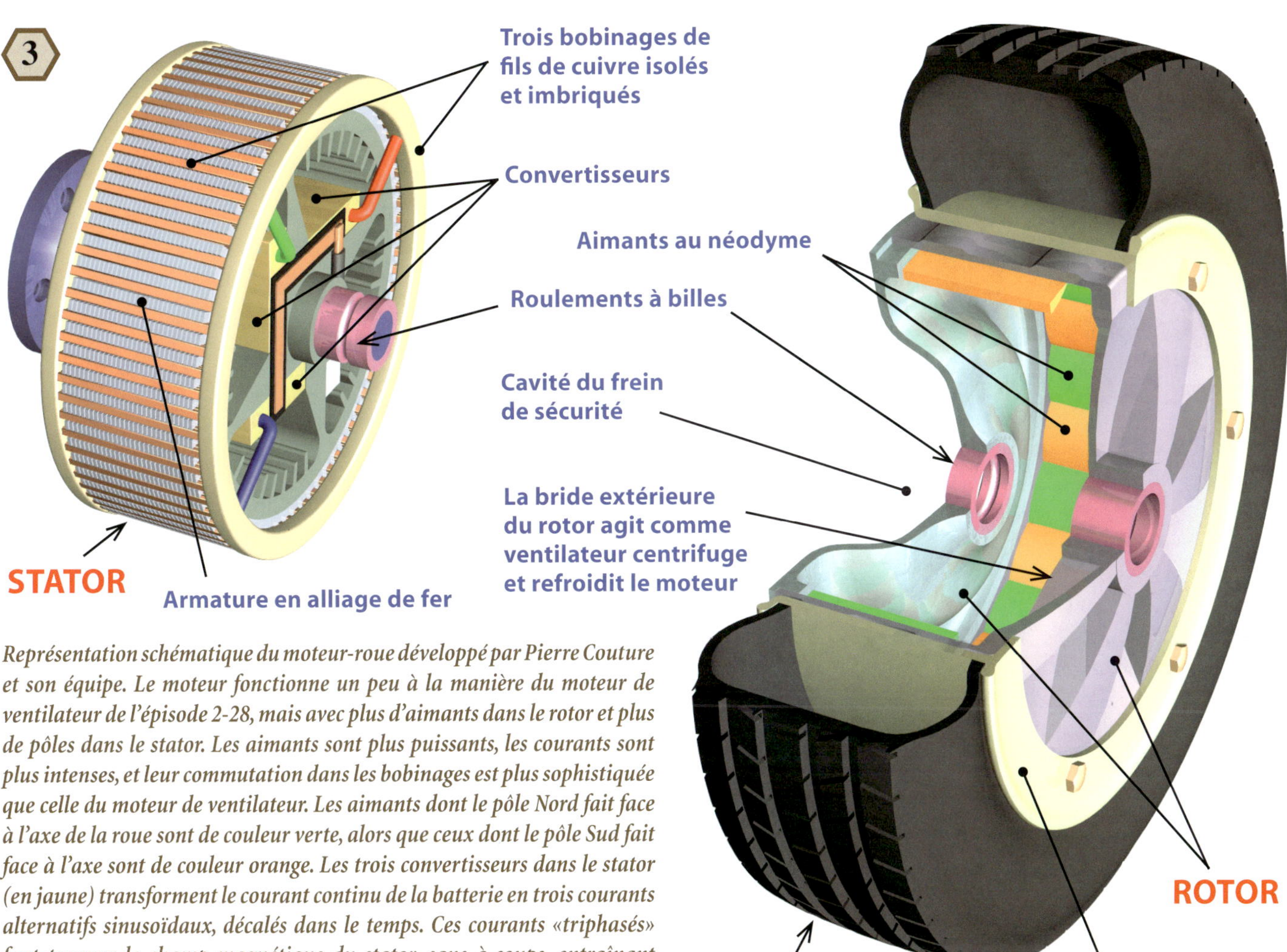

Représentation schématique du moteur-roue développé par Pierre Couture et son équipe. Le moteur fonctionne un peu à la manière du moteur de ventilateur de l'épisode 2-28, mais avec plus d'aimants dans le rotor et plus de pôles dans le stator. Les aimants sont plus puissants, les courants sont plus intenses, et leur commutation dans les bobinages est plus sophistiquée que celle du moteur de ventilateur. Les aimants dont le pôle Nord fait face à l'axe de la roue sont de couleur verte, alors que ceux dont le pôle Sud fait face à l'axe sont de couleur orange. Les trois convertisseurs dans le stator (en jaune) transforment le courant continu de la batterie en trois courants alternatifs sinusoïdaux, décalés dans le temps. Ces courants «triphasés» font tourner le champ magnétique du stator, sans à-coups, entraînant ainsi les aimants du rotor et donc la roue.

65 km]. L'assistance du moteur-générateur n'est requise en principe que pour les longues distances.

Le mode hybride permet aussi de surmonter le «syndrome de la batterie morte», qui effraye beaucoup de consommateurs, et de contourner le problème du temps de recharge des batteries qui demeure, pour l'instant, un défi technologique et logistique.

Le cœur de notre technologie se situe toutefois au niveau des moteurs-roues. Cette percée a été facilitée, en partie, grâce aux compétences que nous avons développées dans le calcul de configuration magnétique à l'intérieur de nos recherches sur la thermofusion.

Il s'agit de moteurs électriques inversés à courant alternatif, auxquels les pneus du véhicule sont rattachés par l'intermédiaire d'une jante métallique. La jante est fixée au rotor du moteur et le stator est immobile au centre de la roue. L'ensemble est fixé à la suspension du véhicule, et le courant continu de la batterie est transformé en courant alternatif par un convertisseur logé à l'intérieur de la roue **(figure 3)**.

Comme vous êtes à même de le constater dans le matériel visuel qui vous a été remis, on élimine toutes les composantes habituelles des groupes de traction. Il n'y a plus de moteur central, ni de transmission, ni d'arbre, ni de différentiel, ni d'essieux. Il n'y a ainsi aucune perte d'énergie due à ces pièces mécaniques, ce qui constitue en soi un gain d'efficacité d'au moins 30 % sur les véhicules conventionnels.

*Le moteur-roue n'est pas nouveau en lui-même (***Ferdinand Porsche** *a obtenu un brevet de moteur-roue en 1904), mais celui que nous avons développé est capable de déployer une force élevée, respectant les exigences des consommateurs en termes d'accélération et de performance.*

L'un des avantages importants du moteur électrique réside dans son efficacité énergétique relativement élevée, quelle que soit la vitesse de roulement ou la température ambiante à laquelle il fonctionne.

Les moteurs à combustion interne et les groupes de traction conventionnels fonctionnent à peu près toujours en mode dégradé, que ce soit à cause de la température ou en raison de leur régime optimal de fonctionnement qui se situe généralement à des vitesses élevées. Ces performances dégradées sont responsables de pertes énergétiques élevées, ce qui n'est pas le cas du moteur électrique.

Parmi les autres caractéristiques importantes de la technologie, il faut mentionner le freinage électrique. L'énergie du freinage est récupérée pour recharger les batteries, ce qui contribue à augmenter l'autonomie du véhicule en mode tout électrique.

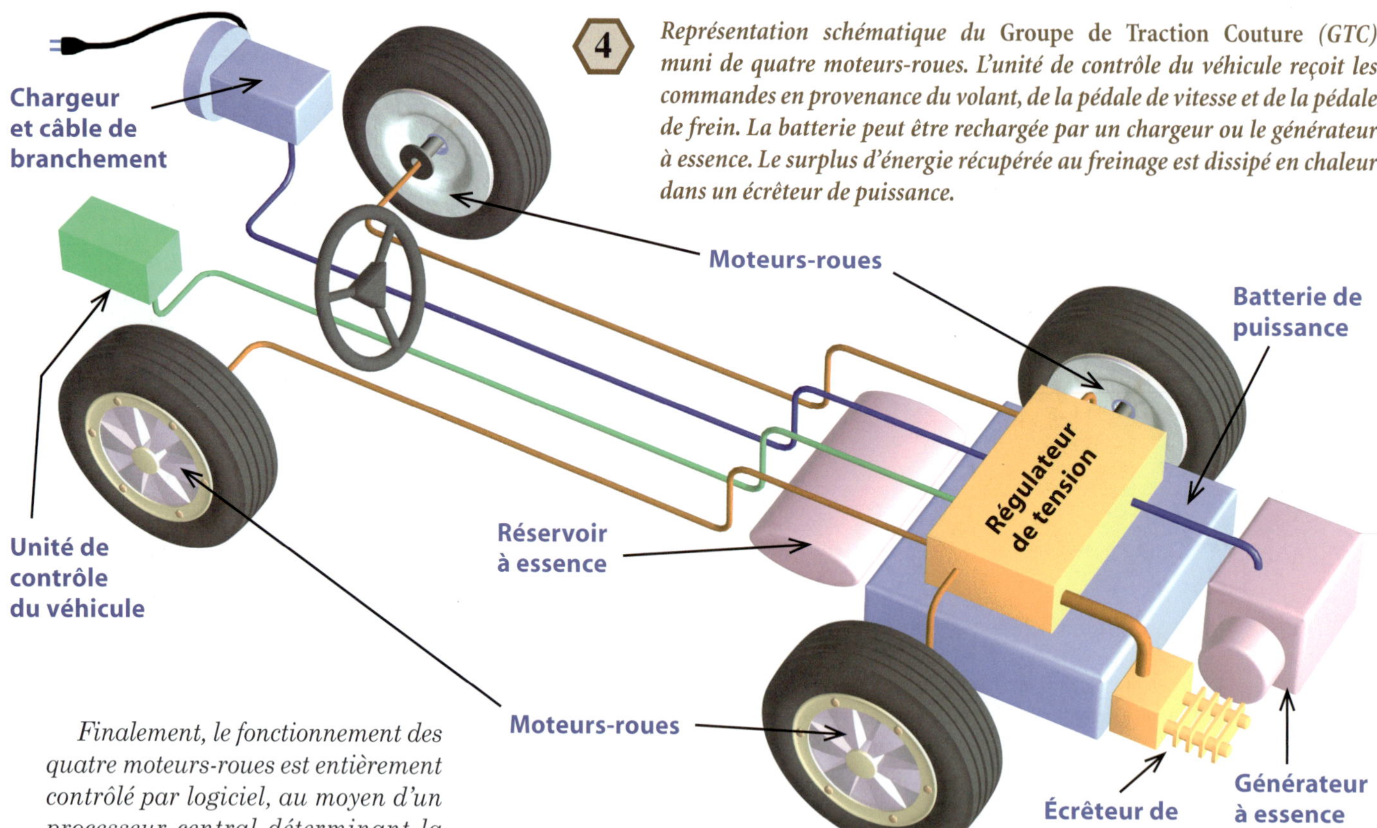

4 *Représentation schématique du* Groupe de Traction Couture *(GTC) muni de quatre moteurs-roues. L'unité de contrôle du véhicule reçoit les commandes en provenance du volant, de la pédale de vitesse et de la pédale de frein. La batterie peut être rechargée par un chargeur ou le générateur à essence. Le surplus d'énergie récupérée au freinage est dissipé en chaleur dans un écrêteur de puissance.*

Finalement, le fonctionnement des quatre moteurs-roues est entièrement contrôlé par logiciel, au moyen d'un processeur central déterminant la position de la roue à des intervalles de temps réguliers. Ce genre de contrôle est plus performant que les systèmes informatisés actuellement utilisés sur les véhicules pour assister le fonctionnement des composantes mécaniques. Il permet un contrôle précis de la traction en toutes circonstances.

La tension électrique vers les moteurs est maintenue constante par un régulateur de tension **(figure 4)**, *de telle sorte que les performances du véhicule restent les mêmes, quel que soit le niveau de charge de la batterie. Il n'y a ainsi aucune dégradation des performances lorsque la batterie se décharge.*

La batterie pèse 220 kg et peut être rechargée au moyen d'une prise de courant standard de 110 volts. Pour une charge complète [*donnant une autonomie d'environ 65 km*]*, il en coûterait environ 0,60 $* [*canadien*] *au consommateur, sur la base des tarifs actuellement en vigueur au Québec* [*1994*].

Parmi les autres bénéfices de la technologie, on peut mentionner rapidement:

- *la réduction de la pollution atmosphérique, qui résulterait de l'utilisation à grande échelle de cette technologie, ainsi que de la réduction de la pollution par le bruit;*
- *un encombrement minimal du véhicule par les composantes du groupe de traction;*
- *la perspective d'un meilleur aérodynamisme, car on peut sceller le dessous du véhicule;*
- *aucun poids excédentaire par rapport aux véhicules actuels;*
- *le fait que la technologie est entièrement modulaire.*

Voilà donc en quelques mots la description de la technologie que nous avons développée».

En 1997, les téléspectateurs de **Radio-Canada** ont pu constater, à l'émission *Découverte*, les véritables performances de la Chrysler Intrepid équipée d'un **groupe de traction Couture (GTC)**. Plus d'un million de personnes ont pu voir alors les roues motorisées du véhicule décrocher de la chaussée sèche et tourner sur place, presque sans déplacement! Une telle performance n'avait jamais été atteinte par aucun véhicule électrique à moteurs-roues, et ne peut être réalisée qu'avec les moteurs à essence les plus puissants.

Vingt fois moins d'essence!

En 1994, au moment de l'allocution de **Pierre Couture**, les batteries rechargeables (accumulateurs) n'étaient pas aussi évoluées qu'aujourd'hui. **Pierre Couture** et son équipe utilisaient pour leur prototype une batterie permettant une autonomie de 65 km environ, dans un mode purement électrique. Selon leurs analyses, cette autonomie entre deux recharges permettait, pour la moyenne des gens, de combler 80 % de leurs besoins de transport personnel, puisqu'on peut recharger la batterie à la maison chaque nuit.

Aujourd'hui, avec les batteries Li-ion **(épisode 1-13)**, on peut sans problème obtenir une autonomie de 130 km pour un même poids de la batterie. C'est donc dire qu'on pourrait effectuer plus de 90 % de nos déplacements sans utiliser d'essence [1].

Par ailleurs, lorsqu'on utilise le générateur de bord pour alimenter les moteurs-roues, lors de longs parcours, ce générateur consomme deux fois moins d'essence qu'un véhicule conventionnel qui aurait les mêmes performances.

Par conséquent, le **GTC permet de consommer vingt fois moins d'essence à la pompe!** C'est donc une technologie révolutionnaire qui arrive à point [1, 2, 3, 4].

Si le **GTC** consomme deux fois moins d'essence lorsqu'il fonctionne sur le générateur de bord (sans recharge des batteries sur le réseau), c'est en partie parce qu'il permet d'éliminer les pertes causées par le frottement dans les pièces mécaniques telles que la transmission, le différentiel et les joints universels de l'arbre. On récupère ainsi environ 30 % de l'énergie qui, autrement, aurait été perdue.

En effet, l'efficacité du moteur électrique du **GTC** est beaucoup plus élevée à bas régime que ne l'est celle d'un moteur à combustion interne. Ce moteur électrique n'a donc pas besoin des engrenages de la transmission pour démultiplier la vitesse de rotation du moteur, comme c'est le cas pour un moteur à combustion interne. Par ailleurs, puisqu'il y a un moteur électrique dans chaque roue, on n'a pas besoin non plus de différentiel pour y distribuer convenablement la puissance ; on peut le faire électroniquement, par logiciel.

La deuxième raison expliquant l'économie d'essence est reliée au fait que le générateur de bord, à essence, fonctionne toujours à un régime constant optimal, là où il consomme le moins. Les appels de puissance des moteurs électriques sont pris en charge par la batterie, qui débite plus ou moins de courant selon les commandes du conducteur. En fait, le moteur-générateur à essence est beaucoup plus petit que le moteur à essence qui devrait équiper un véhicule conventionnel du même poids. C'est là une autre raison pour la faible consommation.

Par ailleurs, les moteurs électriques peuvent récupérer l'énergie de freinage et l'envoyer sous forme d'électricité dans les batteries. C'est ce qu'on appelle le *freinage regénératif*, qui s'explique par la possibilité qu'ont les moteurs électriques d'agir comme générateurs lorsqu'on les fait fonctionner à l'envers. En fait, les aimants induisent des courants dans les bobinages du stator, et lorsqu'on contrôle convenablement la séquence des courants dans les trois bobinages, ces courants ralentissent les aimants et freinent la rotation des roues **(épisode 2-10, et le volume 3)**. Les courants induits vont alors recharger les batteries, ce qui diminue la consommation d'essence. Cette diminution est de l'ordre de 10 % pour les véhicules hybrides actuellement sur le marché.

Enfin, le fait que les moteurs électriques ne consomment pas d'électricité lorsque le véhicule est arrêté permet d'économiser environ 10 % d'essence de plus.

À la suite de cette percée technologique, **Hydro-Québec** a mis sur pied une filiale, **Technologies M4 inc. (TM4)** (www.tech-m4.com), afin de poursuivre la recherche et le développement, et de prendre en charge la commercialisation.

Fonctionnement du moteur

Le moteur-roue développé par l'équipe de **Pierre Couture** utilise des super-aimants au néodyme et ne comporte pas de balais. Son principe de fonctionnement ressemble un peu à celui du petit moteur de ventilateur de l'**épisode 2-28**, mais en beaucoup plus sophistiqué [5, 6].

C'est l'arrivée sur le marché des *super-aimants* au néodyme dans les années 1980 **(épisode 1-14, volume 1)** qui a ouvert la porte à la réalisation de super-moteurs semblables, à un prix abordable.

Mais, pour obtenir des moteurs puissants à aimants permanents sans balais **(épisode 2-28)**, il a aussi fallu développer et perfectionner ce qu'on appelle l'*électronique de puissance*, afin de conditionner électroniquement les forts courants requis. Des progrès considérables dans ce domaine ont été réalisés dans les années 1990, notamment par l'équipe du Docteur **Couture**.

Pour qu'un moteur à aimants permanents sans balais, comme celui de la **figure 3 de l'épisode précédent**, puisse fonctionner, il faut que les pôles magnétiques du stator changent en synchronisme avec le passage des aimants du rotor. En fait, on peut considérer que le champ magnétique du stator, comme sur la **figure 4 de l'épisode 2-28**, tourne par à-coups pour suivre les aimants.

Dans le moteur-roue du **GTC**, pour éliminer les à-coups, on inverse moins brusquement le courant dans les enroulements, à l'aide de courants alternatifs sinusoïdaux. En imbriquant judicieusement sur le stator trois bobinages parcourus chacun par un courant sinusoïdal convenablement décalé par rapport aux deux autres, on arrive à faire tourner le champ magnétique de façon continue.

Afin d'accommoder la vitesse de rotation du moteur-roue, il faut alimenter les bobinages du stator avec des courants alternatifs à fréquence variable. Pour ce faire, on envoie le courant continu d'une batterie dans des *convertisseurs électroniques* qui, eux, produisent le courant alternatif sinusoïdal à la fréquence désirée.

Les forces produites par les moteurs pour faire avancer le véhicule peuvent être variées en ajustant l'intensité du courant dans le stator.

Par ailleurs, pour augmenter la performance de ces moteurs, on a intérêt à augmenter le nombre d'aimants sur le rotor. Or, ceci exige de mesurer très précisément la position du rotor, en tout temps, pour piloter correctement l'électronique. On doit donc développer de nouveaux capteurs sans contact précis, rapides et robustes pour effectuer cette tâche.

Le* Whisper *est un autobus hybride expérimental de la compagnie e-Traction, mû par deux moteurs-roues à l'arrière, alimentés par des batteries. Celles-ci sont rechargées à l'aide d'un générateur diesel de 50 kW à bord du véhicule, ou sur le réseau électrique. Il peut rouler une heure en mode purement électrique et consomme trois fois moins de carburant (gracieuseté de* e-Traction*).

D'autres moteurs-roues

Le concept des moteurs-roues alimentés par une batterie et un générateur a été validé récemment par plusieurs compagnies indépendantes, dont **General Dynamics** (États-Unis) et **e-Traction** (Pays-Bas).

Cette dernière (www.e-traction.com) a mis au point un autobus hybride **(figure 5)** avec deux moteurs-roues de 120 kW chacun. Les deux moteurs consomment ensemble 650 Wh par kilomètre, en ville. Cet autobus, appelé *Whisper*, est équipé d'un générateur diesel de 50 kW pour recharger sa batterie Li-ion de 35 kWh. Cette dernière peut également être rechargée sur le secteur, et permet de rouler une heure en mode purement électrique. Le *Whisper* performe de façon exceptionnelle sur le plan de la consommation. Selon des tests effectués en 2004, cet autobus consomme environ *trois fois moins de carburant* qu'un autobus diesel conventionnel de même calibre, lorsque seul le générateur diesel recharge les batteries ! Il faut dire que les autobus conventionnels sont, au départ, moins efficaces que les automobiles, en raison de leur basse vitesse et des arrêts fréquents.

La compagnie **General Dynamics Land Systems** (www.gdls.com), de son côté, a mis au point le **RST-V** (*Reconnaissance, Surveillance and Targeting Vehicle*) pour la marine américaine **(figure 6)**. Ce véhicule militaire hybride, introduit en 2004, est muni d'un moteur électrique de 50 kW dans chacune de ses quatre roues, alimenté par un générateur diesel de 110 kW et une batterie de 20 kWh. Il n'est pas conçu pour être rechargé sur le secteur et **ne consomme que 42 % de l'essence** utilisée par un véhicule équivalent muni d'un moteur conventionnel [7]. Le **RST-V** hybride peut fonctionner sur une distance de 32 kilomètres en mode purement électrique, dans lequel cas son silence et sa faible signature thermique en font un véhicule difficile à détecter. De plus, il présente des performances supérieures puisqu'il accélère deux fois plus vite qu'un véhicule conventionnel de même catégorie!

Mitsubishi travaille également sur le moteur-roue avec sa technologie MIEV (pour *Mitsubishi In-wheel Motor Electric Vehicle*). On compte intégrer cette technologie, accompagnée de batteries Li-ion, dans des véhicules électriques commerciaux vers 2010.

Le RST-V *de* General Dynamics, *dévoilé en 2004, est muni de quatre moteurs-roues et d'un générateur diesel. Sa consommation est moins de la moitié de celle d'un véhicule conventionnel du même calibre (gracieuseté de* General Dynamics Land Systems*).*

General Motors s'intéresse aussi aux moteurs-roues. En 2003, elle a équipé un camion *Chevrolet S-10* de deux moteurs-roues de 25 kilowatts chacun à l'arrière et d'un moteur électrique central de 70 kilowatts à l'avant. Le modèle électrique du camion a battu le modèle conventionnel dans une course d'un quart de mille. **GM** prévoit introduire cette technologie sur le marché vers 2010.

Voitures hybrides commerciales

La première voiture hybride commerciale à avoir été mise sur le marché, en 1997, est la **Toyota** *Prius*, suivie en 2000 par la *Civic* hybride de **Honda** et la **Ford** *Escape* hybride en 2004. Ces voitures hybrides sont dites à *prépondérance thermique*, car c'est leur moteur thermique (à essence) qui fait le gros du travail. Il est assisté par un moteur électrique central qui prend la relève à très basse vitesse, là où les moteurs thermiques sont très peu efficaces. Le moteur électrique permet également d'augmenter la puissance de traction lorsque c'est nécessaire. Le freinage regénératif fait également partie de leur équipement, mais on ne peut pas, pour le moment, recharger la batterie sur le réseau. Leur autonomie en mode purement électrique n'est que de un à deux kilomètres.

Cette configuration leur donne une économie d'essence d'environ 30 %. La modestie de cette économie traduit le fait qu'on n'a pas éliminé les pièces mécaniques entre le moteur et les roues, et que le moteur thermique ne fonctionne pas toujours à son régime optimal.

On comprendra, à la lueur de ce que nous avons vu avec le **GTC**, que les automobiles hybrides commerciales actuelles ne sont qu'un premier pas dans la bonne direction.

La Cleanova

Un pas de plus dans la bonne direction est en cours à la **Société des Véhicules Électriques (SVE)** de France. Cette société, formée par les groupes **Dassault** et **Heuliez**, a mis au point le système *Cleanova®* (**figure 7**, www.cleanova.com). Ce système de traction électrique (qui existe également en version hybride à dominante électrique, c'est-à-dire avec un prolongateur d'autonomie) est équipé d'un moteur de la société **TM4**, la filiale d'**Hydro-Québec**. Rappelons que c'est à l'*Institut de recherche d'Hydro-Québec* qu'a été développé le **GTC**.

Les premiers véhicules équipés de ce système devraient être commercialisés en 2007, et faire jusqu'à 200 km en ville en mode électrique pur, grâce à un moteur central à aimants permanents de 35 kW et à sa batterie Li-ion de 25 kWh qu'on peut recharger sur le réseau. Dans la version hybride à dominante électrique, un générateur électrique de 15 kW, intégré dans le moteur TM4 (MoGen) et couplé au moteur thermique, peut également recharger la batterie et prolonger l'autonomie du véhicule à environ 450 km. Le générateur peut également fonctionner en mode moteur et assister le moteur principal.

Le système *Cleanova*® consomme environ 150 Wh par kilomètre, ce qui en France représente un coût de 1 euro par 100 km (recharge de nuit), et au Québec (Canada) un coût de 1 dollar canadien par 100 km!

La philosophie derrière le système *Cleanova*® est que les fabricants d'automobiles puissent offrir en option le moteur à essence, le moteur diesel ou le moteur électrique. Cette flexibilité qu'offre un moteur central est toutefois taxée par des performances inférieures à celles des moteurs-roues.

Les « PHEV »

Dans la littérature anglophone, la *Cleanova* est ce qu'on appelle un *«PHEV»*, pour *Plug-in Hybrid Electric Vehicle*. Nous avons vu que les véhicules hybrides commerciaux actuels ne sont pas des PHEV.

Devant la réticence des fabricants d'automobiles à offrir en option, dans leurs véhicules hybrides, une plus grosse batterie qu'on peut recharger sur le secteur, certaines entreprises l'ont fait elles-mêmes. En 2005, **EnergyCS** a transformé une *Prius 2004* en PHEV, en y ajoutant une batterie Li-ion de 9 kWh **(figure 9 de l'épisode 1-13)**. Il en est de même pour la campagnie **Hymotion** (www.hymotion.com) qui offre la transformation de deux types de véhicules hybrides en PHEV.

La pression sur les fabricants d'automobiles s'accentue de plus en plus pour qu'ils fabriquent des PHEV. Aux États-Unis, l'**Electric Power Research Institute** (http://my.epri.com), une corporation à but non lucratif dont les membres représentent 90% des fournisseurs d'électricité américains, agit comme locomotive pour ce démarchage. En partenariat avec **DaimlerChrysler**, elle a fait construire six fourgonnettes PHEV avec une autonomie de 30 km en mode électrique pur, afin de faire avancer la technologie [1].

Par ailleurs, la ville de Austin, au Texas, vient de mettre sur pied, en janvier 2006, une coalition appelée «*Plug-In Partners*» pour promouvoir les PHEV (www.pluginpartners.org, **figure 8**). Son but est de faire souscrire 50 villes américaines et plusieurs compagnies possédant des flottes d'automobiles, afin qu'elles transmettent aux fabricants d'automobiles des lettres d'intention pour acheter des PHEV. Ces gens vont également promouvoir la technologie auprès du grand public.

N'oublions pas que le meilleur PHEV demeure un véhicule muni d'un **GTC** à moteurs-roues.

La Cleanova II, construite sur la base d'une Renault Kangoo, est offerte en version hybride que l'on peut brancher (gracieuseté de la Société des Véhicules Électriques*).*

Surcharge des réseaux ?

On peut se demander quelle surcharge des voitures électriques demanderaient au réseau électrique.

En fait, si tous les véhicules fonctionnaient à 90% sur la recharge de leurs batteries, cela entraînerait une augmentation de la consommation électrique totale d'un pays industrialisé de 5% à 10%, sur une période d'environ 20 ans, le temps que la transition se fasse. Cette croissance est donc parfaitement gérable.

Pour cet estimé, nous avons considéré que les véhicules consommeraient 170 Wh/km, et qu'il y aurait un véhicule pour deux habitants, parcourant 20000 km par année en mode électrique.

Le logo de la nouvelle coalition américaine pour promouvoir les automobiles électriques hybrides que l'on peut brancher.

On pourrait récupérer amplement les 5% à 10% requis en effectuant une transition vers la géothermie (thermopompes) pour le chauffage et la climatisation des bâtiments.

Il est également possible d'y arriver en construisant une éolienne de 3 megawatts (millions de watts) par 10000 habitants (**figure 9**). Par ailleurs, un panneau solaire photovoltaïque personnel de 1000 watts, avec un ensoleillement de huit heures, pourrait générer suffisamment d'électricité pour donner une autonomie d'environ 50 km à une voiture électrique. En 2006, un tel panneau aurait une surface de 3 m × 3 m, donc de 9 m^2.

Actuellement (2006), pour les endroits où le climat le permet, faire fonctionner sa voiture électrique à l'énergie solaire ne coûterait pas plus cher que faire rouler une voiture conventionnelle à essence. Sans compter que le prix de l'essence monte en flèche, alors que le coût de l'énergie solaire diminue rapidement.

Gaz à effet de serre

On sait qu'une voiture conventionnelle moyenne produit environ 225 grammes de CO_2 par kilomètre [4]. Par ailleurs, les centrales électriques des États-Unis émettent en moyenne 650 grammes de CO_2 par kilowattheure. Celles de la France en émettent 95 g CO_2/kWh, et celles du Québec, 20 g CO_2/kWh [8]. En considérant qu'une bonne voiture électrique consomme 170 Wh/km, on calcule qu'en rechargeant sa batterie aux États-Unis, elle «émettrait» 2 fois moins de CO_2 qu'une voiture conventionnelle, 13 fois moins en France et 64 fois moins au Québec!

Cette disparité est due aux différents types de centrales [8]. En rechargeant leur batterie avec une centrale au charbon (900 g CO_2/kWh), les voitures électriques «émettraient» 32% moins de CO_2 que des voitures conventionnelles à essence. Avec des centrales au gaz naturel (450 g CO_2/kWh), elles en «émettraient» 3 fois moins; avec des centrales hydroélectriques (20 g CO_2/kWh), 64 fois moins; avec des centrales nucléaires (6 g CO_2/kWh), 212 fois moins, et pratiquement rien avec des éoliennes.

Meilleurs moteurs thermiques

Plusieurs experts pensent qu'il est encore possible de diminuer la consommation des moteurs thermiques de 30% à 50%.

Par exemple, les chercheurs du MIT ont mis au point un reformeur au plasma qui brise les grosses molécules d'essence en molécules plus petites et en hydrogène, avant que l'essence entre dans les cylindres d'un moteur. Il en résulte une meilleure combustion et une économie d'essence de l'ordre de 20%, accompagnée d'une pollution très réduite. Ils ont négocié une licence de commercialisation avec la compagnie **ArvinMeritor** (www.arvinmeritor. com) qui prévoit l'introduire sur le marché vers 2008.

Cette éolienne de 5 MW pourrait fournir l'électricité nécessaire à 15000 habitants pour alimenter leurs véhicules électriques hybrides, en utilisant un peu de biocarburant, sans essence ni diesel (photo gracieuseté de RePower Systems AG).

Fini le pétrole

Les voitures équipées d'un GTC constituent la solution idéale pour l'automobile du 21e siècle. Ces voitures fonctionneraient à 90% sur la recharge de leurs batteries à partir du réseau électrique, et consommeraient, aujourd'hui, 20 fois moins d'essence. Avec des moteurs thermiques de 30% à 50% plus efficaces, les voitures munies de GTC consommeraient 30 à 40 fois moins d'essence! Les biocarburants suffiraient alors à la demande et l'ère du pétrole serait chose du passé **(figure 9)**.

Dans l'**épisode 1-12**, nous avons vu que les automobiles à piles à combustible (PAC) consomment trois fois plus d'électricité ou 60% plus de gaz naturel que des voitures électriques à batteries (selon la technique de production de l'hydrogène). De plus, faire le plein d'hydrogène dans des voitures à PAC coûterait beaucoup plus cher que recharger les batteries de voitures à GTC, et serait plus polluant.

En plus d'offrir une pollution minime, les voitures à GTC sont très silencieuses et nécessitent peu d'entretien, car les moteurs-roues n'ont qu'une partie mobile, la roue.

Tout ça sera possible dans le prochain quart de siècle. La technologie est là et elle deviendra compétitive dès que la production atteindra une centaine de milliers d'unités.

C'est une fantastique révolution qui attend le monde de l'automobile, dans les prochaines années.

Pour en savoir plus

1. *Driving The Solution, The Plug-In Hybrid Vehicle*, Lucy SANNA, *EPRI Journal*, automne 2005, p. 8 à 17. Excellent article avec beaucoup d'informations comparatives des divers types de véhicules sous plusieurs aspects. Téléchargement gratuit sur le site de **Electric Power Research Institute** (EPRI): http://my.epri.com.
2. *A Cost Comparison of Fuel-Cell and Battery Electric Vehicles*, Stephen EAVES et James EAVES, *Journal of Power Sources*, vol. 130, p. 208, 2004 (disponible, en format pdf, sur le site de **Modular Energy Devices** à www.modenergy. com/news.html).
3. *La voiture à hydrogène*, B. DESSUS, revue *La Recherche*, octobre 2002, p. 60 à 69.
4. *Questions about a Hydrogen Economy [Do fuel Cells make environmental Sense]*, Matthew L. WALD, *Scientific American*, volume 290, numéro 5, mai 2004, p. 66 à 73.
5. *Moteur-roue électrique*, P. COUTURE *et al.*, brevet canadien n° 2 139 118, obtenu le 17 avril 2001, date de la demande PCT: 6 juillet 1993 (téléchargement gratuit à http://patents1.ic.gc.ca).
6. *Machine électrique à courant alternatif polyphasé sans collecteur*, P. COUTURE et B. FRANCOEUR, demande de brevet canadien n° 2 191 128, date de la demande PCT: 15 nov. 1995 (téléchargement: http://patents1.ic.gc.ca).
7. *U.S Military Goes For Hybrid Vehicles*, P. FAIRLEY, revue Spectrum (IEEE), vol. 41, n° 3, mars 2004, p. 22 à 25.
8. *Agence de l'Environnement et de la Maîtrise de l'Énergie* (ADEME); www2.ademe.fr. *Energy Information Administration* (EIA); www.eia.doe.gov. Également, introduire «g/kWh» et «CO2» dans un engin de recherche Internet.

Sites Internet

The California Cars Initiative: www.calcars.org. Plug-In Partners: www. pluginpartners.org; EPRI: http://my.epri.com; Hymotion: www.hymotion.com. Clean@uto: www.clean-auto.com; Moteur Nature: www.moteurnature.com; Green Car Congress: www.greencarcongress.com; Electric Vehicles UK: www.evuk.co.uk; EV World: www.evworld.com.

RÉFÉRENCES

Livres anciens (antérieurs à 1960) ou leurs rééditions

A1 AMPÈRE, A.-M., *Théorie mathématique des phénomènes électrodynamiques uniquement déduite de l'expérience,* dans *Mémoires de l'Académie royale des sciences de l'Institut de France (année 1823),* Firmin Didot, père et fils, Paris, 1827. Édition plus récente : Éditions Jacques Gabay, Paris, 1990.

A2 AMPÈRE, ARAGO, BARLOW, BIOT et SAVART, DE LA RIVE, FARADAY, FRESNEL, OERSTED, SAVARY, *Collection de mémoires relatifs à la physique,* publiée par la *Société française de physique,* tome II, Gauthier-Villars, Paris, 1885.

A3 AMPÈRE, A.-M., WEBER, W., *Collection de mémoires relatifs à la physique,* publiée par la *Société française de physique,* tome III, Gauthier-Villars, Paris, 1887.

A4 BAIR & TATLOCK LTD., *Standard Catalogue of Scientific Apparatus 1924 Vol. IV Physics & Technology,* Bair & Tatlock Ltd., Londres, 1924.

A5 BAUER, Edmond, *L'électromagnétisme hier et aujourd'hui,* Albin Michel, Paris, 1949.

A6 BECQUEREL, Antoine-César, BECQUEREL, Edmond, *Traité d'électricité et de magnétisme,* 3 volumes, Firmin-Didot, Paris, 1855-1856.

A7 BIOT, J.-B., *Précis élémentaire de physique expérimentale,* 2 volumes, Deterville, Paris, 1824.

A8 BOULARD, J., *Production et applications de l'électricité,* publications du journal *Le Génie civil,* Paris, 1882.

A9 DAMÉ, F., *Tout ce qu'il faut savoir en mathématique et physique, chimie, minéralogie, cristallographie, botanique, zoologie, sciences médicales, hygiène,* Librairie Ch. Delagrave, Paris, environ 1900.

A10 FARADAY, Michael, *Experimental Researches in Electricity,* Taylor & Francis, Londres, volume 1 en 1839, volume 2 en 1844, volume 3 en 1855. Édition Richard and John Edward Taylord, 1849, vol.1 et 2. Nouvelle édition des trois volumes, chez Green Lion Press, Santa Fe, New Mexico, 2000.

A11 FIGUIER, Louis, *Les Merveilles de la Science,* chez Furne, Jouvet et Cie, volumes 1 et 2, 1868, volume 3, 1869, volume 4, 1870, 2 volumes de *Suppléments,* 1889-1890.

A12 GANOT, A., *Traité élémentaire de physique,* Librairie Hachette et Cie, Paris, 1884.

A13 GUILLEMIN, Amédée, *Le monde physique : Le magnétisme et l'électricité,* Librairie Hachette et Cie, Paris, 1883.

A14 HENRY, Joseph, *Scientific Writings of Joseph Henry,* tome 1, Smithsonian Institution, Washington, 1886.

A15 LE BRETON, J., *Histoire et applications de l'électricité,* H. Oudin et Cie, Paris, 1884.

A16 LORENTZ, H. A., *The theory of electrons,* Dover, New York, 1915. Édition 2004 par Dover Phoenix Editions.

A17 MAGIE, William Francis, *A Source Book in Physics,* McGraw-Hill, New York, 1935. On y retrouve des extraits des écrits de plusieurs savants, dont ceux de Oersted, Biot et Savart, Arago, Ampère, Seebeck, Ohm, Faraday, Henry, Joule, Rowland et Hall, qui font l'objet du présent volume.

A18 SIGAUD DE LA FOND, Joseph-Aignan, *Traité de l'électricité,* chez Des Ventes de la Doué, Paris, 1771.

A19 SIMARD, l'abbé Henri, *Traité élémentaire de physique,* L'Action sociale, Québec, 1925.

A20 STILL, Alfred, *Soul of Amber,* chez Murray Hill, New York, 1944.

A21 THE INTERNATIONAL CORRESPONDENCE SCHOOLS, *The Elements of Mechanical and Electrical Engineering,* volume III, The Colliery Engineer Co., Scranton, PA, 1898.

A22 THOMSON, Silvanus P., *Leçons élémentaires d'électricité et de magnétisme,* Librairie Industrielle, Paris, 1898.

Livres contemporains (1960-2005)

C1 BLONDEL, Christine, *Histoire de l'électricité,* Cité des sciences et de l'industrie, Pocket, Paris, 1994.

C2 BOORSE, Henry A., et MOTZ, Lloyd, *The World of the Atom,* volume 1, édité par Basic Books Inc., New York, 1966.

C3 BOWERS, Brian, *A History of Electric Light & Power,* Peter Perigrinus & Science Museum, Londres, 1982.

C4 BUCHMANN, Isidor, *Batteries in a Portable World : A Handbook on Rechargeable Batteries for Non-Engineers,* Cadex Electronics Inc., deuxième édition, 2001.

C5 CHAMPEIX, Robert, *Savants méconnus inventions oubliées,* Dunod, Paris, 1966.

C6 CLARK, R. W., *Edison l'artisan de l'avenir*, Belin, Paris, 1986.

C7 CRESPIN, Roger, *L'électricité à la portée de tous*, Éditions techniques et scientifiques françaises, Paris, 1985.

C8 DARRIGOL, Olivier, *Electrodynamics from Ampère to Einstein*, Oxford University Press, Oxford, 2000.

C9 DIBNER, Bern, *Alessandro Volta and the Electric Battery*, Franklin Watts, New York, 1964.

C10 ELECTRIC POWER RESEARCH INSTITUTE (EPRI), *Electricity, Today's Technologies, Tomorrow's Alternatives,* distribué par William Kaufmann Inc., Palo Alto, Californie, 1982.

C11 ÉQUIPE, *L'électricité*, collection Passion des Sciences, Gallimard, Paris, 1993.

C12 FRIEDEL, R., ISRAEL, P., *Edison's Electric Light*, Rutgers University Press, New Brunswick, N. J., 1987.

C13 GOTTLIEB, Irving, *Practical Electric Motor Handbook*, Newnes, Oxford, 1997 (livre spécialisé).

C14 HEILBRON, J. L., *Electricity in the 17th and 18th Centuries*, Dover, Mineola, New York, 1999.

C15 KOPPEL, Tom, *Powering the Future (The Ballard Fuel Cell and the Race to Change the World)*, John Wiley & Sons, New York, 1999.

C16 LACROUX, G., *Les aimants permanents*, Éditions Tec & Doc, Paris, 1989 (ouvrage spécialisé).

C17 LEPRINCE-RINGUET, Louis, *L'aventure de l'électricité*, collection L'Odyssée, Flammarion, Paris, 1983.

C18 LINDER, André, *La thermoélectricité*, Presses universitaires de France, collection *Que sais-je?*, n° 1381, Paris, 1970.

C19 LIVINGSTON, James D., *Driving Force*, Harvard University Press, Cambridge, Massachusetts, 1996.

C20 MASSAIN, Robert, *Physique et physiciens*, Éditions Magnard, Paris, 1982.

C21 MATRICON, J., WAYSAND, G., *La guerre du froid, une histoire de la supraconductivité*, Éditions du Seuil, Paris, 1994 (niveau universitaire).

C22 MAYO, J. L., *Superconductivity*, TAB Books Inc., Blue Ridge Summit, PA, 1988 (niveau 15 ans et plus).

C23 MENDELSSOHN, K., *La recherche du zéro absolu*, Hachette, Paris, 1966 (niveau universitaire).

C24 MONTAGNÉ, J.-C., *Histoire des moyens de communication de l'Antiquité à la Seconde Guerre mondiale, édité par l'auteur*, Bagneux, France, 1995.

C25 PEARCE WILLIAMS, L., *Michael Faraday*, Da Capo Series in Science, Da Capo Press, New York, 1965.

C26 PETIT, J.-P., *Le mur du silence*, collection Les aventures d'Anselme Lanturlu, Éditions Belin, Paris, 1983.

C27 PETIT, J.-P., *Pour quelques ampères de plus*, collection Les aventures d'Anselme Lanturlu, Belin, Paris, 1989.

C28 RAMSDEN, Ed, *Hall Effect Sensors, Theory and Application*, Advanstar Communications, New York, 2001.

C29 RIFKIN, Jeremy, *L'économie hydrogène: après la fin du pétrole la nouvelle révolution économique,* La Découverte, Paris, 2002.

C30 ROMM, Joseph J., *The Hype about Hydrogen: Fact and Fiction in the Race to Save the Climate,* Island Press, Washington, 2005.

C31 SEGRÈ, Emilio, *From Falling Bodies to Radio Waves*, W. H. Freeman and Company, New York, 1984.

C32 STROTZKY, Nicolas, *La planète électricité*, collection Chemins, Éditions Hologramme, Neuilly, France, 1984.

C33 TIXADOR, P., *Les supraconducteurs,* Hermes, Paris, 1995 (niveau universitaire).

C34 TRICKER, R. A. R., *Early Electrodynamics,* Pergamon Press, London, 1965.

C35 VIOT, Nicolas, *Les aventuriers de l'énergie – Les 100 plus belles histoires de l'électricité*, Timée-Éditions, Boulogne, France, 2003.

C36 WILDI, T., SYBILLE, G., *Électrotechnique,* Presses de l'Université Laval, Québec, 2005 (livre spécialisé).

Dictionnaires et ouvrages encyclopédiques scientifiques

D1 GALIANA, T., RIVAL, M. et coll., *Dictionnaire des inventeurs et inventions*, Larousse, Paris, 1996.

D2 GROLIER Limitée, *La Science pour tous*, encyclopédie en 8 volumes, Montréal, 1963-1964.

D3 TATON, René et coll., *Histoire générale des sciences*, 3 tomes, Presses Universitaires de France, Paris, première édition 1957-1964, deuxième édition 1966-1981.

D4 TREVOR, Williams, *Biographical Dictionary of Scientists*, HarperCollinsPublishers, Glasgow, 1994.

D5 URBAIN, Georges et BOLL, Marcel, *La science, ses progrès, ses applications*, tome 1: *La science jusqu'à la fin du XIXe siècle*, Larousse, Paris, 1933.

Livres contenant des expériences maison

E1 ADAMCZYK, Peter, LAW, Paul-Francis, *Electricity and Magnetism*, collection Usborne Understanding Science, Usborne Publishing Ltd., London, 1993.

E2 ARDLEY, Neil, CARLIER, François, *Explore le magnétisme*, collection Science pratique, Éditions Gamma et Éditions du Trécarré, Ville Saint-Laurent, Québec, 1985.

E3 ARDLEY, Neil, CARLIER, François, *Découvre l'électricité*, collection Science pratique, Éditions Gamma et Éditions du Trécarré, Ville Saint-Laurent, Québec, 1986.

E4 DeLUCENAY LEON, George, *The Electricity Story*, ARCO Publishing Inc., New York, 1983.

E5 DESJOURS, Pascal, *L'électricité une énergie à maîtriser*, collection *Les petits débrouillards*, Albin Michel Jeunesse, Paris, 2000.

E6 ÉQUIPE, *À la découverte de la science*, Bordas Jeunesse, Paris, 1995.

E7 GRAF, Rudolf F., *Safe and Simple Electrical Experiments*, Dover, New York, 1973.

E8 HERBERT, D., RUCHLIS, H., *Mr. Wizard's 400 Experiments in Science*, Book-Lab, North Bergen, NJ, 1968.

E9 MATH, Irwin, *Wires & Watts*, Charles Scribner's Sons, New York, 1981.

E10 REUBEN, Gabriel, *Electricity Experiments for Children*, Dover, New York, 1968.

E11 THE THOMAS ALVA EDISON FOUNDATION, *The Thomas Edison Book of Easy and Incredible Experiments*, John Wiley & Sons Inc., New York, 1988.

E12 THOUIN, Marcel, *Problèmes de sciences et de technologie pour le préscolaire et le primaire*, Éditions MultiMondes, Québec, 1999.

E13 THOUIN, Marcel, *Explorer l'histoire des sciences et des techniques. Activités, exercices et problèmes*, Éditions MultiMondes, Québec, 2004.

E14 UNESCO, *700 Science Experiments for Everyone*, Doubleday, New York, 1962.

Articles dans des magazines, revues et comptes rendus

M1 COSMOS, *Chauffage à l'électricité*, revue *Cosmos*, tome XXXV, n° 605, 29 août 1896, p. 139.

M2 COSMOS, *Les précurseurs de Joule*, revue *Cosmos*, tome XIV, n° 252, 23 nov. 1889, p. 460 à 462.

M3 DESSUS, B., *La voiture à Hydrogène,* revue *La Recherche,* octobre 2002, p. 60 à 69.

M4 EAVES, S., EAVES, J., *A Cost Comparison of Fuel Cell and Battery Electric Vehicles*, Journal of Power Sources, volume 130, p. 208, 2004 (disponible en format pdf à l'adresse www.modenergy.com/news.html).

M5 FAIRLEY, P., *U.S Military Goes For Hybrid Vehicles,* revue *Spectrum* (IEEE), vol. 41, n° 3, mars 2004, p. 22 à 25.

M6 FREGONESE, L., *L'électrostatique de Volta*, La Revue (Musée des arts et métiers, Paris), n° 31, décembre 2000, p. 35 à 42.

M7 GROVE, W.-R., *Lettre de M. W.-R. Grove sur une batterie voltaïque à gaz,* Annales de chimie et de physique, troisième série, tome 8, Fortin Masson et Cie, Paris, 1843, p. 246 à 249.

M8 GUILLEMOT, H., *Pas de moteur, pas d'hélice, pas de gouvernail, Science & Vie*, avril 1991, p. 80 à 87 et 161.

M9 KOCH TORRES ASSIS, Andre, REICH, Karin, WIEDERKEHR, Karl Heinrich, *Gauss and Weber's Creation of the Absolute System of Units in Physics*, dans la revue *21st Century Science & Technology*, automne 2002, p. 40 à 48.

M10 MONNIER, Emmanuel, *Les déviations inattendues de Christian Oersted*, dans *Les cahiers de Science &Vie*, n° 67 : *Les mathématiques expliquent les lois de la nature – Le cas du champ électromagnétique*, février 2002, p. 12 à 19.

M11 NORMILE, D., *Superconductivity Goes to Sea, Popular Science*, November 1992, p. 80 à 85.

M12 PELTIER, Jean-Charles-Athanase, *Nouvelles expériences sur la caloricité des courants électriques*, dans *Annales de chimie et de physique*, tome 56, Chez Crochard Libraire, Paris, 1834, p. 371 à 386.

M13 PETIT, J.-P., *Convertisseurs magnétohydrodynamiques d'un nouveau genre*, dans *Comptes rendus de l'Académie des sciences de Paris*, t. 281, série B, 15 septembre1975, p. 157 à 160.

M14 SANNA, Lucy, *Driving The Solution, The Plug-In Hybrid Vehicule*, EPRI Journal, automne 2005, p. 8 à 17 ; téléchargement gratuit sur le site de Electric Power Research Institute (EPRI) : http://my.epri.com.

M15 SCHECHTER, Bruce, *No Resistance, High-temperature superconductors start finding real world uses,* revue *Scientific American*, août 2000, p. 32 et 33.

M16 SCIENTIFIC AMERICAN, *Application of Electricity to Tunneling*, revue *Scientific American*, vol. L, n° 3,19 janvier 1884, p. 31.

M17 SCIENTIFIC AMERICAN, *The Boston Subway*, revue *Scientific American*, vol. LXXIII, n° 9, 31 août 1895, p. 135.

M18 SENDER, H., *L'électricité sans turbine ni réaction chimique. Le retour de la thermopile*, revue *Science et Avenir*, octobre 2002, p. 77.

M19 SHERMAN, Roger, *Joseph Henry's Contributions to the Electromagnet and the Electric Motor*, archives en ligne de la Smithsonian Institution : www.si.edu/archives/ihd/jhp/joseph21.htm.

M20 THE ELECTRICAL WORLD, *A Model Battery Room*, revue *The Electrical World*, vol. II, n° 9, 27 octobre 1883, p. 139 et 140.

M21 THE ELECTRICAL WORLD, *Application of the Weston Voltmeters and Ammeters*, rev. *The Electrical World*, 26 mars 1892, p. 217 et 218.

M22 THE ELECTRICAL WORLD, *George Simon Ohm*, revue *The Electrical World*, vol. VII, n° 1, 2 janvier 1886, p. 6.

M23 THE ELECTRICAL WORLD, *Kimball's Electric Fan Outfit*, revue *The Electrical World*, vol. XVII, n° 17, 25 avril 1891, p. 314.

M24 THE ELECTRICAL WORLD, *Mining Electrical Locomotive*, revue *The Electrical World*, vol. XVI, n° 12, 20 septembre 1890, p. 198 à 200.

M25 THE ELECTRICAL WORLD, *Otis Electric Pump*, revue *The Electrical World*, vol. XIX, n° 3, 16 janvier 1892, p. 46.

M26 THE ELECTRICAL WORLD, *The Invention of the Electromagnetic Telegraph*, revue *The Electrical World*, vol. XXVI, n° 11, 14 septembre 1895, p. 285.

M27 THE ELECTRICAL WORLD, *The New Station of the Electric Vehicle Company*, revue *The Electrical World*, vol. XXXII, n° 10, 3 septembre 1898, p. 227 à 232.

M28 THE ELECTRICAL WORLD, *The Otis Electric Elevator*, revue *The Electrical World*, vol. XVI, n° 1, 5 juillet 1890, p. 3.

M29 THE ELECTRICAL WORLD, *Wheeler's Double Trolley System for Street Cars*, revue *The Electrical World*, vol. XVII, n° 10, 7 mars 1891, p. 192.

M30 VOLTA, Alessandro, *On the electricity excited by the mere contact of conducting substances of different kinds*, Transactions (Royal Society of London), vol. 90, Part 2, 1800, p. 403 à 431 (en français).

M31 WALD, M. L., *Questions about a Hydrogen Economy* [*Do Fuel Cells Make Environmental Sense*], revue *Scientific American*, mai 2004, p. 66 à 73.

M32 WAY, S., *Propulsion of Submarines by Lorentz Forces in the Surrounding Sea*, Comptes-rendu du congrès annuel de l'*American Society of Mechanical Engineers*, du 29 nov. au 4 déc. 1964, publiés en 1965 par l'ASME.

M33 WELTY, Scott, BLUNK, William, *Physics activities for Groups* [*A Simple Electrical Motor*], *The PhysicsTeacher*, mars 1985, p. 172 à 174.

Brevets d'invention

Les brevets ci-dessous peuvent être téléchargés à partir du RÉSEAU ESPACENET : (http://fr.espacenet.com/espacenet/fr/fr/e_net.htm). Ce service gratuit est offert par l'Organisation européenne des brevets, par le biais de l'Office européen des brevets et des services nationaux. Il suffit d'entrer les numéros des brevets dans la case appropriée.

B1 RICE, Warren A., *Propulsion System*, brevet américain N° us2997013 émis le 22 août 1961, demandé en 1958 (brevet « pionnier » sur la propulsion MHD).

B2 COUTURE, Pierre, *et al.*, *Moteur-roue électrique*, brevet canadien N° ca2139118, obtenu le 17 avril 2001, date de la demande PCT : 6 juillet 1993 (téléchargement gratuit à http://patents1.ic.gc.ca).

B3 COUTURE, Pierre, FRANCOEUR, Bruno, *Machine électrique à courant alternatif polyphasé sans collecteur, demande de* brevet canadien N° ca2191128, date de la demande PCT : 15 nov. 1995 (téléchargement gratuit : http://patents1.ic.gc.ca).

Sites Internet sur le loisir scientifique et la pédagogie des sciences

Wlp1 BOÎTE À SCIENCE : (www.boiteascience.com). Organisme de loisirs et de culture scientifiques de la région de Québec, affilié au *Conseil de développement du loisir scientifique*. Impliqué activement dans l'animation avec les enfants et des adolescents, dans les écoles, les bibliothèques municipales, les camps de vacances, ou leur *Salle de découvertes*. Plusieurs fiches pédagogiques en ligne.

Wlp2 CHAIRE CRSNG/ALCAN-U. LAVAL, *Outils Pédagogiques Utiles en Sciences*: (www2.fsg.ulaval.ca/opus). Ce site constitue un guichet de ressources pédagogiques incluant de l'information scientifique, des fiches d'activités scientifiques, des actualités scientifiques et des informations sur les diverses carrières en sciences. La clientèle cible correspond aux adolescents.

Wlp3 CONSEIL DE DÉVELOPPEMENT DU LOISIR SCIENTIFIQUE: (www.cdls.qc.ca). Pour tous ceux qui veulent explorer la science à travers le loisir scientifique, au Québec. Plusieurs activités annoncées dont les *Expo-sciences*, le *Défi inventif* et le *Défi apprenti génie*. Des hyperliens avec les organismes régionaux.

Wlp4 ÉLECTRICITÉ DE FRANCE (EDF): (www.edf.fr). Le site Internet de ce fournisseur d'électricité comporte une section éducative présentant du matériel pédagogique sur l'électricité. On y retrouve de la documentation scientifique, des jeux, un «dictionnaire électrique» et des hyperliens à des activités ludo-éducatives.

Wlp5 HYDRO-QUÉBEC: (www.hydroquebec.com/fr). Ce fournisseur d'énergie électrique offre sur son site une section pleine de ressources pour mieux faire comprendre différents aspects de l'électricité: sa production, sa distribution, la consommation, les règles de sécurité et même les orages magnétiques.

Wlp6 LA MAIN À LA PÂTE: (www.inrp.fr/lamap). Projet parrainé par l'Institut national de recherche pédagogique (INRP) et l'Académie des sciences de France pour promouvoir l'enseignement des sciences au primaire. Ce site met à la disposition des enseignants des ressources de toutes sortes.

Wlp7 LES DÉBROUILLARDS: (www.lesdebrouillards.qc.ca). Mouvement éducatif scientifique bien connu s'adressant aux jeunes de moins de 14 ans. Le site comporte le *Journal Scientifix*, des expériences à réaliser, des hyperliens classés par thème et les informations pour le *Défi des classes débrouillardes*.

Wlp8 PLANÈTE SCIENCES: (www.planete-sciences.org). Organisme en opération depuis 1962, comportant plusieurs délégations régionales en France. Il propose aux jeunes des activités scientifiques en classe ou dans un contexte de loisir lors de séjours vacances.

Wlp9 SOCIÉTÉ POUR LA PROMOTION DE LA SCIENCE ET DE LA TECHNOLOGIE: (www.spst.org). Organisme québécois de promotion de la culture et du loisir scientifique. Le site présente une base de données pour les ressources pédagogiques, un cybermagazine *Pluie de science*, l'activité Les Innovateurs à l'école, une section sur la promotion du livre de vulgarisation scientifique et d'autres ressources.

Wlp10 SCIENCE POUR TOUS: (www.sciencepourtous.qc.ca). Organisme dédié à la culture et au loisir scientifique au Québec. Le site contient des hyperliens pour des ressources pédagogiques, un journal électronique *La Toile scientifique*, de la documentation sur les politiques scientifiques et une base de données sur les divers organismes reliés à la culture et au loisir scientifique. Mandat de lobby politique.

Sites Internet à caractère scientifique et technique

Wst1 BALLARD POWER SYSTEMS: (www.ballard.com). Site corporatif (piles à combustible).

Wst2 BUCHMANN, Isidor, *Battery University*: (www.batteryuniversity.com). Site d'information sur les piles électriques et les accumulateurs.

Wst3 BUREAU INTERNATIONAL DES POIDS ET MESURES (BIPM): (www.bipm.org).

Wst4 CARDIFF THERMOELECTRIC GROUP: (www.thermoelectrics.com). Voir la section Introduction.

Wst5 CLEAN @UTO: (www.clean-auto.com). Site en langue française sur les véhicules électriques ou propres.

Wst6 CLUB PAC: (www.clubpac.net). Site d'information, en français, sur les piles à combustible.

Wst7 COMMISSION ÉLECTROTECHNIQUE INTERNATIONALE (IEC): (www.iec.ch/zone/si/si_history.htm).

Wst8 ECK, Joe, *Superconductor Information for the Beginner*: (www.superconductors.org). Site éducationnel sur les supraconducteurs.

Wst9 ELECTRIC POWER RESEARCH INSTITUTE (EPRI): (http://my.epri.com).

Wst10 ENERGIZER, Technical Information – Battery Engineering Guide: (http://data.energizer.com).

Wst11 ESTOPPEY ADDOR SA: (www.estoppey-addor.ch). Information sur l'électroplacage et l'électroformage.

Wst12 EV WORLD: (www.evworld.com). Site en langue anglaise sur les véhicules électriques.

Wst13 FORCEFIELD: (www.wondermagnet.com). Forcefield est une petite compagnie américaine qui met à la disposition des bricoleurs plusieurs produits magnétiques. La section FAQ (Frequently Asked Questions) de leur site Internet contient beaucoup d'information sur les différents types d'aimants.

Wst14 FREDON, Eric, *Le monde des accumulateurs et batteries rechargeables*: (www.ni-cd.net).

Wst15 FUEL CELLS 2000: (www.fuelcells.org). Site d'information sur les piles à combustible.

Wst16 FUEL CELL TODAY : (www.fuelcelltoday.com). Site d'information sur les piles à combustible.

Wst17 GENTEC-EO : (www.gentec-eo.com). Site corporatif (détecteurs à thermopile).

Wst18 GREEN CAR CONGRESS : (www.greencarcongress.com). Site en anglais, véhicules électriques ou propres.

Wst19 HONDA : (www.world.honda.com). Site corporatif (véhicules hybrides et à pile à combustible).

Wst20 HOWSTUFFWORKS : (www.howstuffworks.com). Site de vulgarisation scientifique expliquant le fonctionnement de plusieurs appareils, dont les moteurs, parmi une multitude d'autres appareils.

Wst21 KLIPSTEIN, Don : (http://members.misty.com/don/light.html). Site d'information sur l'éclairage.

Wst22 MOTEUR NATURE : (www.moteurnature.com). Site en langue française sur les véhicules propres.

Wst23 NASA (Jet Propulsion Laboratory) : (http://saturn.jpl.nasa.gov). Site Internet sur la mission Cassini-Huygens.

Wst24 NATIONAL MUSEUM OF NATIONAL HISTORY : (http://americanhistory.si.edu/lighting). Site d'information sur l'éclairage et son histoire.

Wst25 QUASITURBINE.COM : (www.quasiturbine.com). Site bien documenté sur la quasiturbine Saint-Hilaire.

Wst26 SIZES : (www.sizes.com). Site en langue anglaise sur les unités de mesure.

Wst27 TM4 : (ww.tech-m4.com). Site de la filiale d'Hydro-Québec qui commercialise certaines technologies développées à l'Institut de recherche d'Hydro-Québec par l'équipe du Dr Couture.

Wst28 TURBOCOR (moteurs-compresseurs à aimants permanents) : (www.turbocor.com).

Sites Internet reliés à l'histoire des sciences

Whs1 BURNDY LIBRARY (Dibner Institute for the History of Science and Technology) : (http://dibinst.mit.edu/BURNDY/BurndyHome.htm). Cette bibliothèque située sur le Campus du MIT (Massachusetts Institute of Technology) à Cambridge, aux États-Unis, contient plus de 50 000 livres sur l'histoire des sciences et des technologies. On peut y effectuer une recherche en ligne dans le répertoire de la bibliothèque.

Whs2 GALLICA (BIBLIOTHÈQUE NATIONALE DE FRANCE) : (http://gallica.bnf.fr). Gallica constitue une bibliothèque unique de livres rares numérisés. On y retrouve plus de 70 000 livres, à caractère patrimonial et encyclopédique, accessibles en ligne, dont un bon nombre en science. Il suffit d'inscrire les mots *électricité* ou *magnétisme* dans l'engin de recherche pour avoir accès aux livres anciens reliés au présent ouvrage.

Whs3 LE CONSERVATOIRE NUMÉRIQUE DES ARTS ET MÉTIERS : (www.cnum.cnam.fr). Ce site offre des possibilités exceptionnelles à quiconque veut explorer notre histoire des sciences et des technologies. On y retrouve une bibliothèque numérisée de livres et de revues scientifiques anciens, accessibles en ligne. La période couverte actuellement par ces ouvrages va du 16e siècle jusqu'au début du 20e siècle.

Whs4 LIBRARY OF CONGRESS (Portail Z39.50) : (www.loc.gov/z3950/gateway.html). Cette page du site de la Bibliothèque du Congrès, aux États-Unis, permet d'avoir accès aux répertoires des bibliothèques universitaires et gouvernementales d'Amérique du Nord principalement, et de bien d'autres bibliothèques dans le monde. C'est génial pour localiser un livre d'intérêt.

Whs5 MUSEUM OF THE HISTORY OF SCIENCE : (www.mhs.ox.ac.uk). Ce site contient des banques de données précieuses où on peut trouver des images anciennes (plus de 8 500), des fiches descriptives d'instruments scientifiques anciens (près de 14 000), et des fiches descriptives des livres scientifiques antiques et modernes reliés à l'histoire des sciences, et faisant partie de leur bibliothèque (environ 20 000).

Whs6 SMITHSONIAN INSTITUTION LIBRARIES (Scientific Identity) : (www.sil.si.edu/digitalcollections/hst/scientific-identity/). Cette section du site des bibliothèques de l'Institution Smithsonian donne accès à une banque numérisée de plus de 1 000 portraits de scientifiques, avec une très bonne résolution, que l'on peut télécharger gratuitement, pour des fins personnelles et éducatives non commerciales.

PROVENANCE DES ILLUSTRATIONS

Signification des abréviations. Les épisodes sont identifiés par la lettre **É** suivie du numéro de l'épisode. L'assignation de la provenance d'une illustration est désignée par le numéro de la figure suivi du signe **=**. La catégorie d'illustration est définie immédiatement après : **d** pour un dessin, **p** pour une photographie, **m** pour une micrographie, **n** pour une numérisation dans un ouvrage ancien, **g** pour un graphique et **t** pour un tableau. La provenance des illustrations est décrite entre parenthèses. Les lettres **Au** représentent l'auteur du présent ouvrage (Pierre Langlois). Dans le cas des numérisations dans les ouvrages anciens, **n**, les parenthèses comprennent deux ou trois termes, séparés par une virgule. Le premier terme constitue l'***abréviation de la référence à l'ouvrage***, que l'on retrouve dans la section *RÉFÉRENCES,* ci-dessus. Les deuxième et troisième termes représentent la ***localisation de l'ouvrage***. La présence des lettres **Au** dans le deuxième terme signifie que l'ouvrage appartient à la collection personnelle de l'auteur.

Chapitre 1 : Les piles électriques et les courants continus

É 1-1 : 1=n (A13, Au), 2=n (A13, Au), 3=d (Au), 4=n (A13, Au), 5=d (Au) • É 1-2 : 1=n (A11, Au), 2=n (A13, Au), 3=d (Au) • É 1-3 : 1=n (A13, Au), 2=d (Au), 3=d (Au) • É 1-4 : 1=n (A11, Au), 2=n (A11, Au), 3=n (A11, Au) • É 15 : 1=n (A11, Au), 2=n (A11, Au) • É 1-6 : 1=n (A13+A19, Au), 2=p (The Henry Ford), 3=n (A13, Au), 4=p (Osram), 5=n (M1, Musée de la civilisation, Québec), 6=d (Au) • É 1-7 : 1=d (Au), 2=n (A13, Au), 3=n (A13, Au) • É 1-8 : 1=d (Au), 2=d (Au), 3=n (A13, Au), 4=d (Au) • É 1-9 : 1=n (A11, Au), 2=n (A13, Au), 3=d (Gentec-EO), 4=n (A9, Au), 5=d (Au), 6=p (M.G. Kanatzidis, Michigan State University), 7=p-d (NASA/JPL), 8=m (RTI International) • É 1-10 : 1=d (Au), 2=p (Coleman) • É 1-11 : 1=n (A11, Au), 2=n (A13, Au), 3=n (A19, Au), 4=n (A13, Au), 5=d (Au) • É 1-12 : 1=n (A13, Au)+(M7, Université Laval, Québec), 2=d (Au), 3=d (Au), 4=p (HDW), 5=p (Fuel Cell Energy), 6=d (CO2 Solution), 7=p (Smart Fuel Cell) • É 1-13 : 1=n (A11, Au), 2=n (A13, Au), 3=n (A9, Au), 4=n (M27, Musée de la civilisation, Québec), 5=g (Au), 6=p (Electrovaya), 7=p (Valence Technology), 8=p (A123 Systems), 9=p (EnergyCS) • É 1-14 : 1=n (A11, Au), 2=n (A11, Au), 3=n (A11, Au), 4=n (A11, Au), 5=p (Au)

Chapitre 2 : L' électrodynamique

É 2-1 : 1=n (A11, Au), 2=d (Au), 3=d (Au), 4=d (Au) • É 2-2 : 1=d (Au), 2=n (A10-1844, Musée de la civilisation, Québec) • É 2-3 : 1=n (A11, Au), 2=n (A7, Université de Montréal), 3=d (Au) • É 2-4 : 1=n (A13, Au), 2=d (Au), 3=n (A13, Au), 4=d (Au), 5=d (Au) • É 2-5 : 1=d (Au), 2=d (Au), 3=d (Au), 4=n (A2, Au), 5=d (Au) • É 2-6 : 1=d (Au), 2=d (Au), 3=d (Au), 4=d (Au) • É 2-7 : 1=n (A2, Au), 2=n (A2, Au), 3=d (Au), 4=n (A3, Au), 5=d (Au), 6=d (Au), 7=d (Au), 8=n (A3, Au), 9=d(Au), 10=n (A2, Au), 11=n (A2, Au) • É 2-8 : 1=n (A11, Au), 2=d (Au), 3=n (A11, Au), 4=d (Au), 5=d (Au) • É 2-9 : 1=n (A11, Au), 2=d (Au), 3=d (Au), 4=n (A2, Au), 5=d (Au) • É 2-10 : 1=n (A15, Université Laval), 2=n (A15, Université Laval), 3=d (Au), 4=d (Au) • É 2-11 : 1=d (Au), 2=n (A19, Au) 3=n (A13, Au), 4=n (A13, Au), 5=d (Au), 6=d (Au), 7=d (Au) • É 2-12 : 1=n (A9, Au), 2=n (A21) • É 2-13 : 1=n (A11, Au), 2=n (A11, Au) 3=n (A13, Au), 4=n (A13, Au) 5=n (A11, Au), 6=n (A11, Au), 7=n (A13, Au), 8=n (M20, Musée de la civilisation, Québec), 9=n (Au), 10=d (Au) • É 2-14 : 1=n (M22, Musée de la civilisation, Québec), 2=d (Au), 3=d (Au) • É 2-15 : 1=n (A3, Au)+(M26, Musée de la civilisation, Québec), 2=d (Au), 3=n (A12, Université Laval, Québec) • É 2-16 : 1=n (A21, Au), 2=n (A4, Au) • É 2-17 : 1=d (Au), 2=d (Au), 3=d (Au), 4=d (Au) • É 2-18 : 1=n (M2, Musée de la civilisation, Québec), 2=n (A17, Au) • É 2-19 : 1=n (A8, Musée de la civilisation, Québec), 2=n (A14, Musée de la civilisation, Québec), 3=n (A8, Musée de la civilisation, Québec), 4=n (A13, Au) • É 2-20 : 1=n (A13, Au), 2=n (A11, Au), 3=n (A13, Au), 4=d (Au), 5=d (Au) • É 2-21 : 1=n (A11, Au), 2=n (M24, Musée de la civilisation, Québec), 3=n (M16, Musée de la civilisation, Québec), 4=n (M17, Musée de la civilisation, Québec), 5=n (M29, Musée de la civilisation, Québec), 6=n (M27, Musée de la civilisation, Québec), 7=n (M28, Musée de la civilisation, Québec), 8=n (M25, Musée de la civilisation, Québec), 9=n (M23, Musée de la civilisation, Québec), 10=n (A11, Au) • É 2-22 : 1=d (Au) • É 2-23 : 1=d (Au) • É 2-24 : 1=n (A13, Au), 2=d (Au), 3=d (Au) • É 2-25 : 1=p (Université de Leyde), 2=g (Université de Leyde), 3=g (Au), 4=p (Philips Medical Systems), 5=p (IBM's Zurich Research Laboratory), 6=p (American Superconductor), 7=d (American Superconductor) • É 2-26 : 1=p (Ship and Ocean Foundation, Tokyo), 2=d (Au), 3=d (Au), 4=d (Au), 5=d (Au) • É 2-27 : 1=d (Au), 2=d (Au) • É 2-28 : 1=p (Au), 2=p (Au), 3=d (Au), 4=d (Au), 5=p (Danfoss Turbocor), 6=d (Danfoss Turbocor), 7=d (Danfoss Turbocor+Au), 8=d (Au), 9=d (Danfoss Turbocor) • É 2-29 : 1=p (Pierre Couture), 2=p (Le Devoir), 3=d (Au), 4=d Au), 5=p (e-Traction), 6=p (General Dynamics Land Systems), 7=p (Société des Véhicules Électriques), 8=d (Plug-In Partners), 9=p(RePower Systems AG)

INDEX